省级精品课程教材

大学计算机 规划教材

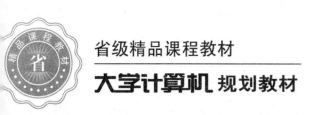

Visual FoxPro 6.0
程序设计教程（第4版）

◆ 孙淑霞　李思明　刘焕君　刘祖珉　编著

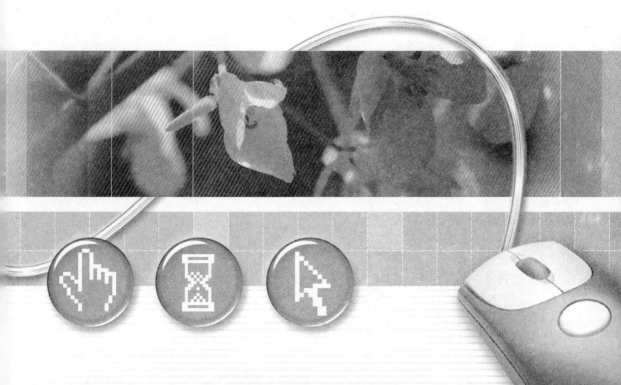

电子工业出版社·

Publishing House of Electronics Industry

北京·BEIJING

内 容 简 介

本书是四川省精品课程"数据库程序设计"的配套教材。全书共 13 章，深入浅出地介绍 Visual FoxPro 6.0 基础知识、基本操作和技能，以及数据库设计和开发的有关知识。本书融理论和实验为一体，用大量的实例使读者更快地熟悉 Visual FoxPro 的可视化编程环境，书中所有操作步骤都按实际操作界面逐步讲解，力求让读者对使用 Visual FoxPro 6.0 进行数据库软件开发有一个较完整的认识，掌握开发数据库系统的基本思想和方法，具备数据库管理系统的设计、应用和开发能力。本书提供丰富的教学资源，包含电子课件、实验指导、习题解答、教学视频、课程教学网站和资源网站等。

本书可作为大专院校非计算机专业的教材，对从事数据库应用和开发的读者也有参考价值。

图书在版编目（CIP）数据

Visual FoxPro 6.0 程序设计教程 / 孙淑霞等编著. —4 版. —北京：电子工业出版社，2013.2
大学计算机规划教材
ISBN 978-7-121-19340-8

Ⅰ．①V… Ⅱ．①孙… Ⅲ．①关系数据库系统－程序设计－高等学校－教材 Ⅳ．①TP311.138

中国版本图书馆 CIP 数据核字（2013）第 310406 号

策划编辑：严永刚
责任编辑：章海涛　　　　文字编辑：严永刚
印　　刷：涿州市京南印刷厂
装　　订：涿州市京南印刷厂
出版发行：电子工业出版社
　　　　　北京市海淀区万寿路 173 信箱　　邮编：100036
开　　本：787×1092　1/16　　印张：20.75　　字数：560 千字
印　　次：2013 年 2 月第 1 次印刷
定　　价：36.00 元

第 4 版前言

本书是四川省精品课程"数据库程序设计"的配套教材，以 Visual FoxPro 6.0 中文版为平台，结合普通高校非计算机专业数据库程序设计课程的具体要求，深入浅出地介绍数据库程序设计的有关知识、方法和具体的实例。

本书共 13 章。前 12 章分别介绍：数据库系统概述，Visual FoxPro 6.0 基础知识，Visual FoxPro 数据库管理系统所支持的数据类型、函数、表达式、数组、属性、事件、方法、对象、表和数据库的操作，Visual FoxPro 6.0 的编程工具和操作步骤，面向对象的可视化编程，表单操作，菜单与工具栏，数据的检索，视图的更新和报表的设计等。第 13 章以"QQ 号码管理系统"为实例，讲述如何开发数据库应用系统，并给出一个较完整的解决方案。

本书的重点是数据库系统的基本概念，以 Visual FoxPro 6.0 为平台的程序设计的基本方法。本书内容的安排强调循序渐进、前后呼应；每章开始有本章要点，章末有上机实验内容和一定数量的习题。实验内容有助于读者理论联系实际，提高实际操作和编程的能力。对于有一定难度的实验内容，书中给出了具体的指导，使读者按照书中给出的操作步骤就能够完成规定的实验内容。习题有利于帮助读者自学和检查学习效果。

本书的作者多年来一直从事计算机基础教学，经过多年的教学实践编写了这本教材。针对初学者和自学读者的特点，本书力求通俗易懂，用大量具体的操作、各种不同的实例让读者进入 Visual FoxPro 的可视化编程环境。所有步骤都按实际操作界面一步一步地讲解，读者可一边学习，一边上机操作，通过一段时间的练习，在不知不觉之中就可逐渐掌握 Visual FoxPro 6.0 数据库程序设计的基础知识、设计思想和方法以及可视化编程的方法和步骤，并提高利用 Visual FoxPro 6.0 解决实际问题的能力。

此次修订根据读者提出的宝贵意见，经过多次修改并结合精品课程建设，加强了教学资源的建设，为读者提供电子课件、实验指导、习题解答、教学视频等教学资源，代课教师可登录华信教育资源网（www.hxedu.com.cn）注册后免费下载，也发邮件至 ssx@cdut.edu.cn 或 yanyg@phei.com.cn 获取。此次修订还对部分内容进行了适当的删减和增添，改正了上一版中的个别错误，力求在内容上更加精练和准确。

本书第 1～7 章由孙淑霞编写，第 9～10 章由刘祖珉编写、第 11～12 章由刘焕君编写，第 8、13 章由李思明编写。由于作者的水平有限，书中难免有错误和不妥之处，恳请读者不吝赐教。

作　者

目　　录

第 1 章　概述 ··· 1

  1.1　数据库系统概述 ·· 1

    1.1.1　数据库系统基础知识 ··· 1

    1.1.2　数据库的数据模型 ·· 3

    1.1.3　关系模型 ·· 6

  1.2　Visual FoxPro 6.0 系统概述 ·· 8

  习题 1 ·· 11

第 2 章　Visual FoxPro 6.0 基础知识 ··· 14

  2.1　Visual FoxPro 6.0 的用户界面 ·· 14

  2.2　Visual FoxPro 6.0 的工作方式及命令语法规则 ·· 16

    2.2.1　Visual FoxPro 6.0 的工作方式 ·· 16

    2.2.2　命令语法规则 ·· 17

  2.3　Visual FoxPro 的项目管理器 ·· 18

    2.3.1　项目管理器的使用 ·· 18

    2.3.2　项目文件的创建 ··· 23

  2.4　Visual FoxPro 6.0 的设计器 ··· 25

  2.5　Visual FoxPro 6.0 的向导 ·· 25

  2.6　生成器简介 ·· 27

  习题 2 ·· 28

  本章实验 ·· 28

第 3 章　Visual FoxPro 的常量、变量、表达式和函数 ·· 30

  3.1　Visual FoxPro 6.0 的数据类型 ·· 30

    3.1.1　数据类型 ·· 30

    3.1.2　常量与变量 ··· 31

  3.2　表达式 ·· 34

    3.2.1　运算符 ··· 34

    3.2.2　Visual FoxPro 6.0 的表达式 ·· 36

  3.3　常用函数 ··· 37

    3.3.1　数学运算函数 ·· 38

    3.3.2　字符和字符串处理函数 ·· 39

    3.3.3　转换函数 ·· 41

    3.3.4　日期函数 ·· 42

    3.3.5　测试函数 ·· 43

    3.3.6　其他函数 ·· 46

  习题 3 ·· 47

　　本章实验 ……………………………………………………………… 50

第4章　表的基本操作 …………………………………………………… 54

4.1　创建自由表 ………………………………………………………… 54

　　4.1.1　表的概念 …………………………………………………… 54

　　4.1.2　表结构的设计 ……………………………………………… 54

　　4.1.3　表结构的建立 ……………………………………………… 55

　　4.1.4　表数据的键盘输入 ………………………………………… 62

　　4.1.5　将已有数据添加到表中 …………………………………… 64

　　4.1.6　表结构的修改 ……………………………………………… 67

4.2　表记录的基本操作 ………………………………………………… 68

　　4.2.1　表的打开和关闭 …………………………………………… 68

　　4.2.2　查看表中的数据 …………………………………………… 69

　　4.2.3　记录指针的定位 …………………………………………… 73

　　4.2.4　记录的插入和追加 ………………………………………… 75

　　4.2.5　记录的删除与恢复 ………………………………………… 78

　　4.2.6　表数据的替换 ……………………………………………… 80

4.3　表数据的排序与索引 ……………………………………………… 82

　　4.3.1　排序 ………………………………………………………… 82

　　4.3.2　索引 ………………………………………………………… 83

　　4.3.3　建立索引 …………………………………………………… 84

　　4.3.4　使用索引 …………………………………………………… 86

　　4.3.5　索引查找 …………………………………………………… 90

4.4　计数、求和与汇总 ………………………………………………… 91

4.5　多个表的同时使用 ………………………………………………… 93

　　4.5.1　多工作区的概念 …………………………………………… 93

　　4.5.2　工作区的选择 ……………………………………………… 94

　　4.5.3　建立表的关联 ……………………………………………… 96

习题4 ……………………………………………………………………… 101

本章实验 ………………………………………………………………… 110

第5章　数据库的基本操作 ……………………………………………… 117

5.1　数据库的创建 ……………………………………………………… 117

　　5.1.1　创建数据库文件 …………………………………………… 117

　　5.1.2　数据库的打开和关闭 ……………………………………… 119

　　5.1.3　在数据库中操作表 ………………………………………… 120

5.2　数据库表属性的设置 ……………………………………………… 122

　　5.2.1　设置字段显示属性 ………………………………………… 123

　　5.2.2　设置字段输入默认值 ……………………………………… 124

　　5.2.3　设置有效性规则 …………………………………………… 124

　　5.2.4　设置触发器 ………………………………………………… 126

　　5.2.5　建立参照完整性 …………………………………………… 127

5.3　数据库的操作 ·· 128

习题 5 ·· 130

本章实验 ·· 132

第 6 章　结构化程序设计 ·· 134

6.1　程序的建立和运行 ··· 134

6.2　程序设计中的常用语句 ·· 136

6.3　程序的控制结构 ·· 138

  6.3.1　顺序结构 ··· 138

  6.3.2　分支结构 ··· 139

  6.3.3　循环结构 ··· 142

6.4　过程与用户自定义函数 ·· 146

  6.4.1　过程及过程的调用 ·· 146

  6.4.2　用户自定义函数 ·· 149

  6.4.3　变量的作用域 ·· 150

  6.4.4　程序的调试方法 ·· 151

习题 6 ·· 154

本章实验 ·· 164

第 7 章　面向对象程序设计 ·· 171

7.1　面向对象编程概述 ··· 171

  7.1.1　从面向过程到面向对象 ·· 171

  7.1.2　深入理解对象 ·· 172

  7.1.3　深入了解类 ··· 174

7.2　Visual FoxPro 中的类和对象 ··· 175

7.3　Visual FoxPro 6.0 的编程工具与编程步骤 ·· 177

  7.3.1　Visual FoxPro 6.0 表单设计器 ··· 177

  7.3.2　Visual FoxPro 6.0 中的事件 ··· 183

  7.3.3　Visual FoxPro 6.0 的方法程序 ··· 184

  7.3.4　Visual FoxPro 6.0 的编程步骤 ··· 185

7.4　整理表单 ··· 187

习题 7 ·· 188

本章实验 ·· 190

第 8 章　表单控件的使用 ·· 194

8.1　线条与形状控件 ·· 194

  8.1.1　使用线条控件 ·· 194

  8.1.2　使用形状控件 ·· 195

8.2　命令按钮类控件 ·· 195

  8.2.1　创建数据环境 ·· 195

  8.2.2　命令按钮 ··· 197

  8.2.3　命令按钮组 ··· 199

8.3　标签、文本框和编辑框控件 ·· 201

8.3.1 标签和文本框 ··· 201

8.3.2 编辑框 ··· 205

8.4 选项按钮组和复选框 ··· 207

8.5 列表框、组合框和页框 ··· 208

8.5.1 列表框 ··· 208

8.5.2 组合框 ··· 210

8.5.3 页框 ··· 211

8.6 其他常用控件 ··· 213

8.6.1 容器控件 ··· 213

8.6.2 微调控件 ··· 214

8.6.3 图像控件 ··· 215

8.6.4 计时器控件 ··· 215

8.6.5 表格控件 ··· 216

8.7 表单集 ··· 218

习题 8 ··· 220

本章实验 ··· 222

第 9 章 结构化查询语言（SQL）·· 230

9.1 SQL 概述 ··· 230

9.1.1 SQL 的特点 ··· 230

9.1.2 数据定义语言 ··· 231

9.1.3 数据操纵语言 ··· 233

9.1.4 创建临时表 ··· 235

9.2 SQL 的数据查询功能 ··· 236

9.2.1 查询语句 ··· 236

9.2.2 查询分类 ··· 236

习题 9 ··· 243

本章实验 ··· 246

第 10 章 查询与视图 ··· 248

10.1 查询 ··· 248

10.1.1 查询的概念 ··· 248

10.1.2 使用向导创建查询 ··· 248

10.1.3 使用查询设计器创建查询 ·· 252

10.2 视图 ··· 256

10.2.1 视图的概念 ··· 256

10.2.2 使用视图设计器建立本地视图 ··································· 257

10.2.3 视图与表、视图与查询的比较 ··································· 260

习题 10 ·· 261

本章实验 ··· 263

第 11 章 菜单设计 ··· 264

11.1 菜单设计概述 ·· 264

　　　11.1.1　创建菜单系统 ···264

　　　11.1.2　规划菜单系统 ···264

　11.2　创建菜单 ···265

　　　11.2.1　使用菜单设计器创建菜单 ·································265

　　　11.2.2　使用快速菜单命令创建菜单 ·······························272

　　　11.2.3　创建快捷菜单 ···273

　　　11.2.4　有关菜单的其他操作 ·······································274

　习题 11 ···276

　本章实验 ···277

第 12 章　报表和标签的设计 ···279

　12.1　创建报表 ···279

　　　12.1.1　使用报表向导创建报表 ·····································279

　　　12.1.2　使用报表设计器创建报表 ···································280

　　　12.1.3　创建快速报表 ···282

　12.2　设计报表 ···283

　　　12.2.1　设置报表数据源 ···283

　　　12.2.2　设计报表布局 ···283

　　　12.2.3　利用控件设计报表 ···284

　12.3　设计分组报表 ···287

　　　12.3.1　设计报表的记录顺序 ·······································287

　　　12.3.2　设计单级分组报表 ···288

　　　12.3.3　设计多级数据分组报表 ·····································288

　12.4　设计多栏报表 ···289

　12.5　报表输出 ···290

　12.6　标签设计 ···290

　习题 12 ···291

　本章实验 ···292

第 13 章　数据库应用系统开发实例——QQ 号码管理系统 ···················293

　13.1　数据库应用系统设计 ···293

　13.2　数据库设计 ···294

　13.3　数据库的实现 ···296

　13.4　各功能模块的实现 ···297

　　　13.4.1　设计菜单 ···297

　　　13.4.2　编写主程序 ···298

　　　13.4.3　设计启动画面 ···299

　　　13.4.4　设计系统登录界面 ···300

　　　13.4.5　管理好友分组的实现 ·······································302

　　　13.4.6　文字信息管理的实现 ·······································303

　　　13.4.7　图文信息共览的实现 ·······································303

　　　13.4.8　图像信息管理的实现 ·······································307

    13.4.9 图像信息浏览的实现 ··· 310

    13.4.10 修改密码的实现 ··· 314

13.5   系统的编译和发布 ··· 314

    13.5.1 设置主文件 ·· 314

    13.5.2 对应用程序进行连编 ································· 315

    13.5.3 发布应用程序 ··· 316

13.6   最终运行结果的查看 ·· 317

13.7   小结 ·· 318

参考文献 ··· 319

第1章 概　述

本章要点：

☞　数据库系统基本知识

☞　数据库的数据模型

☞　Visual FoxPro 6.0 系统概述

数据库技术的产生与发展源于对数据的组织和管理，但人们对数据的认识，有狭义和广义两种概念。狭义上的数据，是指一些简单的数字和文字；广义上的数据，不仅包括数字和文字，还包括图形、图像、声音等多种类型和多种表现形式的数据。数据可定义为存储在某种媒体上，且能够被识别的描述事物特征的物理符号或符号记录。描述事物特征的符号可以是数字、文字、图形、图像、语音、声音等数据的多种表现形式，它们都可以经过数字化之后存入计算机。

数据库技术是数据管理的技术，随着数据管理任务的需要而产生于 20 世纪 60 年代中期。这是一门综合性技术，涉及操作系统、数据结构、算法设计和程序设计等知识。

1.1　数据库系统概述

数据库技术的基本思想是对数据实行集中、统一、独立的管理，用户可以最大限度地共享数据资源。本节介绍一些与数据库相关的知识，为深入学习打下必备的基础。

1.1.1　数据库系统基础知识

1．数据管理的基本概念和发展过程

（1）数据

数据是一种物理符号序列，用来记录事物的情况，用型和值来表征。不同数据类型，记录的事物性质也不同，如数值型数据 1，2，3，…，可用来记录事物的多少。

（2）信息

信息是经过加工的有用数据。这种数据有时能产生决策性的影响。

信息都是数据，但只有经过提炼和抽象之后具有使用价值的数据才能成为信息。加工所得的信息仍以数据形式表现，此时的数据是信息的载体，是人们认识信息的一种媒体。

（3）数据处理

数据处理是指将基本元数据转换成有用信息的过程，是对数据进行收集、存储、加工和传播的一系列活动的总和。这里的"元数据"是指描述事物的最基本属性的数据。从数据处理的角度看，信息是一种被加工成特定形式的数据，而这种形式的数据对于数据的接收者来说是有意义的。人们通过处理数据可以获得信息，通过分析和筛选可以产生决策。

数据处理是指对各种类型的数据进行收集、存储、分类、计算、加工、检索及传输的过程，其目的是得到信息。数据处理也称为信息处理或信息技术等。

数据处理的核心是数据管理。数据管理指的是对数据的分类、组织、编码、存储、检索和维

护等。计算机数据管理随着计算机硬件、软件技术和计算机应用范围的发展而不断发展，多年来经历了以下由低级到高级的发展过程。

（1）人工管理

20 世纪 50 年代中期以前采用人工管理数据，其特点是：数据与程序不具有独立性，一组数据对应一组程序；数据不能长期保存；存在着大量的数据冗余。

（2）文件系统

20 世纪 50 年代后期到 60 年代中后期采用文件系统，其特点是：数据和程序有了一定的独立性；数据文件可以长期保存在外存储器中被多次存取；数据和程序相互依赖，同一数据项可能重复出现在多个文件中，导致数据冗余度大，容易造成数据的不一致性。

（3）数据库系统

从 20 世纪 60 年代后期开始采用数据库系统，其特点是：能够有效地管理和存取大量的数据资源，提高了数据的共享性，减少了数据的冗余度，提供了数据和程序的独立性。

（4）分布式数据库系统

分布式数据库系统是数据库技术和计算机网络技术紧密结合的产物，产生于 20 世纪 70 年代后期。

（5）面向对象的数据库系统

面向对象的数据库系统是面向对象程序设计和数据库技术相结合的产物。面向对象数据库是面向对象方法在数据库领域中的实现和应用，既是一个面向对象的系统，又是一个数据库系统。

数据库系统的主要特点如下：① 实现数据共享，减少数据冗余；② 采用特定的数据模型；③ 具有较高的数据独立性；④ 有统一的数据控制功能。

数据库系统主要解决了三个问题：一是有效地组织数据，对数据进行合理的设计，以便计算机存取；二是将数据方便地输入到计算机中；三是根据用户的要求将数据从计算机中抽取出来（这是人们处理数据的最终目的）。

2. 数据库系统的组成

数据库系统实际上是一个应用系统，是指在计算机硬件和软件系统支持下，由用户、数据库管理系统、存储在存储设备中的数据和数据库应用程序构成的数据处理系统。

（1）数据

这里的数据是指数据库系统存储在存储设备中的数据，是数据库系统操作的对象。数据具有集中性和共享性。

（2）数据库管理系统

数据库管理系统是指位于用户与操作系统之间，负责数据库存取、维护和管理的软件系统。这是数据库系统的核心，其功能强弱是衡量数据库系统性能优劣的主要方面；一般由计算机软件公司提供。

（3）应用程序

应用程序是指为适合用户操作、满足用户需求而编写的数据库应用程序。

（4）用户

用户是指使用数据库的人员，主要有三类：终端用户、应用程序员和数据库管理员。

① 终端用户是指通过数据库系统所提供的命令语言、表格语言以及菜单等交互式对话手段来使用数据库数据的用户。

② 应用程序员是指为终端用户编写应用程序的软件人员，设计应用程序的主要用途是使用和维护数据库。

③ 数据库管理员（DataBase Administrator，DBA）是指全面负责数据库系统正常运转的高级人员，负责对数据库系统本身的深入研究。

3．数据库系统的特点

数据库系统是计算机数据处理技术的重大进步，涉及的内容如下。

① 实现数据共享。允许多个用户同时存取数据而互不影响。

② 实现数据独立。应用程序不随数据存储结构的改变而变动。

③ 减少了数据冗余度。逻辑数据文件和物理数据文件存在着"多对一"的重叠关系，有效地节省了存储资源。

④ 避免了数据不一致性。数据只有一个物理备份，故对数据的访问不会出现不同。

⑤ 加强了对数据的保护。数据库加入了安全保密机制，可防止对数据的非法存取。进行集中控制，有利于控制数据的完整性；采取了并发访问控制，保证了数据的正确性。另外，还实现了对数据库破坏后的恢复。

4．数据库应用系统（DataBase Application Systems，DBAS）

数据库应用系统是指开发人员利用数据库系统资源开发出来的、面向某实际应用的软件系统，并且可分为如下两类。

① 管理信息系统：面向机构内部业务和管理的数据库应用系统，如教学管理系统、财务管理系统等。

② 开放式信息服务系统：面向外部、提供动态信息查询功能，以满足不同信息需求的数据库应用系统。例如，大型综合科技情报系统、经济信息系统和专业的证券实时行情、商品信息系统等。

一个数据库应用系统通常由数据库和应用程序两部分组成，是在数据库管理系统支持下设计和开发出来的。

5．数据库设计阶段

数据库设计阶段包括：需求分析、概念设计、逻辑设计、物理设计。数据库设计的每个阶段都有各自的任务。

① 需求分析阶段：这是数据库设计的第一个阶段，主要任务是收集和分析数据，这一阶段收集到的基础数据和数据流图是下一步设计概念结构的基础。

② 概念设计阶段：分析数据间内在语义关联，在此基础上建立一个数据的抽象模型，即形成E-R图。

③ 逻辑设计阶段：将 E-R 图转换成指定关系型数据库管理系统（RDBMS）中的关系模型。

④ 物理设计阶段：对数据库内部物理结构进行调整并选择合理的存储结构和存取方法，以提高数据库访问速度及有效利用存储空间。

1.1.2　数据库的数据模型

一般来说，设计数据模型应遵循三个原则：一是能较真实地模拟现实世界中的事物；二是容易被人们所理解或接受；三是便于在计算机中实现。

数据模型是数据库应用系统的核心和基础，是 DBMS 用来表示实体及实体间联系的方法，它应该能够反映出数据之间存在的整体逻辑关系。任何一个 DBMS 都是基于某种数据模型的。

从创建数据库技术以来，逻辑数据模型有 3 种类型，即层次模型、网状模型、关系模型。数据模型的另一种表现形式是概念数据模型——E-R 数据模型。Visual FoxPro 虽然在面向对象技术方面有了很大的发展，但就其本质来讲仍属于关系模型范畴。通常，我们把基于特定的数据模型开发出来的数据库系统相应地被称为层次型数据库系统、网状型数据库系统、关系型数据库系统。随着数据库技术的产生与发展，关系模型已经成为目前最为流行且影响最为深远的数据库模型。大型的 Oracle、SQL Server 或 Sybase 等 DBMS 都采用关系数据模型。

下面简要介绍这些数据模型及其特点。

（1）层次模型（hierarchical model）

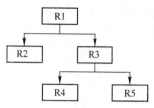

图 1-1　层次模型示例

层次模型是数据库中出现最早的数据模型，它用树状结构来表示各类实体以及实体之间的联系，如图 1-1 所示。现实生活中的许多实体之间的联系都很自然地体现出了这种层次关系，如行政管理机构。层次模型的主要特点如下：

① 有且只有一个根结点。

② 除根结点以外，其他结点有且只有一个父结点。

③ 在这种树状结构中，每个结点都表示一个实体类型或称记录类型。结点间的连线反映的是不同实体之间的"一对多"联系。

④ 在这种数据模型中，不能直接体现实体间"多对多"的联系。

层次模型中的记录只能组织成树的集合，对于非层次数据，层次 DBMS 的效率就很低，使用也不方便。随着 DBMS 技术的不断发展，现在已很少使用层次模型来开发 DBMS。

（2）网状模型（network model）

网状模型是用网状结构来表示实体及其之间联系的模型，如图 1-2 所示。网状模型的主要特点如下：

① 可以很灵活地表现出实体间的"多对多"联系，然而这种灵活性是建立在复杂的结构基础之上的。

② 数据的更新实现起来比较复杂。

③ 在数据的组织实现方面常用链接方法。

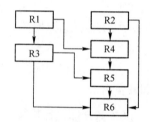

图 1-2　网状模型示例

这种模型结构复杂，且规律性差，在计算机中实现比较困难。与层次数据模型一样，网状数据模型现在也已很少在 DBMS 的设计中使用。

（3）关系模型（relation model）

关系模型是目前最重要的一种数据模型。E. F. Cold 于 1970 年首次提出了数据库系统的关系模型，为关系模型数据库技术奠定了理论基础，因此于 1981 年获得了有计算机界"诺贝尔"奖之称的 ACM 图灵奖。

关系模型不同于层次模型、网状模型，它建立在严格的数学基础之上，它的运算对象和结果都是集合（二维表）。关系模型是用二维表结构来表示实体及实体间联系的数据模型。正是由于关系数据模型具有描述的一致性、模型概念的简单化、完备的数学理论基础、说明性的查询语言和使用方便等优点，从而使它得到了广泛的应用。

表 1-1 是一张记录了学生基本数据的二维表，表的每一行都记录了一名学生的相关信息，在数据库中称为记录。表的每一列称为项，描述了学生属性的同类型数据，如姓名、性别、学号等。

（4）E-R 数据模型

上面介绍了 3 种数据模型，它们都属于逻辑数据模型。E-R 数据模型（Entity- Relationship data model）即实体联系数据模型，属于概念数据模型。对于现实世界中的数据，在 E-R 数据模型中就抽象为两个重要的概念：实体和联系。

表 1-1　学生信息

姓名	性别	班级	学号	籍贯	出生年月	入学成绩	专业	简历	相片
李晓红	女	200201101	20020110101	四川	1984-12-11	530	应用数学	memo	gen
王刚	男	200201101	20020110102	四川	1984-10-23	548	应用数学	memo	gen
昭辉	女	200201101	20020110103	四川	1985-10-11	529	应用数学	memo	gen
李琴	女	200201101	20020110104	江苏	1984-12-11	550	应用数学	memo	gen
方芳	女	200201102	20020110205	湖南	1985-6-15	524	计算机	memo	gen
潭新	女	200201102	20020110206	北京	1985-6-23	570	计算机	memo	gen
刘江	男	200201102	20020110207	河南	1985-2-8	539	计算机	memo	gen
王长江	男	200201102	20020110208	山西	1984-3-9	528	计算机	memo	gen
张强	男	200202101	20020210109	江苏	1983-12-1	549	应用化学	memo	gen
江海	男	200202101	20020210110	江苏	1984-10-23	546	应用化学	memo	gen
明天	男	200202101	20020210111	河南	1984-7-8	552	应用化学	memo	gen
希望	男	200202101	20020210112	北京	1983-7-8	560	应用化学	memo	gen

① 实体（Entity）是客观存在并可相互区分的事物，是对能被人们识别的独立存在的对象的描述，是对现实世界中事、物、概念等的抽象。如商店、书、教师、学生、图书、火车、商品、公务员、各种机器设备和各种建筑物等都是实体。在一个单位（或研究的组织事务）中，具有共性的一类实体称为实体集，可由设计者规定。例如，在建立一个学校的学生档案数据库时，该校的所有学生就构成一个实体集。实体集均要用实体名来标识，实体名应能够反映实体集的构成。

实体一般均具有若干特征，这些特征称为该实体的属性。例如，学生这个实体就可以具有下列属性：学号、姓名、性别、年龄、专业、班级和民族等。每个属性均可以规定一定的取值范围，在 E-R 模型中称之为值集。例如，对某个具体的学生来说，可以用"200371015、张三、男、18、计算机科学与技术、2003710、汉族"来描述。当实体的某个属性不适用或属性值未知时，也可用"NULL"表示。实体属性与应用系统的要求有关，因而对于同样的实体集，其属性的构成可能并不相同。

由于在现实世界中，抽象成实体的数目要比数据元素的数目少得多，因此以实体作为研究对象，就大大地减少了对现实世界分析中所涉及的对象，简化了分析过程。

② 联系（Relation）是独立的实体相互之间的关系。现实世界的实体与实体之间通常都有关联，如：书店和书的关系是销售关系，教师与学生实体之间的关系是教师给学生上课，学生选修教师讲授的课程；工人按操作规程操作机器，人们为居住而选购建筑物（住宅楼）。不但不同的实体相互之间有关联，就是同一实体集中的多个实体之间也存在相互的关联。例如，对人这个实体集来说，人与人之间存在着夫妻关系、父子关系等。为了反映实体与实体之间的联系，在 E-R 数据模型中把这种实体与实体之间的关联抽象为联系。因此，联系也是 E-R 模型中的一种描述对象的数据。

能够唯一标识实体的属性或属性组称为该实体的实体键（Entity Key）。如果一个实体（集）有多个实体键存在，则可选其中最常用的一个作为实体主键（Entity Primary Key）。

现实世界中可能存在许多实体（用 E 表示实体或实体集），如 E_1，E_2，…，E_n，则这些实体之间的联系，可用一个元组$(E_1, E_2, …, E_n)$来表示。$n=2$ 时，(E_1, E_2)就称为一个二元联系；$n>2$ 时，就称为多元联系。

在 E-R 模型中，如果实体之间的联系是对一个实体集而言的，这种联系就称为一元联系。

在二元联系中，实体 E_1 与 E_2 之间的联系(E_1, E_2)可归结为如下 3 种类型：1:1，1:n，m:n。

① 1:1（一对一）联系。对于任意两个实体 E_1 和 E_2，若 E_1 中的任意一个实体最多和 E_2 中的一个实体相联系，E_2 中的每个实体也最多与 E_1 中的一个实体相联系，则称 E_1 和 E_2 是"一对一"

联系，简记为 1:1 联系。例如，某个班的学生组成一个实体集，该班指定教室的座位组成另一个实体集，假定该班的座位是按固定方式分配的，则学生与座位之间就构成了一对一联系：一个学生对应一个座位，一个座位也对应一个学生。

② $1:n$（一对多）联系。对于任意两个实体 E_1 和 E_2，若 E_1 中的任意一个实体可以和 E_2 中的任意数目（可以是 0，2，3，…，n）的实体相联系，则称 E_1 到 E_2 的一对多联系，简记为 $1:n$ 联系。例如，在某个银行的信贷业务中，客户与贷款是两个不同的实体，银行的一笔贷款只能属于一个客户，但一个客户可以获得多笔贷款，因此客户与贷款的联系就是一对多的联系。与一对多联系相对应地还有多对一联系 $n:1$。所谓多对一联系，是指实体 E_1 中的任意一个实体最多与 E_2 中的一个实体相联系，但 E_2 中的任意一个实体可以与 E_1 中的任意数目的实体相联系，则称 E_1 到 E_2 是多对一的联系。E_1 到 E_2 的多对一联系也可以看成是 E_2 到 E_1 的一对多联系。

③ $m:n$（多对多）联系。对于任意两个实体 E_1 和 E_2，若 E_1 中的每个实体，可以与 E_2 中的任意数目（0，2，3，…，n）的实体相联系，E_2 中的每个实体也和 E_1 中的任意数目（0，2，3，…，m）的实体相联系，则称 E_1 和 E_2 是多对多联系，简记为 $m:n$ 联系。

多对多联系在现实生活中是很多的，如师生关系、学生与图书、供应商与生产厂家、商场与货物等都属于多对多联系。

E-R 模型的图示法是：实体集用矩形表示，属性用椭圆形表示，联系用菱形表示。图 1-3 就是学生选课系统 E-R 图。

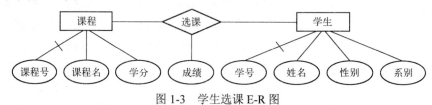

图 1-3　学生选课 E-R 图

1.1.3　关系模型

1．关系模型中的几个术语

（1）字段（field）

信息世界中的"属性"，就是数据世界中的"数据项"。从数据库的角度讲，数据项就是字段；从表格的角度讲，数据项称为列。例如，学生的学号、姓名、性别和专业就是字段名。

字段和属性一样，也用型和值表示。由此可见，字段、属性、数据项、列这些术语，所描述的对象是相同的，只是从不同角度对对象进行描述而已。

（2）记录（record）

字段的有序集合称为记录。在关系模型中，记录称为元组；在表中，记录称为行；在概念模型中称为实体。换句话说，实体、记录、元组和行分别是从不同的角度描述同一对象的术语。记录也由型和值来描述：记录型是字段型的集合，记录值是字段值的集合。

（3）表（table）

记录的集合称为表。记录的型和值构成了关系数据库的基本单位，即表。表也分为型和值，表的型也称关系模式，或称表结构，由一系列字段型组成。

（4）关键字（keyword）

关键字能够唯一确定记录的字段或字段的集合。有了关键字就可很方便地使用指定的记录。

（5）关系数据库（Relational Database）

这是由若干表组成的集合。也就是说，关系数据库中至少有一个表。在实际应用中，关系数据库通常是由有着一定关系的若干表组成的。在关系数据库系统中，关系是相对稳定的。因数据库中的数据需要不断更新，故关系数据是不断变化的。

2．关系模型的优点

关系模型是建立在严格的数学概念基础上的，每个关系都用一张表格来描述，字段、记录描述得很清楚，更重要的是，可以用关系的性质来衡量关系。

① 关系规范化，即每个数据项（即字段）都是一个不可分的数据单元。

② 概念简单，数据结构简单、清晰，用户易懂易用。

③ 存取路径对用户透明，数据的独立性高，安全保密性强。

3．关系操作

关系操作是基于关系模型的基础操作，这是数据库操作中的一部分。这里将介绍关系数据库中最常用的 3 种关系操作，即投影、选择和连接。

（1）投影（projection）

从表中选择若干属性的操作称为投影。例如，从"学生信息"表中选择属性"学号"、"姓名"、"性别"的操作。

（2）选择（selection）

从表中选择若干元组（行）的操作称为选择。选择是对一个关系表的记录进行选择，把符合某个条件的记录集选择出来，并重新构建一个原表的子集。

（3）连接（join）

生成一组新的元组，新元组的属性来自两个或两个以上的元组。连接是按照两个关系表中相同字段间的一定条件对两个关系表中的记录进行选择而形成新的记录集。在进行连接操作时，要特别注意连接条件，否则会造成连接结果元组各属性间张冠李戴。

除上述 3 种基本操作外，关系数据库还提供了不同表间元组的并、交、差等集合运算。在进行并、交、差等集合运算时，要求参加运算的两个表具有相同的属性结构，即表的元组属性名和属性取值范围都相同。设 R、S 是两个具有相同属性结构的表，对这几种运算的意义简要说明如下。

① 并（∪）运算：R、S 表进行并运算的结果是一个表，记为 $R \cup S$。两个相同关系的并是这两个关系的元组组成的集合。例如，有两个结构相同的学生关系 R 和 S，分别存放两个班的学生信息，把第 2 个班的学生记录追加到第 1 个班的记录后面，这就是两个关系的并运算。

② 交（∩）运算：R、S 表进行交运算的结果是一个表，记为 $R \cap S$。两个结构相同的关系 R 和 S，它们的交是既属于 R 又属于 S 的元组组成的集合，即交运算的结果是 R 和 S 的共同元组。例如，有参加计算机课外小组的学生关系 R，还有参加机器人设计课外小组的学生关系 S，求参加了两个课外小组的运算，这就是两个关系 R 和 S 的交运算。

③ 差（–）运算：对 R、S 表进行差运算的结果依然是一个表，记为 $R-S$。有两个结构相同的关系 R 和 S，R 和 S 差的结果是属于 R 但不属于 S 的元组组成的集合，即差运算的结果是从 R 中去掉 S 中的元组。例如，有参加计算机课外小组的学生关系 R，还有参加机器人设计课外小组的学生关系 S，求参加了计算机课外小组但没有参加的机器人设计课外小组的运算，所采用的运算就是差的运算。

④ 广义笛卡儿积（×）运算：设关系 R 和 S 的属性个数分别为 n、m，则 R 和 S 的广义笛卡儿积是一个有（$n+m$）列的元组的集合。每个元组的前 n 列来自 R 的一个元组，后 m 列来自 S 的一个元组，记为 $R \times S$。

根据笛卡儿积的定义：有 n 个属性 R 及 m 个属性 S，它们分别有 p、q 个元组，则关系 R 与 S

经笛卡儿积记为 $R{\times}S$，该属性个数是 $n{+}m$，元组个数是 $p{\times}q$，由 R 与 S 的有序组合而成。

【例 1.1】 有两个关系 R 和 S，分别进行并、差、交和广义笛卡儿积运算，其结果如下。

R

A	B	C
a1	b1	c1
a1	b2	c2
a2	b2	c1

(a)

S

A	B	C
a1	b2	c2
a1	b3	c3
a2	b2	c1

(b)

$R{\cup}S$

A	B	C
a1	b1	c1
a1	b2	c2
a2	b2	c1
a1	b3	c2

(c)

$R{-}S$

A	B	C
a1	b1	c1

(d)

$R{\cap}S$

A	B	C
a1	b2	c2
a2	b2	c1

(e)

$R{\times}S$

R.A	R.B	R.C	S.A	S.B	S.C
a1	b1	c1	a1	b2	c2
a1	b1	c1	a1	b3	c2
a1	b1	c1	a2	b2	c1
a1	b2	c2	a1	b2	c2
a1	b2	c2	a1	b3	c2
a1	b2	c2	a2	b2	c1
a2	b2	c1	a1	b2	c2
a2	b2	c1	a1	b3	c2
a2	b2	c1	a2	b2	c1

(f)

4. 关系中的数据约束

数据完整性约束是用来确保对数据的准确性和一致性的。数据完整性约束包括实体完整性约束、参照完整性约束和用户定义的完整性约束。

① 实体完整性约束：要求关系的主键中属性值不能为空值，因为主键具有确定元组的唯一性。

② 参照完整性约束：关系之间相互关联的基本约束，不允许关系引用不存在的元组，即在关系中的外键要么是所关联关系中实际存在的元组，要么为空值。

③ 用户定义的完整性约束：反映某一具体应用所涉及的数据必须满足的语义要求。例如，某个属性的取值范围为 0～100。

1.2 Visual FoxPro 6.0 系统概述

根据不同的数据模型可开发出不同的数据库管理系统，基于关系模型开发的数据库管理系统属于关系数据库管理系统。Visual FoxPro 6.0 就是以关系模型为基础的关系数据库管理系统。

1. 数据库管理系统概述

由于关系数据库管理系统的主要特点是简单灵活，数据独立性高，理论严格，因此目前市场上的数据库管理系统（DataBase Management System，DBMS）绝大部分是关系型的。

DBMS 是在操作系统（Operation System，OS）支持下运行的，是数据库系统的核心软件。DBMS 向用户提供数据操作语言，支持用户对数据库中的数据进行查询、编辑和维护等。

在关系数据库领域中有许多 DBMS，比较著名的有 dBASE、FoxBASE、FoxPro、Sybase、Oracle、Unify、SQL Server、Access 和 DB2 等。这些 DBMS 分为两类：一类属于大型数据库管理系统，如 Oracle、Sybase、DB2、lngres、Unify 和 SQL Server；另一类属于小型数据库管理系统，如 Visual FoxPro、Access、Clipper、dBASE 等。大型 DBMS 中也有许多经过简化而成为微型机上的版本，如 Oracle、Sybase、Unify。大型 DBMS 需要专人管理和维护，性能比较强，一般被应用于大型数据场所，如飞机订票系统、银行系统等。微型机数据库管理系统功能相对简单，提供的数据库语言都具有"一体化"的特点，即集数据定义语言和数据操作语言于一体，容易掌握，使用也比较方便，因而被广泛使用。

2．Visual FoxPro 6.0 数据库管理系统的特点

微机数据库管理系统已由最初的 dBASE 经 FoxBASE、FoxPro for DOS、FoxPro for Windows 发展到 Visual FoxPro 9.0。Visual FoxPro 的功能强大，操作灵活。数据库应用程序的设计方法正在经历一次程序设计思想方面的变革，即从广泛采用的面向过程的结构化程序设计方法发展到面向对象的由事件驱动的程序设计方法。

Visual FoxPro 6.0 是微软公司开发的一个 32 位的数据库管理系统，是自含型数据库管理系统，是解释型和编译型混合的系统。它能够以解释的方式定义、操作数据库，也可将操作过程编写为程序进行编译，脱离系统直接运行。下面介绍 Visual FoxPro 6.0 数据库管理系统的主要特点。

（1）提供面向对象的由事件驱动的应用程序设计方法

早期的 FoxPro 等采用面向过程的结构化程序设计方法，Visual FoxPro 6.0 提供了面向对象的由事件驱动的程序设计方法。采用该方法开发数据库应用软件不仅简化了设计，并且用户界面操作灵活、样式美观。

Visual FoxPro 6.0 仍然支持标准的面向过程的程序设计方式，更重要的是它提供真正的面向对象程序设计（Object-Oriented Programming，OOP）的能力。借助 Visual FoxPro 6.0 的对象模型，用户可以利用面向对象程序设计的所有功能，包括继承性、封装性、多态性和子类。这一方面可以减少用户的编程工作量，另一方面加快了程序的开发过程。

（2）提供可视化设计工具

为提高应用程序的设计效率，减轻设计人员劳动强度，Visual FoxPro 6.0 提供了用于应用程序开发的各种设计器、向导、工具栏、菜单和生成器。这些设计工具的可视化使尚不具备应用程序设计技术的广大用户，具有易于获得开发应用程序的能力。

（3）增强了项目及数据库管理功能

Visual FoxPro 6.0 在创建项目的同时，生成了该项目的项目管理器，由它全面管理项目中的数据库、应用程序及文档等，使数据库的应用和开发更加方便。其数据库的管理功能也更加强大，提供了过去只有在大型计算机的数据库管理系统中才具有的功能，如设置表字段的默认值、字段和记录的有效性规则，以及表间记录的参照完整性规则等，因此极大地提高了数据的安全性。

Visual FoxPro 6.0 还有许多其他方面的功能特点，在此不一一列举。

3．Visual FoxPro 6.0 的技术指标

Visual FoxPro 6.0 作为一个关系型数据库，其主要技术指标如表 1-2 所示。

表 1-2　Visual FoxPro 6.0 的主要技术指标

类　　型	功　　能	技　术　指　标
表文件及索引文件	每个表文件中记录的最大数目	10^9（10 亿）
	表文件大小的最大值	2GB
	每个记录中字符的最大数目	65 500
	每个记录中字段的最大数目	255
	一次同时打开的表的最大数目	255
	每个表字段中字符数的最大值	254
	非压缩索引中每个索引关键字的最大字节数	100B
	压缩索引中每个关键字的最大字节数	240B

类 型	功 能	技 术 指 标
表文件及索引文件	每个表打开的索引文件数	没有限制
	所有工作区中可以打开的索引文件数的最大值	没有限制
	关系数的最大值	没有限制
	关系表达式的最大长度	没有限制
字段的特征	字符字段大小的最大值	254
	数值型（以及浮点型）字段大小的最大值	20
	自由表中各字段名的字符数的最大值	10
	数据库包含的表中各字段名的字符数最大值	128
	整数的最小值	−2 147 483 647
	整数的最大值	2 147 483 647
	数值计算中精确值的位数	10
内存变量与数组	默认的内存变量数目	1024
	内存变量的最大数目	65 000
	数组的最大数目	65 000
	每个数组中元素的最大数目	65 000
程序和过程文件	源程序文件中行的最大数目	没有限制
	编译后的程序模块大小的最大值	64KB
	每个文件中过程的最大数目	没有限制
报表设计器	嵌套的 DO 调用的最大数目	128
	嵌套的 READ 层次的最大数目	5
	嵌套的结构化程序设计命令的最大数目	384
	传递参数的最大数目	27
	事务处理的最大数目	5
	报表定义中对象数的最大值	没有限制
	报表定义的最大长度	20
	分组的最大层次数	128
	字符报表变量的最大长度	255
其他	打开的窗口（各种类型）的最大数目	没有限制
	打开的"浏览"窗口的最大数目	255
	每个字符串中字符数的最大值或内存变量	16 777 184
	每个命令行中字符数的最大值	8192
	报表的每个标签控件中字符数的最大值	252
	每个宏替换行中字符数的最大值	8192
	打开文件的最大数目	系统限制
	键盘宏中按键数的最大值	1024
	SQL SELECT 语句可以选择的字段数的最大值	255

4．Visual FoxPro 6.0 的文件类型

在计算机中，数据是以文件的形式存放在磁盘上的。文件的管理采用了目录树的结构。为了便于查找，每个文件有一个确切的文件名称及其存放该文件的目录。Visual FoxPro 6.0 同样采用这种方式来存放文件。Visual FoxPro 6.0 默认的工作目录是 C:\Program Files\Microsoft Visual Studio\Vfp98；在操作中为了方便，用户可以改变默认的工作目录。

Visual FoxPro 6.0 中常用的文件类型如表 1-3 所示。

表 1-3　Visual FoxPro 6.0 常用文件类型

扩展名	文件类型	扩展名	文件类型	扩展名	文件类型
.act	向导操作文档	.fpt	表备注文件	.pjx	项目文件
.app	生成的应用程序	.frt	报表备注文件	.pjt	项目备注文件
.bak	备份文件	.frx	报表文件	.prg	Visual FoxPro 的程序文件
.cdx	复合索引文件	.fxp	编译后的 FoxPro 程序文件	.prx	编译后的格式文件
.dbf	表文件	.hlp	帮助文件	.qpr	生成的查询程序文件
.dbc	数据库文件	.idx	标准索引文件	.qpx	编译后的查询文件
.dbt	备注文件	.lbt	标签备注文件	.sct	表单备注文件
.dct	数据库备注文件	.lbx	标签文件	.scx	表单文件
.dcx	数据库索引文件	.log	记录文件	.txt	文本文件
.doc	FoxDoc 报告	.lst	清单文件	.tmp	临时文件
.err	编译错误信息文件	.mem	内存变量存储文件	.vct	可视类库备注文件
.esl	Visual FoxPro 支持的函数库	.mnt	菜单备注文件	.vcx	可视类库文件
.exe	可执行程序文件	.mnx	菜单说明文件	.vue	视图文件
.fmt	格式文件	.mpr	生成的菜单程序	.win	窗口文件

5．Visual FoxPro 6.0 的启动与退出

（1）启动

软件安装完成之后，会在"程序"菜单中启动添加相应菜单项。启动的方法是执行"开始 |程序 | Microsoft Visual FoxPro 6.0 | Microsoft Visual FoxPro 6.0"命令。

若经常使用 Visual FoxPro 6.0，可为该软件在桌面上创建一个快捷方式图标。操作方法是在"程序"菜单中，选择"Visual FoxPro 6.0"项的有关菜单项，然后右击，系统会弹出一个快捷菜单，选择"发送到 | 桌面快捷方式"选项，单击之后，就将该软件的图标发送到桌面上。此后，启动Visual FoxPro 6.0 只要在桌面上双击该图标即可。

（2）退出

退出 Visual FoxPro 的方法有多种，常用的有：① 在命令窗口中输入命令 Quit，然后按回车键；② 执行系统菜单的"文件 | 退出"命令；③ 单击系统主窗口右上角的"关闭"按钮。

需指出的是，按正常操作步骤退出 Visual FoxPro 6.0，将会自动保存缓冲区中尚未存入数据库中的数据，并完成表文件、数据库及项目等的关闭操作。如果非正常或意外地退出 Visual FoxPro6.0，就可能丢失这些未保存的数据，因此，一定要按正常操作步骤退出 Visual FoxPro 6.0。

习 题 1

1.1　思考题

1．以实例说明数据、信息和数据处理。

2．文件系统和数据库系统有何不同？

3．满足哪些条件的数据库可称为关系型数据库？

4．试举例说明什么是字段、字段值、记录、表。

5．目前常用的数据库管理系统软件主要有哪些？

1.2　选择题

1．数据模型是将概念模型中的实体及实体间的联系表示成便于计算机处理的一种形式。数据模型一般有关系模型、层次模型和(　　　)。

(A) 网络模型　　　　(B) E-R 模型　　　　(C) 网状模型　　　　(D) 实体模型

2. 数据库（DB）、数据库系统（DBS）和数据库管理系统（DBMS）之间的关系是(　　)。

(A) DBMS 包括 DB 和 DBS　　　　　　(B) DBS 包括 DB 和 DBMS

(C) DB 包括 DBS 和 DBMS　　　　　　(D) DBS 就是 DB，也就是 DBMS

3. Visual FoxPro 是一种关系数据库管理系统。所谓关系，是指(　　)。

(A) 表中各条记录彼此有一定的关系　　(B) 表中各个字段彼此有一定的关系

(C) 一个表与另一个表之间有一定的关系　(D) 数据模型符合满足一定条件的二维表格式

4. 关系数据库管理系统的 3 种基本操作运算不包括(　　)。

(A) 比较　　　　　(B) 选择　　　　　(C) 连接　　　　　(D) 投影

5. 在有关数据库的概念中，若干记录的集合称为(　　)。

(A) 字段　　　　　(B) 文件　　　　　(C) 数据项　　　　(D) 数据表

6. 现实世界中的事物(对象或个体)，在数据世界中则表示为(　　)。

(A) 记录　　　　　(B) 文件　　　　　(C) 数据项　　　　(D) 数据表

7. 如果要改变一个关系中属性的排列顺序，应使用的关系运算是(　　)。

(A) 重建　　　　　(B) 选择　　　　　(C) 连接　　　　　(D) 投影

8. 一个关系是一张二维表。在 Visual FoxPro 6.0 中，一个关系对应一个(　　)。

(A) 字段数据　　　(B) 记录　　　　　(C) 数据库文件　　(D) 索引文件

9. 在已知教学环境中，一名学生可以选择多门课程，一门课程可以被多名学生选择，这说明学生记录型与课程记录型之间的联系是(　　)。

(A) 一对一　　　　(B) 一对多　　　　(C) 多对多　　　　(D) 未知

10. 用户启动 Visual FoxPro 后，若要退出 Visual FoxPro 回到 Windows 环境，可在命令窗口中输入(　　)命令。

(A) QUIT　　　　　(B) EXIT　　　　　(C) CLOSE　　　　(D) CLOSE ALL

11. 扩展名为.dbc 的文件是(　　)。

(A) 表单文件　　　(B) 数据库表文件　(C) 数据库文件　　(D) 项目文件

12. Visual FoxPro 6.0 是一个(　　)位的数据库管理系统。

(A) 8　　　　　　(B) 16　　　　　　(C) 32　　　　　　(D) 64

13. 关系数据库管理系统所管理的关系是(　　)。

(A) 一个.dbf 文件　(B) 若干二维表　　(C) 一个.dbc 文件　(D) 若干.dbc 文件

14. 在关系数据库中，二维表的列称为属性，二维表的行称为(　　)。

(A) 元组　　　　　(B) 数据项　　　　(C) 元素　　　　　(D) 字段

15. 将一个关系数据库文件中的各条记录任意调换位置将(　　)。

(A) 不会影响库中数据的关系　　　　　(B) 会影响统计处理的结果

(C) 会影响按字段索引的结果　　　　　(D) 会影响关键字排列的结果

16. 下列关于关系型数据库的正确描述是(　　)。

(A) 记录和元组都对应于二维表中的一行　(B) 属性和字段都对应于二维表中的一列

(C) 字段组成记录，记录组成数据表　　(D) 以上均正确

17. 数据库系统与文件系统的主要区别是(　　)。

(A) 文件系统简单，而数据库系统复杂

(B) 文件系统只能管理少量数据，而数据库系统能管理大量数据

(C) 文件系统只能管理数据文件，而数据库系统能管理各种类型的文件

(D) 文件系统不能解决数据冗余和数据独立性问题，而数据库系统则可以

18. 对关系 S 和关系 R 进行集合运算，结果中既包含 S 中的元组也包含 R 中元组，这种集合运算称为(　　)。

(A) 并运算　　　　　(B) 交运算　　　　　(C) 差运算　　　　　(D) 积运算

19. 对于现实世界中的事物的特征，在实体—联系模型中使用(　　　)。

   (A) 属性描述　　　(B) 关键字描述　　　(C) 二维表格描述　　　(D) 实体描述

20. 从关系模型中指出若干属性组成新的关系的操作，称为(　　　)。

   (A) 连接　　　　　(B) 投影　　　　　(C) 选择　　　　　(D) 索引

21. 对于"关系"的描述，正确的是(　　　)。

   (A) 同一个关系中允许有完全相同的元组

   (B) 在一个关系中元组必须按关键字升序存放

   (C) 在一个关系中必须将关键字作为该关系的第一个属性

   (D) 同一个关系中不能出现相同的属性

22. E-R 图用于建立(　　　)。

   (A) 概念模型　　　(B) 逻辑模型　　　(C) 物理模型　　　(D) 实际模型

23. 下列叙述中正确的是(　　　)。

   (A) 数据库是一个独立的系统，不需要操作系统的支持

   (B) 数据库系统具有高共享性和低冗余性

   (C) 数据库管理系统就是数据库系统

   (D) A，B，C 都不对

24. 设有如下面的表所示的关系，则下列操作中正确的是(　　　)。

R

A	B	C
0	1	5
4	2	3

S

A	B	C
5	7	8

T

A	B	C
0	1	5
4	2	3
5	7	8

   (A) $T=R \cap S$　　　　　　　　　(B) $T=R \cup S$

   (C) $T=R \times S$　　　　　　　　　(D) $T=R/S$

25. 下列叙述中正确的是(　　　)。

   (A) E-R 图能够表示实体集之间一对一的联系、一对多的联系、多对多的联系

   (B) E-R 图只能表示实体集之间一对一的联系

   (C) E-R 图只能表示实体集之间一对多的联系

   (D) 用 E-R 图表示的概念数据模型只能转变为关系数据模型

1.3　填空题

1. 数据库系统的核心是 _____。

2. 关系是具有相同性质的_____的集合。

3. 数据库管理系统常见的数据模型有 3 种：层次模型、网状模型和_____模型。

4. 实体与实体之间的联系有 3 种，即一对一联系、一对多联系和_____。

5. _____是数据库的最小逻辑单位。

6. 对关系进行选择、投影或连接运算后，运算的结果仍然是一个_____。

7. 如果一个工人可以管理多个设备，而一个设备只能被一个工人管理，则实体"工人"与实体"设备"之间存在_____的管理。

8. 在关系模型中，把数据库看成一个二维表，每个二维表称为一个_____。

9. 在关系模型中，把数据库看成一个二维表，表中的每列称为一个_____，相当于记录中的一个数据项。

10. 在数据库设计中，设计概念模型的有利工具有_____。

第 2 章　Visual FoxPro 6.0 基础知识

本章要点：

☞　Visual FoxPro 6.0 的用户界面

☞　Visual FoxPro 6.0 的工作方式

☞　Visual FoxPro 6.0 的项目管理器

☞　Visual FoxPro 6.0 的设计器

☞　Visual FoxPro 6.0 的向导

☞　Visual FoxPro 6.0 的生成器

Visual FoxPro 6.0 为应用程序开发者提供了一系列的可视化开发工具,给用户的开发带来了极大的方便。

2.1　Visual FoxPro 6.0 的用户界面

Visual FoxPro 6.0 为用户提供了 Windows 风格的窗口、菜单工作方式,利用这种方式,用户可以方便、快捷地使用 Visual FoxPro 6.0 数据库。

（1）窗口

当用户正常启动 Visual FoxPro 6.0 后,进入如图 2-1 所示的 Visual FoxPro 6.0 窗口。

（2）工具栏

图 2-1 中的工具栏是 Visual FoxPro 6.0 的常用工具栏,用户可根据需要选择其他工具栏,其操作为：执行系统菜单的"显示 | 工具栏"命令,出现如图 2-2 所示的对话框,从中选择所需的工具栏,单击"确定"按钮,该工具栏就会出现在窗口中。

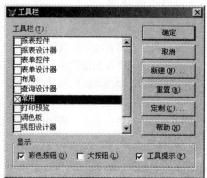

　　　图 2-1　Visual FoxPro 6.0 窗口　　　　　　　　　图 2-2　"工具栏"对话框

（3）改变 Visual FoxPro 6.0 默认设置

如果用户没有改变 Visual FoxPro 6.0 的默认设置,Visual FoxPro 6.0 会按系统默认设置显示相关的数据。例如,日期按美语格式显示（即 11/23/98 是按月月/日日/年年显示）、小数的位数为 2、

每星期开始的时间是星期日。执行系统菜单中的"工具 | 选项"命令，出现如图 2-3 所示的"选项"对话框，从中可以改变默认设置。

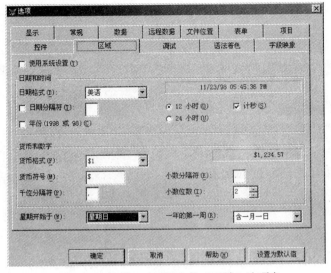

图 2-3　"选项"对话框中的"区域"选项卡

用户可以改变 Visual FoxPro 6.0 默认的工作目录，操作如下。

① 执行系统菜单中的"工具 | 选项"命令。

② 在"选项"对话框中选择"文件位置"选项卡，如图 2-4 所示。

③ 在"文件类型"和"位置"列表框中选择"默认目录"，再单击"修改"按钮。

④ 在如图 2-5 所示的"更改文件位置"对话框中输入新的目录路径，如"E:\VFP"，或通过 按钮选择新目录，这样就把 Visual FoxPro 6.0 默认的工作目录改变为 E:\VFP。

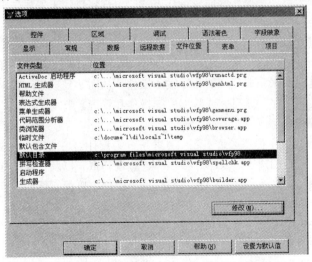

图 2-4　"选项"对话框中的"文件位置"选项卡

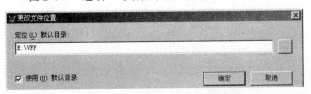

图 2-5　"更改文件位置"对话框

（4）敏感菜单

Visual FoxPro 6.0 在运行过程中，随着用户操作内容的变化，菜单栏上的菜单项会随着操作内容的变化而发生动态改变，这就称为敏感菜单。例如，在没有打开"菜单设计器"之前，菜单栏中有"格式"菜单项，但打开"菜单设计器"后，"格式"菜单项消失了，出现了"菜单"菜单项，如图 2-6 所示。

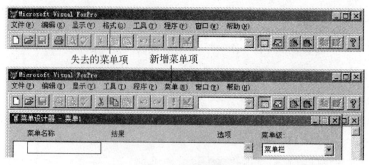

图 2-6　敏感菜单

2.2　Visual FoxPro 6.0 的工作方式及命令语法规则

Visual FoxPro 6.0 支持两种不同的工作方式，即交互方式和程序执行方式。有时，使用 Visual FoxPro 6.0 的一条命令，可以快速地完成一件复杂的任务。一条命令的功能可能相当于一段程序所能完成的功能。

2.2.1　Visual FoxPro 6.0 的工作方式

1. 交互方式

交互方式又可分为可视化操作和命令操作方式。可视化操作主要包括菜单操作和设计器、向导、生成器等工具类操作。

（1）菜单操作方式

系统将若干命令做成菜单接口，用户可以通过菜单的选择来操作。这样用户不必记忆命令的具体格式，而是通过对话来完成相应的命令输入操作，从而达到按指定要求操作数据库的目的。这种操作方法无须编写程序，就可完成数据库的操作和管理。

（2）工具操作方式

在 Visual FoxPro 系统中提供了许多工具，并可分为设计器、向导、生成器三种交互式的可视化开发工具。这些工具使创建表、表单、数据库、查询和报表以及管理数据变得轻而易举。选择某一工具后，根据系统提供的一系列选择和对话框，用户可以很方便地进行操作。另外，为了方便用户，系统将菜单中的一些常用功能通过工具栏的方式放置在屏幕上，单击相应的工具图标就可以进行操作。

（3）命令操作方式

所谓命令操作是指在命令窗口中输入一个命令就可以进行操作。例如，创建一个表单，输入"CREATE FORM"命令就可以实现。命令操作为用户提供了一个直接操作的手段，这种方法能够直接使用系统的各种命令和函数，有效地操作数据库，但需要熟练掌握命令和函数的细节。通常，在测试一个命令和函数时，需要用命令操作方式。

2. 程序操作方式

所谓程序操作，是指将多条命令编写成一个程序，通过运行这个程序达到操作数据库的目的。

开发应用系统时需要编写程序，以提供更简洁的画面交给用户去操作。Visual FoxPro 的程序设计与其他高级语言的程序设计是一样的。

以上几种操作方式可以相互补充，既可以在程序中增加菜单操作，也可以在菜单中增加程序操作。当然，命令操作是这些操作方法的基础。

2.2.2 命令语法规则

在 Visual FoxPro 6.0 的操作过程中，除了使用菜单操作之外，主要是通过命令方式操作的，这些命令都有固定的格式和语法。

1. 命令结构

Visual FoxPro 6.0 有许多命令和函数。每条命令都有确定的格式，其一般格式如下：

  命令动词　子句

下面以 LIST | DISPLAY 命令为例，说明命令及其子句。

语法：

  LIST | DISPLAY[FIELDS FieldList][Scope] [FOR lExpression1] [WHILE lExpression2]
     [OFF][NOCONSOLE][NOOPTIMIZE][TO PRINTER [PROMPT] | TO FILE FileName]

功能： 在 Visual FoxPro 主窗口或用户自定义窗口中，显示当前表有关的信息。

说明： 命令都是由命令动词和子句（选择项）构成的。该命令的动词是 LIST | DISPLAY，它是一个固定关键字，可简写，但不可省略，方括号内的内容都是子句。

（1）命令动词

所有命令都以命令动词开头，命令动词是 VFP 命令的名字，决定了命令的性质。命令动词一般为一个英文动词，该动词的英文含义表示要执行的功能。当一个动词的字母超过 4 个时，从第 5 个字母开始可以省略。例如，DISPLAY 可以写为 DISP。从程序可读性考虑，不提倡省略命令动词的写法。

（2）Scope（范围）子句

Scope 子句用来表示命令涉及的记录范围，其限定方法如下。

① RECORD<N>　　表示指定第 N 个记录。

② NEXT<N>　　表示从当前记录开始的 N 个记录。

③ ALL　　表示数据库的所有记录。

④ REST　　表示从当前记录开始到最后一个记录的所有记录。

（3）FIELDS 子句

该子句说明数据库的字段名称，一般后面跟一个 FieldList（字段名列表，简称字段表，它由一个或多个由逗号隔开的字段名组成）。在字段表中，每个字段名之间必须用逗号隔开。如果不选择这个子句，则表示选择所有的字段。

（4）FOR/WHILE 子句

这两条子句后面一般跟一个逻辑表达式 lExpression，即其结果值必须为真（.T.）或假（.F.）。这个条件短语表示筛选出满足条件表达式（即表达式的结果为.T.）的记录，以实施命令操作。当 FOR lExpression 和 WHILE lExpression 在同一条命令语句中使用时，系统规定 WHILE 子句优先。这两条子句的差别是：FOR 子句能在整个数据表文件中筛选出符合条件的记录；而 WHILE 子句从当前记录开始顺序寻找出第 1 个满足条件的记录，再继续找出紧随其后满足条件的记录，一旦找到一个不满足条件的记录，则终止寻找。

2. 命令书写规则

Visual FoxPro 6.0 的命令有的比较短，有的则相当长，书写时应遵循如下规则。

① 任何命令必须以命令动词开头，后面的多个子句通常与顺序无关，但必须符合命令格式的规定。

② 用空格分隔各子句。

③ 一条命令的最大长度为 254 个字符，一行写不下时，可用分行符";"（英文分号）在行尾分行，然后在下行继续书写。

④ 为了保持程序的可读性，命令动词一般不用缩写。

⑤ 命令中的字符大小写可以混合使用，不区分大小写。为了区分命令关键字和其他内容，可以将命令关键字大写，而其他内容小写（说明：为了全书统一和美观，本书全部采用大写）。

⑥ Visual FoxPro 6.0 中没有规定的系统保留字，但用户在选择变量名、字段名和文件名时应尽可能不使用系统中的命令动词和其他系统已经使用过的名字，以免程序在运行时发生混乱。

2.3   Visual FoxPro 的项目管理器

使用 Visual FoxPro 时将创建很多不同格式的文件。为了方便地管理这些文件，Visual FoxPro 提供了"项目管理器"，为用户提供了一个方便、简单的可视化工作平台，用以组织和处理表、数据库、表单、查询、视图、报表和其他文件。在"项目管理器"中，只要通过鼠标的简单操作就可实现对文件的创建、修改和删除等操作。

当开发应用程序时，最好将应用程序文件都组织到项目管理器中，这样便于查找。通过项目管理器可以将应用程序系统编译成一个扩展名为 .app 的应用文件或 .exe 的可执行文件。用 DO 命令可以执行 .app 文件；应用程序中的所有 .prg 文件、报表文件、标签文件及不需要修改的表和索引文件可以组合在一个文件中。因此，项目管理器是 Visual FoxPro 中处理数据和对象的主要组织工具，是 Visual FoxPro 系统的控制中心。

2.3.1   项目管理器的使用

1. 项目管理器的选项卡

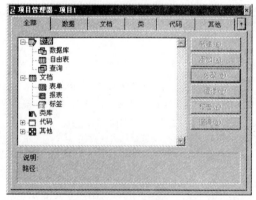

图 2-7   项目管理器

"项目管理器"窗口有 6 个选项卡，分别为"全部"、"数据"、"文档"、"类"、"代码"和"其他"，如图 2-7 所示。其中"全部"选项卡用于集中显示该项目中的所有文件，是其他 5 个选项卡内容的集中显示；"数据"、"文档"、"类"、"代码"和"其他" 5 个选项卡用于分类显示各种文件。当要处理项目中某一特定类型的文件或对象时，可选择相应的选项卡。

在建立表和数据库，以及创建表单、查询、视图和报表时，所要处理的主要是"数据"和"文档"选项卡中的内容。

（1）"数据"选项卡

该选项卡包含了一个项目中的所有数据，如数据库、自由表、查询和视图等。

数据库是表的集合，一般通过公共字段彼此关联。使用"数据库设计器"可以创建一个数据库。数据库文件的扩展名为 .dbc。

自由表存储在以 .dbf 为扩展名的文件中，它不是数据库的组成部分。

查询是查找存储在表中特定信息的一种方法。利用"查询设计器"可以设置查询的格式，该查询将按照输入的规则从表中提取记录。查询被保存为带 .qpr 扩展名的文件。

视图是特殊的查询，它不仅可以查询记录，还可更新记录。通过更改由查询返回的记录，可用视图访问远程数据或更新数据源。视图只能存在于数据库中，它不是独立的文件。

（2）"文档"选项卡

该选项卡中包含了处理数据时所用的 3 类文件，即输入和查看数据所用的表单、打印表和查询结果所用的报表及标签。

表单用于显示和编辑表的内容。

报表是一种文件，它告诉 Visual FoxPro 如何设置查询和从表中提取结果，以及如何将这些结果打印出来。

标签是打印在专用纸上的带有特殊格式的报表。

通过"文档"选项卡可以很方便地创建、编辑和删除这 3 类文件。

（3）"类"选项卡

使用 Visual FoxPro 的基类就可以创建一个面向对象的事件驱动程序。如果自己创建了实现特殊功能的类，可以将其存放在某一指定的类库中，需要的时候随时调用。也可以在"项目管理器"中添加或修改已有的类库，"项目管理器"提供的这种用于创建和管理类及类库的方法极大地方便了面向对象的编程。

（4）"代码"选项卡

该选项卡包括三大类程序，其扩展名分别为 .prg 的程序文件、函数库 API Librares 和应用程序 .app 文件。一般应用系统所需要的程序文件可以在这里编制；也可以通过"项目管理器"向应用系统引进应用程序接口函数库，该应用程序接口文件的扩展名为 .fll，通过该文件来向应用系统提供一些外部函数的调用；还可以向项目添加一些扩展名为 .app 和 .exe 的服务程序，作为应用系统的一部分。

（5）"其他"选项卡

该选项卡包括文本文件、菜单文件和其他文件。在该选项卡中，用户可以为应用程序建立自己的菜单系统，通过菜单组织各个功能模块的调用，也可以向"项目管理器"添加一些应用程序所需的文本文件、位图文件、光标文件和图标文件等。

2．项目管理器窗口的命令按钮

"项目管理器"窗口中的命令按钮是动态的，当选择不同对象时会有不同的命令按钮排列。

"新建"按钮——创建一个新文件或对象，其作用与执行"项目 | 新建文件"命令相同。新文件或对象的类型与当前选定的类型相同。

"添加"按钮——把已有的文件添加到项目中，其作用与执行"项目 | 添加文件"命令相同。

"修改"按钮——在合适的设计器中打开选定项，其作用与执行"项目 | 修改文件"命令相同。

"浏览"按钮——在浏览窗口中打开一个表，其作用与执行"项目 | 浏览文件"命令相同，且仅当选定一个表时可用。

"移去"按钮——从项目中移去选定文件或对象。Visual FoxPro 将询问是仅从项目中移去此文件，还是同时将其从磁盘中删除。其作用与执行"项目 | 移去文件"命令相同。

"连编"按钮——连编一个项目或应用程序，还可以连编可执行文件或自动服务程序，其作用与执行"项目 | 连编"命令相同。

"预览"按钮——在打印预览方式下显示选定的报表或选项卡。当选定"项目管理器"中一个报表或标签时可用，其作用与执行"项目 | 预览文件"命令相同。

"打开/关闭"按钮——打开或关闭一个数据库，其作用与执行"项目｜打开文件"或"项目｜关闭文件"命令相同，且仅当选定一个数据库时可用。如果选定的数据库已经打开，此按钮为"关闭"；反之，此按钮变为"打开"。

"运行"按钮　用于执行选定的查询、表单或程序。当选定"项目管理器"中一个查询、表单或程序时可用，其作用与执行"项目｜运行文件"命令相同。

3．定制项目管理器

"项目管理器"显示为一个独立的窗口，用户可以根据需要改变"项目管理器"窗口的外观。例如，可以移动"项目管理器"窗口的位置、调整它的尺寸、折叠或展开"项目管理器"窗口，也可以将其选项卡浮于其他窗口之上。

（1）折叠项目管理器

单击"项目管理器"右上角的向上箭头按钮可以用于折叠"项目管理器"窗口。在折叠情况下只显示选项卡，右上角的向上箭头按钮也变成了向下箭头按钮，如图 2-8 所示。

图 2-8　折叠的项目管理器

单击右上角的按钮，即可将"项目管理器"窗口还原为如图 2-7 所示的正常大小。在折叠状态下，选择其中一个选项卡将显示该选项卡的一个小窗口，如图 2-9 所示。在该选项卡的窗口中单击鼠标右键，将弹出相应的快捷菜单，在快捷菜单中将有相应的命令选项。

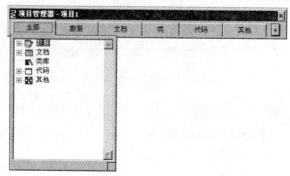

图 2-9　选择项目管理器中的一个选项卡

（2）拆分项目管理器

折叠的项目管理器窗口可以进一步拆分。当把鼠标指针放到选项卡上拖动时，可以将相应的选项卡从项目管理器中拆分开，如图 2-10 所示。

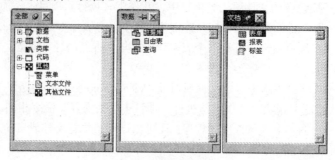

图 2-10　拆分后的选项卡

图 2-10 为拆分开的"全部"选项卡、"数据"选项卡和"文档"选项卡。拆分后的选项卡可在 Visual FoxPro 的主窗口中独立移动，也可根据需要重新安排它们的位置。如果要将选项卡始终显示在屏幕的最顶端，可以单击选项卡上的"图钉"图标，这样就可以钉住该选项卡，使其不会被其他窗口遮挡，如图 2-11 中的"文档"选项卡；再单击"图钉"图标将取消"顶层显示"设置。

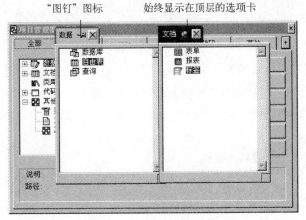

图 2-11　显示在顶层的选项卡

若要还原一个选项卡，只需将其拖回到项目管理器或单击选项卡上的"关闭"按钮。

（3）停放项目管理器

将项目管理器拖到 Visual FoxPro 主窗口的顶部，或双击标题栏，可以停放"项目管理器"，使它显示在主窗口的顶部，如图 2-12 所示。

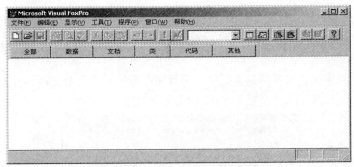

图 2-12　停放状态的项目管理器

"项目管理器"处于停放状态时，只显示选项卡，不能将其展开，但是可以单击每个选项卡来进行相应的操作。对于停放的"项目管理器"，同样可以从中拖开选项卡。要想恢复"项目管理器"的窗口形式，只需双击项目管理器工具栏的空白处即可。

4．查看文件

在项目管理器中，用户可扩展或压缩某一类型文件的图标。在每类文件的左边都有一个图标形象地表明该种文件的类型。

（1）展开项目

如果项目中具有一个以上同一类型的项，其类型符号旁边会出现一个"+"符号。单击"+"可以显示项目中该类型的所有明细，此时"+"变为"−"。

（2）折叠项目

若要折叠已展开的列表，可单击列表旁边的"−"符号，此时"−"变为"+"。

5. 项目管理器中的⊘符号

在项目管理器中，当单击图标左边的"+"符号后，可看到在有些文件前面标有"⊘"符号，这表明该文件虽然属于项目文件，但不将其包含在编译后生成的运行文件内，即非包含（排除在外，运行时可以修改）。

当用户在创建各种数据文件（数据库、数据库表、数据库视图、自由表等）时，其默认状态为"⊘"，而创建各种程序文件（表单文件、菜单文件、查询文件等）时其初始状态均为包含（即运行时不可更改）。用户可通过执行"项目 | 排除"或"项目 | 包含"命令来改变其状态。

6. 在项目管理器中新建或修改文件

在项目管理器中可以方便地进行文件的创建和修改。首先选定要创建或修改的文件类型，然后单击"新建"或"修改"按钮，就会显示与所选文件类型相应的设计工具（或利用向导）来创建文件。

7. 在项目管理器中添加或移去文件

（1）添加文件

要使用项目管理器，必须在其中添加已有的文件或者用它来创建新的文件。新建或添加一个文件到项目中并不意味着该文件已经成为项目的一部分，而是指该文件和项目建立了一种关联，每个文件都以独立的形式存在。

如果一个数据库、自由表、表单等项目的元素没有通过项目管理器来创建，就只有通过项目管理器的添加功能来实现将其作为项目元素的一部分。向一个已经存在并打开的项目中添加文件的方法是：选择要添加文件的类型，然后单击"添加"按钮，弹出"打开"对话框，从中选择要添加的文件，单击"确定"按钮。

一个文件可以包含在多个项目中。当修改该文件时，修改的结果将同时在相应的项目中得以体现，从而避免了在多个项目中分别修改文件时，可能导致发生修改不一致的后果。

（2）移去文件

一般来说，项目中包含的文件是为某个应用程序服务的。当某个文件不再需要时，可以从项目中移去。当移去文件时，系统会显示如图 2-13 所示的提示框。

图 2-13　Microsoft Visual FoxPro 提示框

若单击"移去"按钮，系统只从项目中移去所选择的文件，被移去的文件仍然存在于原目录中；若单击"删除"按钮，则系统不仅从项目中移去文件，还将从磁盘中删除该文件，文件将不复存在。

8. 在项目间共享文件

文件可以和不同的项目关联。通过与其他项目共享文件，可以使用在其他项目中开发的工作成果。共享的文件并未复制，项目只保存了对该文件的引用。文件可以同时和不同的项目连接。要在项目之间共享文件，首先在 Visual FoxPro 中打开要共享的两个项目，在包含该文件的项目管理器中，选择该文件，将该文件拖动到另一个项目的容器中。

9. 查看和编辑项目信息

执行"项目 | 项目信息"命令，打开如图 2-14 所示的"项目信息"对话框，在其中可以查看和编辑有关项目和项目中文件的信息。

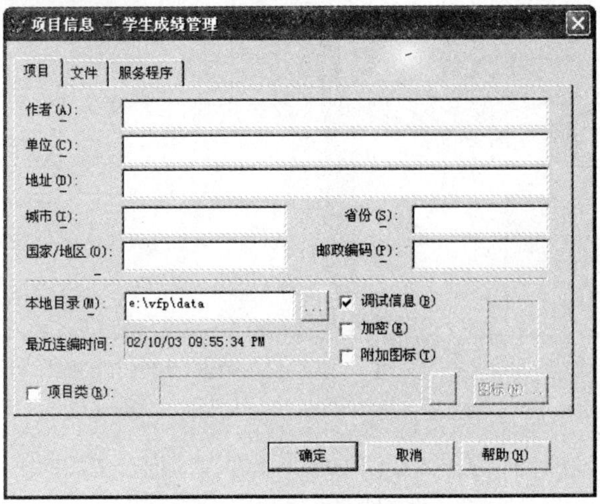

图 2-14   "项目信息"对话框

2.3.2 项目文件的创建

项目是文件、数据、文档和 Visual FoxPro 对象的集合，项目文件的扩展名为 .pjx。在创建应用程序之前应先建一个项目文件。

创建一个新的项目有两种途径：一是创建一个项目文件，用来分类管理其他文件；二是使用应用程序向导，生成一个项目和一个应用程序框架。

1. 设置工作目录

Visual FoxPro 默认的工作目录是系统文件所在的 Visual FoxPro 的目录。为便于管理，用户最好设置自己的工作目录，以便保存创建的文件。

【例 2-1】 在 E 盘的根目录下建立一个"教学管理"子目录，并将其设置为工作目录。

❶ 在 E 盘的根目录下建立一个"教学管理"子目录。

❷ 执行"工具 | 选项"命令，打开"选项"对话框。

❸ 单击"选项"对话框中的"文件位置"选项卡，如图 2-4 所示。

❹ 在"文件位置"选项卡中选中"默认目录"，单击"修改"按钮，出现"更改文件位置"对话框，如图 2-5 所示。

❺ 在"更改文件位置"对话框中，选中"使用默认目录"复选按钮，在"定位默认目录："文本框中输入"E:\教学管理"，然后单击"确定"按钮，返回"选项"对话框。这时在"文件位置"选项卡中，可以看到原来"默认目录"的位置已被设置为"E:\教学管理"。

❻ 单击"设置为默认值"按钮，再单击"确定"按钮，该目录便被设置成为用户的工作目录。

2. 创建新项目

创建一个项目文件有多种方法，下面介绍用"文件 | 新建"命令创建一个新项目的方法。

❶ 执行"文件 | 新建"命令，出现如图 2-15 所示的"新建"对话框，从中选定"文件类型"为"项目"，单击"新建文件"按钮，弹出如图 2-16 所示的"创建"对话框。

图 2-15 "新建"对话框

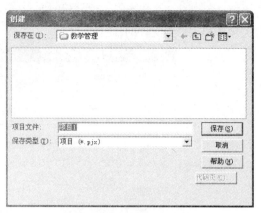

图 2-16 "创建"对话框

❷ 在"创建"对话框中将出现当前默认工作目录中的内容,在"项目文件"框中显示的是默认的项目文件名:"项目 1"。用户可以通过单击"保存在"框右边的向下箭头,重新指定路径;然后在"项目文件"框中输入新的项目文件名,如"教学管理"。

❸ 单击"保存"按钮,此时"创建"对话框关闭,"项目管理器"窗口打开,Visual FoxPro 在指定的目录下创建了一个"教学管理"的空项目,如图 2-17 所示。

3. 打开和关闭项目

（1）打开已有项目

在 Visual FoxPro 中创建的项目,可以用多种方式打开。下面通过菜单操作方式打开项目。

❶ 执行"文件|打开"命令,或者单击常用工具栏中的"打开"按钮,出现"打开"对话框。

❷ 在"查找范围"框中显示的是默认的工作目录,通过下拉列表框可以改变该工作目录;在"文件类型"下拉列表框中选择"项目",即扩展名为 .pjx,然后选择要打开的项目,如"教学管理"项目,如图 2-18 所示。

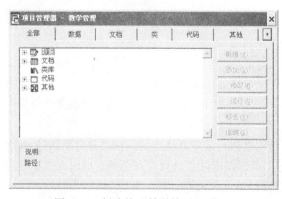

图 2-17 创建的"教学管理"项目

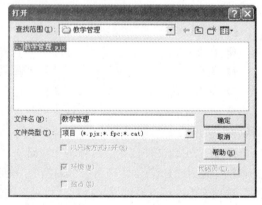

图 2-18 "打开"对话框

❸ 单击"确定"按钮,即可在项目管理器中打开所选的项目。

（2）关闭项目

关闭项目可以直接单击项目管理器窗口右上角的"关闭"按钮,也可以通过执行"文件|关闭"命令关闭打开的项目。

如果是一个空项目,即项目文件尚未包含任何文件,关闭 Visual FoxPro 会显示如图 2-19 所示的提示框，让用户确认在关闭该项目时，是在磁盘上保留这个空项目，还是将其从磁盘中删除。

图 2-19　"Microsoft Visual FoxPro" 提示框

2.4　Visual FoxPro 6.0 的设计器

Visual FoxPro 的设计器是用于创建和修改应用系统中各种组件的可视化工具，利用系统提供的各种设计器，用户可以很容易地创建数据库、表、查询、表单、报表、数据环境、连接、视图、数据的参照完整性等。熟练地掌握和使用各种设计器是开发应用程序的基础。

某些设计器可直接生成程序，如查询设计器；某些设计器仅生成一中间文件（.mnx），如菜单设计器，若要生成菜单程序，还必须选取"菜单"中的"生成"选项（若在项目文件中使用菜单设计器，则在连编项目时，由系统自动完成该工作）；还有某些设计器只有在其他设计器打开时才能使用，如数据环境设计器，只有在表单设计器打开后才能使用，它仅起一种辅助作用。Visual FoxPro 提供的设计器及其功能如表 2-1 所示。

表 2-1　Visual FoxPro 设计器及其功能简介

设计器名称	功 能 简 介
表设计器	创建或编辑数据库表、自由表、字段属性和索引，可以实现诸如有效性检查和默认值等高级功能
数据库设计器	管理数据库中包含的全部表，视图、关系、查询、连接、存储过程等数据库元素对象。该窗口活动时，显示"数据"菜单和"数据库设计器"工具栏
查询设计器	创建或编辑数据库来源与在本地表中运行的查询或视图，可以直接编辑 SQL 语句。该设计器窗口活动时，显示"查询"和"报表控件"工具栏
视图设计器	用于创建或修改远程或本地的视图。可以创建可更新的视图，通过创建的远程视图能够访问远程数据源。当该设计器窗口活动时，显示"视图设计器"工具栏
表单设计器	创建或修改表单或表单集，创建友好的人机交互界面，可以通过"表单控件"工具栏向表单添加需要的控件。当该设计器活动时，显示"表单"菜单、"表单控件"和"表单设计器"工具栏以及"属性"窗口
报表设计器	创建或编辑打印数据的报表，当该设计器活动时，显示"报表"菜单和"报表控件"工具栏
菜单设计器	用于创建应用系统的菜单栏或定义弹出式快捷菜单，同时为各个菜单项指定相应的命令或过程，通过菜单系统来组织应用系统的功能实现
数据环境设计器	用于修改数据环境定义的表单或报表使用的数据源，包括表、视图和关系等
连接设计器	为远程视图创建连接并修改命名连接，只有在打开数据库时才能使用"连接设计器"

打开设计器可以用命令，从"显示"菜单中打开，或在项目管理器环境下调用等方法。若要用设计器创建新文件，只需在"项目管理器"中选择待创建文件的类型，再选择"新建"命令。

2.5　Visual FoxPro 6.0 的向导

向导是一种交互式程序。为了便于用户使用和快速开发应用程序，Visual FoxPro 向用户提供了这种交互式生成目标对象的程序。用户只需通过向导的一系列屏幕提示与引导，回答问题或选择选项，向导就会根据回答生成文件或执行任务，帮助用户快速完成一般性的任务，如快速生成数据库、表、查询等。但是，向导并不是万能的，它只是用于快速生成目标对象并执行一般性的任务，对于目标对象的特殊处理必须借助于专门的设计工具进行调整。

1. 启动向导

启动向导一般有 4 种途径。

① 通过项目管理器启动。在项目管理器中选定要创建的文件类型，然后单击"新建"按钮，系统将会弹出相应的"新建"对话框，如图 2-20、图 2-21 和图 2-22 所示。单击"向导"按钮，就可启动相应对象的向导。

图 2-20　新建数据库　　　　　图 2-21　新建表　　　　　图 2-22　新建查询

② 通过执行系统"文件"菜单中的"新建"命令或单击工具栏的"新建"按钮，打开"新建"对话框，选择将要创建的文件类型，然后单击相应的"向导"按钮，就可以启动相应的向导。

③ 通过执行系统"工具"菜单中"向导"子菜单下的命令，如图 2-23 所示，可以打开大部分向导。

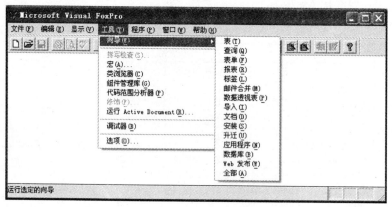

图 2-23　"工具"菜单中的"向导"子菜单

④ 单击工具栏中的"向导"按钮，直接启动相应的向导。

2. 向导的使用

Visual FoxPro 为用户提供的向导，操作十分简单。用户只需根据一组对话框逐一进行回答或选择，通过单击"下一步"按钮，一步一步地完成 Visual FoxPro 的某项任务。最后单击"完成"按钮，在弹出的对话框中为刚建立的对象命名并保存在指定的目录中。在操作过程中，如果发现有错或想要改变前面的设置值，可以单击"上一步"按钮进行修改。单击"取消"按钮，将退出向导，而不会产生任何结果。

向导工具的最大特点是"快"，操作比较简单。一般是先用向导创建一个较简单的框架，然后利用相应的设计器进行进一步的修改了。单击"完成"按钮后，就不能再通过向导进行修改，只能通过相应的设计器进行修改。在退出向导之前，可以预览向导的结果并对其进行适当的修改。

Visual FoxPro 中有 20 余种向导，表 2-2 中列出了 12 种向导的名称及其功能简介。

表 2-2　Visual FoxPro 的向导名称及其功能简介

向 导 名 称	功 能 简 介	向 导 名 称	功 能 简 介
表向导	用于创建一个表	一对多报表向导	用于创建一个一对多报表
查询向导	用于创建查询	图表向导	用于创建一个图表
本地视图向导	用于创建一个视图	标签向导	用于创建邮件标签
远程视图向导	用于创建远程视图	导入向导	用于创建导入或追加数据
表单向导	用于创建一个表单	应用程序向导	用于创建一个 Visual FoxPro 6.0 程序
报表向导	用于创建报表	数据透视表向导	用于创建透视表向导

2.6　生成器简介

生成器是带有选项卡的对话框，用于简化对表单、复杂控件和参照完整性代码的创建和修改过程。每个生成器显示一系列选项卡，用于设置选中对象的属性。可使用生成器在数据库表之间生成控件、表单、设置控件格式和创建参照完整性。

生成器对话框主要包括表达式生成器、列表生成器、编辑框生成器、网格生成器、列表框生成器等。大多数生成器均被列在"表单控件"工具条上。当用户进行表单设计时，只需单击这些工具并将其放在表单中，然后单击右键，打开其快捷菜单，从中选择"生成器"选项即可。系统随后将显示一系列的提问画面，用户将所有问题回答完也就完成了对该控件的定义。当然，用户也可利用"属性"窗口来完成这些工作。

Visual FoxPro 提供的生成器如表 2-3 所示。

表 2-3　Visual FoxPro 的生成器名称及其功能简介

生成器名称	功 能 简 介
应用程序生成器	迅速创建功能齐全的应用程序
自动格式生成器	将一组样式应用于选定的同类型控件，或指定是否将样式用于所有控件的边框、颜色、字体、布局或三维效果或者用于其中的一部分
组合框生成器	设置组合框控件的属性
命令按钮组生成器	设置命令按钮组控件的属性
编辑框生成器	设置编辑框控件的属性
表单生成器	用于向表单中添加字段，作为表单的新控件
表格生成器	设置表格控件的属性
列表框生成器	设置列表框控件的属性
选项按钮组生成器	设置选项按钮组控件的属性
参照完整性生成器	设置触发器来控制相关表中记录的插入、更新和删除，以确保参照完整性

启动生成器的方法有以下几种：① 使用表单生成器来创建或修改表单；② 对表单中的控件使用相应的生成器；③ 使用自动格式生成器来设置控件格式；④ 使用参照完整性生成器；⑤ 使用应用程序生成器为开发的项目生成应用程序。

若要生成一个控件，可以从"表单控件"工具栏中选择"生成器锁定"按钮。每次向表单添加新控件，Visual FoxPro 显示一个适当的生成器。也可从表单上选择控件，然后在快捷菜单中选择"生成器"命令。

习 题 2

2.1　思考题

1．Visual FoxPro 6.0 主窗口主要由哪些部分组成？

2．试说明 Visual FoxPro 6.0 两种工作方式的特点。

3．试说明"项目管理器"的主要功能。

4．分别说明设计器、向导、生成器的作用。

5．简述打开"项目管理器"的一般步骤。

2.2　选择题

1．Visual FoxPro 6.0 的工作方式有(　　　)。

    (A) 利用菜单系统实现人机对话

    (B) 利用各种生成器自动产生程序，或者编写 Visual FoxPro 程序，然后执行程序

    (C) 在命令窗口中直接输入命令进行交互操作

    (D) 以上说法都正确

2．"项目管理器"的"数据"选项卡用于显示和管理(　　　)。

    (A) 数据库、自由表和查询　　　　　　(B) 数据库、视图和查询

    (C) 数据库、自由表、查询和视图　　　(D) 数据库、表单和查询

3．在"选项"对话框的"文件位置"选项卡中可以设置(　　　)。

    (A) 默认目录　　　　　　　　　　　　(B) 日期和时间的显示格式

    (C) 表单的默认大小　　　　　　　　　(D) 程序代码的颜色

4．如果说某个项目包含某个文件是指(　　　)。

    (A) 该项目和该文件之间建立了一种联系　(B) 该文件是该项目的一部分

    (C) 该文件不可以包含在其他项目中　　(D) 单独修改该文件不影响该目录

5．"项目管理器"的功能是组织和管理与项目有关的各种类型的(　　　)。

    (A) 文件　　　　(B) 程序　　　　(C) 字段　　　　(D) 数据表

6．在"项目管理器"中建立的项目文件的默认扩展名是(　　　)。

    (A) .prg　　　　(B) .pjx　　　　(C) .mpr　　　　(D) .mnr

7．双击"项目管理器"的标题栏，可以将"项目管理器"设置成工具栏。如果要还原"项目管理器"，可以将"项目管理器"的工具栏拖到 Visual FoxPro 6.0 的窗口中，还可以(　　　)。

    (A) 选择"窗口"菜单中的"项目管理器"菜单项　　(B) 双击"项目管理器"的标题栏

    (C) 选择"显示"菜单中的"工具栏"菜单项　　　　(D) 双击"项目管理器"工具栏的边框

2.3　填空题

1．打开"项目管理器"的同时，在 VFP 菜单栏上自动添加一个_____菜单。

2．如果要在项目中添加 Visual FoxPro 对象，必须先打开_____文件。

3．在 Visual FoxPro 中_____是创建和修改应用系统各种组件的可视化工具。

4．向导是一种_____程序，用户通过回答一系列问题或者选择选项，向导将根据用户的回答生成文件或者执行任务，帮助用户快速完成一般性任务。

本章实验

【实验目的和要求】

  ⊙ 掌握 Microsoft Visual FoxPro 6.0 的启动和退出。

  ⊙ 熟悉 Microsoft Visual FoxPro 6.0 主窗口及菜单组成。

⊙ 熟悉使用 Visual FoxPro 6.0 的"项目管理器"。

⊙ 掌握启动向导和使用向导的方法。

【实验内容】

⊙ 练习 Microsoft Visual FoxPro 6.0 的启动和退出。

⊙ 熟悉 Microsoft Visual FoxPro 6.0 窗口及菜单的使用。

⊙ 在有条件的情况下，练习安装 Microsoft Visual FoxPro 6.0 系统。

⊙ 练习使用 Visual FoxPro 6.0 的"项目管理器"建立项目。

⊙ 掌握启动向导和使用向导的方法。

【实验指导】

1．练习 Microsoft Visual FoxPro 6.0 的启动和退出

操作指导：单击"开始"按钮，依次指向"程序｜Microsoft Visual FoxPro 6.0"，单击"Microsoft Visual FoxPro 6.0"。

2．熟悉 Microsoft Visual FoxPro 6.0 窗口及菜单的使用

提示：了解 Microsoft Visual FoxPro 6.0 窗口组成和菜单组成。

3．在有条件的情况下，练习安装 Microsoft Visual FoxPro 6.0 系统

提示：如果机房提供了自己安装软件的条件，请练习安装 Microsoft Visual FoxPro 6.0 系统。

4．练习使用 Visual FoxPro 6.0 的"项目管理器"建立项目

（1）练习使用 Visual FoxPro 6.0 的项目管理器

① 建立一个"学生成绩管理"项目。

提示：按照 2.3.2 节中所述的方法和步骤完成"学生成绩管理"项目的建立。

② 练习打开和关闭"学生成绩管理"项目。

（2）在"学生成绩管理"项目中建立一个"学生成绩"数据库

操作指导：

① 在"全部"选项卡中展开"数据"组件，选中"数据库"。

② 单击"新建"按钮，出现"新建数据库"对话框。

③ 单击"新建数据库"按钮，出现"创建"对话框。

④ 在"创建"对话框中指定保存位置和数据库名"学生成绩"，单击"确定"按钮。

⑤ 出现"数据库设计器"，关闭"数据库设计器"。这时可以看到在"学生成绩管理"项目中建立了"学生成绩"数据库。

5．掌握启动向导和使用向导的方法

使用向导建立数据库。

第 3 章 Visual FoxPro 的常量、变量、表达式和函数

本章要点：

☞　Visual FoxPro 6.0 的常量、变量、表达式和函数
☞　Visual FoxPro 6.0 的数据类型
☞　Visual FoxPro 6.0 的表达式
☞　Visual FoxPro 6.0 的常用函数

Visual FoxPro 6.0 是关系型数据库管理系统，还具有计算机高级程序设计语言的特点。

3.1 Visual FoxPro 6.0 的数据类型

人们用数据来描述实体的对象及其属性。数据类型是简单数据的基本属性，是一个重要的概念。因为只有相同类型的数据之间才能直接运算，否则会发生数据类型不匹配的错误。

3.1.1 数据类型

Visual FoxPro 6.0 是一种关系型数据库管理软件。在关系型数据库中，把描述每个实体集合的数据表示成一张二维表。例如，第 1 章中表 1-1 所示的"学生信息"表中共有 12 名学生的记录数据，记录有 10 个字段。第 1 行是描述实体集合的记录型，即记录结构，10 个字段名分别为"姓名"、"性别"、"班级"、"学号"、"籍贯"、"出生年月"、"入学成绩"、"专业"、"简历"及"相片"。

Visual FoxPro 6.0 定义了 13 种字段类型和 7 种数据类型。

13 种字段类型是：Character（字符型）、Currency（货币型）、Date（日期型）、DateTime（日期时间型）、Double（双精度型）、Float（浮点型）、Logical（逻辑型），Numeric（数值型）、Integer（整型）、General（通用型）、Memo（备注型）、二进制字符型和二进制备注型。

7 种数据类型是：字符型、数值型、货币型、日期型、日期时间型、逻辑型和通用型。字段属表文件所特有，而数据既可以作为数据表文件中的字段内容，也可以作为内存变量内容或常量使用。

（1）字符型字段和字符型数据（C）

字符型字段用于存放字符型数据。字符型数据是指一切可印刷的字符，包括英文字母、阿拉伯数字、各种符号、汉字及空格。

表 1-1"学生信息"中的"姓名"和"学号"字段就属于字符型字段，而存储的"姓名"和"学号"数据就属于字符型数据。字符型字段的宽度为 1~254 字节。

（2）数值型（N）、浮点型（F）、双精度型（B）和整型字段与数值型数据（N）

数值型字段按每位数 1 字节存放数值数据，而浮点型字段存放浮点数值数据，二者的最大宽度均为 20 位。整型字段存放整数，最大和最小整数为 ±2 147 483 647。用该类型字段存放较大整数时可节省存储空间，因为它只占用 4 字节。双精度型字段用于存放双精度数，常用于科学计算，可得到 15 位有效数字的精度，但只占用 8 字节空间。这些字段中存放的数据统称为数值型数据。

（3）货币型字段和货币型数据（Y）

货币型字段用于存放货币型数据，只占用 8 字节，可存储±922 337 203 685 477.8087 之间的数，且可有 4 位小数。

（4）日期型字段和日期型数据（D）

日期型字段用于存放日期型数据。常用日期格式为"年.月.日"和"月/日/年"。表 1-1"学生信息"中的"出生日期"字段就属于日期型字段，其出生年、月、日数据就是日期型数据。日期型字段占用 8 字节的固定宽度，其中年、月、日各占 2 字节。

（5）日期时间型字段和日期时间型数据（T）

日期时间型字段用于存放日期时间型数据，占用 8 字节。其常用格式为：年.月.日 时:分:秒 AM（或 PM）。

（6）逻辑型字段和逻辑型数据（L）

逻辑型字段用于存放逻辑型数据。逻辑型数据只有两个值，即"真"和"假"，常用作逻辑判断或用于描述只有两种状态的数据。如：婚否只有已婚和未婚，常用"真"值表示已婚，而用"假"值表示未婚。逻辑型字段有固定宽度，占用 1 字节。在输入逻辑型数据时可用 T、t、Y、y 中任何一个字符代表"真"，而用 F、f、N、n 中的任何一个字符代表"假"。

（7）备注型字段（M）

备注型字段可以存放字符型信息，如文本、源程序代码，常用于记录可长可短的信息。备注型字段的宽度为 4。如"学生信息"中的"简历"项，有些人的简历内容可能长一些，而有些人的简历内容可能短一些。此外，备注型字段还可以用于提供运行时的帮助信息。

记录在备注项中的信息，实际上并不存放在表文件中，而是存放在与表文件同名，但扩展名为 .fpt 的文件中。当创建表文件时，如果定义了备注型字段，则相应的备注文件就会自动生成，当其建成后也会随表文件自动打开。

（8）通用型字段和通用型数据（G）

通用型字段可存放图片、电子表格、声音、设计分析图以及字符型数据等。通用型字段的宽度为 4。与备注型字段一样，通用型字段数据也存入与表文件同名而扩展名为 .fpt 的文件中。

3.1.2 常量与变量

常量在程序执行的过程中不改变其值，而变量在程序执行过程中允许随时改变其值。下面介绍 Visual FoxPro 6.0 中的常量、用户内存变量、系统内存变量和字段变量。

1. 常量

Visual FoxPro 6.0 定义了 5 种类型的常量，即：数值型常量、字符型常量、逻辑型常量、日期型常量和日期时间型常量。

（1）数值型常量

数值型常量可以是整数或实数。例如，98、12.34 等在程序中都是数值型常量。

（2）字符型常量

字符型常量是用定界符括起来的，由字符、空格和数字所组成的字符串。定界符可以是单引号、双引号或方括号。当某种定界符本身是字符型常量的组成部分时，就应选用另一种定界符。例如，"abcde"、'应用化学'、[李琴]、"   "、'性别="男"'等在程序中都是写法正确的字符型常量，而{TT}、'abcde'fg'hi'都是写法不正确的字符型常量。

（3）逻辑型常量

逻辑型常量只有两个值："真"与"假"。用.T.或.t.，.Y.或.y.表示"真"，用.F.或.f.，.N.或.n.

表示"假"。**注意：两边的小圆点不能丢掉，但可以用空格代替。**

（4）日期型常量

日期型常量必须用花括号括起来。例如，{^95.01.12}、{^01/12/95}都是日期型常量的正确写法。花括号中的"^"键盘符，是为解决日期量的"千年虫"问题而加入的。

（5）日期时间型常量

日期时间型常量也必须用花括号括起来。例如，{^2006/11/06 11:12:32pm}、{^2006.11.06 11:12:32pm}和{^2006-11-06 11:12:32pm}都是正确写法的日期型常量。**注意：日期和时间数据间必须有空格。**

2. 变量

Visual FoxPro 6.0 定义了 3 种类型变量，即字段变量、用户内存变量和系统内存变量。用户内存变量简称内存变量。前两种变量的名称用 1～10 个字母、下画线和数字表示，但必须以字母开头；而后一种变量名称由系统规定。

（1）字段变量

字段变量是表文件结构中的数据项。Visual FoxPro 6.0 定义了 13 种类型的字段变量，前面已全面介绍。这里再补充一点：字段变量是一种"多值"变量。如表 1-1"学生信息"中有多个记录，则表的各个字段就有多个值。将记录指针移动到所需记录的位置，就可以找出各字段变量的当前值。

（2）用户内存变量

用户内存变量是表结构之外独立存在于内存中的变量，一般随程序运行结束或退出 Visual FoxPro 6.0 而释放。内存变量常用于存储程序运行的中间结果或用于存储控制程序执行的各种参数。Visual FoxPro 6.0 定义了 6 种类型的用户内存变量，即字符型、数字型、逻辑型、日期型、日期时间型和屏幕型内存变量。对屏幕型内存变量，可用 SAVE SCREEN TO <MemVarName>命令存放当前屏幕上的信息。当需要时，用 RESTORE、SCREEN <MemVarName>命令从屏幕内存变量恢复屏幕信息。Visual FoxPro 6.0 最多允许定义 65 000 个内存变量。此外，Visual FoxPro 6.0 还提供一维和二维用户内存变量数组。

（3）数组变量

数组变量是一种有组织的内存结构变量，其很多性质和内存变量是一样的。但它是一种结构式变量，是具有相同名称而下标不同的一组有序内存变量。Visual FoxPro 6.0 允许定义一维和二维数组，数据在使用之前需要先定义。

① 数组元素及其引用

数组中的每个有序变量构成了数组的成员，这些变量称为数组元素。数组元素的名称由数组名和用圆括号括起来的下标组成。例如，AB(1)表示一维数组 AB 的第 1 个元素，CD(3, 2)表示二维数组 CD 的第 3 行、第 2 列的元素。数据元素的引用说明如下：

- 数组下标使用圆括号，二维数组的下标之间使用逗号隔开。
- 数组的下标可以是常量、变量和表达式，如 nA(1)、nA(b1)、nA(a+b)。
- 数组的第 1 个下标是 1，也就是说，数组下标是从 1 开始的。
- 数组元素的类型为最近一次被赋值的类型。
- 数组元素和简单内存变量一样都可以被赋值和引用。

② 数组的定义

Visual FoxPro 6.0 中的数组和其他高级语言中的数组有所不同，数组本身是没有数据类型的，各种数组元素的数据类型与最近一次被赋值的类型相同。也就是说，Visual FoxPro 6.0 中的数组实际上只是名称有序的内存变量。创建数组的命令如下所示。

语法：

DIMENSION | DECLARE | PUBLIC ArrayName1(nRows1 [, nColumns1])

[,ArrayName2(nRows2[, nColumns2])] ...

功能： 创建一维或二维数组。

ArrayName1 ——指定数组名。

nRows1 [, nColumns1] ——指定要创建的数组的大小。如果只包含 nRows1，就创建一维数组；创建二维数组，应包含 nRows1 和 nColumns1。nRows1 指定数组中的行数，nColumns1 指定列数。

数组名是作为一个内存变量名来管理和命名的，所以其命名规则和管理与内存变量相同。在命令中，DIMENSION，DECLARE 表示定义的是局部数组，而 PUBLIC 表示定义的是全局数组。前者只对当前程序有效，后者对整个程序有效。

【例 3-1】 定义 A(2)，B(2, 2)数组。

DIMENSION A(2), B(2, 2)

该语句表示数组 A 中有两个元素，分别为 A(1)和 A(2)。数组 B 中有 4 个元素，分别为 B(1, 1)、B(1, 2)、B(2, 1)和 B(2, 2)。

③ 数组的赋值和引用

数组的赋值和引用遵循内存变量的规则。

【例 3-2】 定义数组 AA(2)、AB(2, 2)，赋值并输出。

DIMENSION AA(2),AB(2,2)

AA(1)＝"ABCD"

AA(2)＝.T.

AB(1,2)=AA(1)

AB(2,2)=123

AB(2,1)=11.1

?AA(1),AA(2),AB(1,2),AB(2,2)

屏幕上显示结果如下所示。

ABCD .T. ABCD 123

④ 显示数组存储内容

可以使用显示内存变量的命令显示数组的存储情况。

DISPLAY MEMORY LIKE A*

AA	Pub	A	
(1)	C	"ABCD"	
(2)	L	.T.	
AB	Pub	A	
(1,1)	L	.F.	
(1,2)	C	"ABCD"	
(2,1)	N	11.1	(11.10000000)
(2,2)	N	123	(123.00000000)

从结果可以看出数组内部的存储结构。数组元素 AB(1, 1)没有赋值，则自动为逻辑型，且值为.F.。也可仅对数组名赋值，此时表示该数组中所有的数据元素具有相同的值。如有 STORE 1 TO AA，则表示数据元素 AA(1)和 AA(2)的值均为 1。

（4）系统内存变量

系统内存变量是 Visual FoxPro 6.0 自动生成和维护的变量，为了与一般内存变量相区别，它们都以下画线开头，即在系统内存变量名前加一条下画线"_"，用于控制 Visual FoxPro 的输出和显示信息的格式。例如，用于控制外部设备（如打印机、鼠标等），屏幕输出格式或处理计算器、剪贴板等方面的信息。

3．内存变量赋值命令

Visual FoxPro 6.0 提供多种命令定义内存变量和给内存变量赋值。常用的赋值命令是 STORE，其功能和格式如下。

功能：将数据保存到变量、数组或数组元素中。

语法：

　　　　STORE eExpression TO VarNameList ｜ ArrayNameList

和　　　VarName ｜ ArrayName = eExpression

eExpression ——指定一个表达式，该表达式的值将存入变量、数组或数组元素中。如果指定变量不存在，则创建该变量。

VarNameList ——指定变量或数组元素的列表，将 eExpression 存入这些变量或数组元素中。变量名或数组元素之间用逗号隔开。

ArrayNameList ——指定 eExpression 所要存入的、已经存在的数组名，数组名之间用逗号分隔。

上面两条命令都可用于定义内存变量并给变量赋值，不同之处是，前一条命令可同时定义多个内存变量并赋以同一数值，而后一条命令却只能定义单个内存变量或数组。

注意：如果内存变量与打开的当前表文件中的字段同名，字段名优先。若使用同名内存变量，则必须加写限定符"M->"或"M."，即"M->内存变量名"或"M.内存变量名"，其中，限定符由 M、减号和大于号或由 M 和圆点组成。

3.2　表达式

表达式是 Visual FoxPro 6.0 命令和函数的重要组成部分，是由常量、变量以及函数用运算符连接构成的有意义的式子。

3.2.1　运算符

运算符也称为操作符。按其功能可将运算符划分为 4 类，即：算术运算符、关系运算符、逻辑运算符和字符串连接运算符，下面分别做详细介绍。

（1）算术运算符

算术运算符主要用于数值数据（数值型、浮点型、双精度型和整型）间的算术运算，其运算结果也是数值型数据。Visual FoxPro 6.0 的算术运算符如表 3-1 所示。

表 3-1　算术运算符

优先级	运算符	说　　明
1	( )	分组优先运算符
2	**或^	乘幂运算符
3	*、/、%	乘、除、求余运算符
4	+、–	加减运算符

运算符的优先级排序为：括号、乘幂、乘除，求余、加减。其中，括号的优先级最高，加减运算符优先级最低。

例如，用户在命令窗口中输入显示运算结果的命令"?–2^2+6"，显示在屏幕上的结果为 10.00

而不是 2.00。该命令的操作符"?"用于命令计算机计算并显示表达式的值。

求余运算%与函数 mod()的作用相同。余数的正负号与除数一致。当表达式中出现*、/、%时，它们具有相同的优先级。

（2）关系运算符

关系运算符用于同类型数据间的比较运算，并返回一个逻辑值来表示所比较的关系是否成立。如果同类型数据的值使关系成立，则比较运算的结果取逻辑值"真"，否则取逻辑值"假"。各关系运算符的优先级相同。关系运算符如表 3-2 所示。

表 3-2 关系运算符

运 算 符	说　　明	运 算 符	说　　明
<	小于	<=	小于或等于
>	大于	>=	大于或等于
=	等于	==	字符串精确比较
<>、#或!=	不等于	$	字符串包含运算

【例 3-3】 关系运算举例。

命令	执行结果及说明
a=1234, b=5678	将数值 1234 赋值给 a，将数值 5678 赋值给 b
?a<b	关系成立、取逻辑真值，即结果为.T.
?a>b	关系不成立、取逻辑假值，即结果为.F.
x='ab', y='cd'	将字符串 ab 赋值给 x，将字符串 cd 赋值给 y
?x>y	比较 ab 和 cd 的 ASCII 值，关系不成立、取逻辑假值，即结果为.F.
?x<y	比较 ab 和 cd 的 ASCII 值，关系成立、取逻辑真值，即结果为.T.
? "ab"$"abcd"	比较$左边字符串是否是其右边字符串的子串，结果为.T.
? 'ac' $ 'abcd'	比较$左边字符串是否是其右边字符串的子串，结果为.F.
? 'abcd '='abc'	比较等号右边字符串是否是其左边字符串的子串，结果为.T.
set exact on	设置精确比较命令
? 'abcd'='abc'	字符串等长并完全相同比较，关系不成立、取逻辑假值，即结果为.F.

（3）逻辑运算符

逻辑运算符用于表达式之间的逻辑运算，参加运算的表达式是逻辑值，其运算的结果也是逻辑值。逻辑运算符如表 3-3 所示。

表 3-3 逻辑运算符

优先级	运算符	说　　明
1	.NOT., !	逻辑非
2	.AND.	逻辑与
3	.OR.	逻辑或

逻辑运算的定义如下：

.NOT. A	当 A 取真值时，结果取假值；反之结果取真值
A.AND.B	当 A 和 B 都为真时，逻辑运算的结果才取为真值，否则取假值
A.OR.B	当 A 和 B 中至少有一个取真值时，逻辑运算结果取真值

逻辑运算的规则如表 3-4 所示。

（4）字符串运算符

字符串运算符用于字符串连接操作，除了表 3-5 中的+、–运算符以外，还有表 3-2 中的$运算符。$运算符用于查看一个串是否包含在另一个串中。

表 3-4　逻辑运算的规则

a	b	!a	!b	a.and.b	a.or.b
真	真	假	假	真	真
真	假	假	真	假	真
假	真	真	假	假	真
假	假	真	真	假	假

（5）字符串运算符

字符串运算符用于字符串连接操作，除了表 3-5 中的+、−运算符以外，还有表 3-2 中的$运算符。$运算符用于查看一个串是否包含在另一个串中。

表 3-5　字符运算符

运算符	说　　明
+	用来将加号前后的字符串连接起来组成一个新字符串
−	用来将减号前面字符串中的尾部空格移到减号后面字符串的尾部，再连接组成一个新的字符串

【例 3-4】　字符串连接运算。

```
a="abcd    "
b="efgh    "
c="ijkl"
?a+b+c
abcd    efgh    ijkl          &连接后的新字符串（保留了空格）
?a−b−c
abcdefghijkl                  &连接后的新字符串（空格移到了 c 的后面）
```

以上各类运算符之间的优先级别是：算术运算符和字符串运算符的优先级别最高，关系运算符次之，逻辑运算符最低。同级运算符从左到右顺序执行。

3.2.2　Visual FoxPro 6.0 的表达式

表达式是 Visual FoxPro 6.0 命令和函数的重要组成部分，通常由常量、变量和函数通过运算符连接而成。表达式通过运算得出表达式的值。Visual FoxPro 6.0 命令和函数对表达式的类型有明确的要求。不同类型的表达式，要求相应类型的常量、变量、函数和运算符。一定要严格遵守相应的规定，否则将出现语法错误以致计算机拒绝执行。

Visual FoxPro 6.0 定义了 4 种表达式：数值型、字符型、逻辑型和日期型表达式。

（1）数值型表达式

由数值型常量、数值型变量、返回值为数值型的函数及算术运算符组成。表达式的值也是数值型数据，如"23*34 + (56 − 120)/6"。

（2）字符型表达式

字符型表达式由字符型常量、字符型变量、返回值为字符型的函数及字符串连接运算符构成，其运算结果也为字符型数据。例如：

'姓名="张海" '+'.AND.'+'出生日期={^2000.12.29}'

其运算结果如下：

姓名="张海".AND.出生日期={^2000.12.29}

（3）逻辑型表达式

逻辑型表达式由逻辑型常量、逻辑型变量、返回值为逻辑值的函数和关系式用逻辑运算符连接而成。通过运算，逻辑表达式取逻辑值真或假。例如：

姓名="张海".AND.NOT.性别　　　　　　&&姓名为张海且性别为女性，常用作查询条件

.F.　　　　　　　　　　　　　　　　&&逻辑常量

.NOT.EOF()　　　　　　　　　　　&&当记录指针指向非文件尾时取真值，否则取假值

以上都是写法正确的逻辑表达式。其中，EOF()为文件记录指针测试函数，当指针指向文件尾时返回真（.T.）值，否则返回假（.F.）值。所以，表达式.NOT.EOF()意为当指针停在非文件尾时取真（.T.）值，常用作控制循环结束条件。

说明，在逻辑表达式定义中所提到的关系式，有些书中称它为关系表达式。它由数值型、字符型或日期型常量、变量、函数及其表达式，通过关系运算符连接而成。其运算结果取逻辑值，即当关系成立时取真（.T.）值，否则取假（.F.）值。例如：

姓名="张海"

工资>=1200

都是正确的关系表达式。实际上，关系表达式是一种没有逻辑运算符的逻辑表达式的特例。

（4）日期时间表达式

日期表达式由日期型常量、日期型变量和返回值为日期型的函数通过算术运算符+或–构成。例如：

{^2006.11.16}+30

{^2006.11.16}–30

都是正确的日期表达式写法，其结果分别为 06.12.16 和 06.10.17，但下面的表达式却是数值型的：

{^2006.11.16}–{^2006.10.18}

结果为 29。其实也不难理解，因为表达式的值为日期间隔天数，而非日期量。其他格式的表达式，其结果和数据类型见表 3-6。

表 3-6　日期时间运算的结果与类型

格　　式	结果与类型
<日期>+<天数>	日期型、指定日期若干天后的日期
<天数>+<日期>	日期型、指定若干天后的日期
<日期>–<天数>	日期型、指定日期若干天前的日期
<日期>–<日期>	数值型、两个指定日期相差的天数
<日期时间>+<秒数>	日期时间型、指定日期时间若干秒后的日期时间
<秒数>+<日期时间>	日期时间型、指定日期时间若干秒后的日期时间
<日期时间>–<秒数>	日期时间型、指定日期时间若干秒前的日期时间
<日期时间>–<日期时间>	数值型、两个指定日期时间相差的秒数

3.3　常用函数

Visual FoxPro 定义的函数十分丰富，共有 200 多个。灵活运用这些函数，不仅可以简化许多运算，而且能够加强 Visual FoxPro 的许多功能。在学习和使用这些函数时需要注意：① 准确掌握函数功能；② 函数的返回值有确定的类型，因而在组成表达式时特别要注意类型匹配；③ 函数对其参数的类型也有确定要求，否则将产生类型不匹配语法错误。

函数既可以按其返回值类型分类，也可以按其功能分类。按返回值类型分类，函数可划分为数值型、字符型、日期型和逻辑型 4 类函数；按其功能分类，函数可划分为字符处理函数、数学运算函数、转换函数、日期函数、测试函数，环境函数、键处理函数、数组函数、窗口函数、菜单函数和其他类型共 11 种函数。

3.3.1 数学运算函数

Visual FoxPro 6.0 提供了 20 余种数学运算函数，极大地增强了其数学运算功能。数学函数的返回值皆为数值型。下面介绍几种常用的数学函数。

（1）取整函数

语法：

      INT(nExpression)

功能：取指定数值表达式计算结果的整数部分。

nExpression ——指定取整表达式。

【例 3-5】 取整并显示其结果。

      ?INT(−182.345)

运行结果为：

      −182

（2）四舍五入函数

语法：

      ROUND(nExpression, nDecimalPlaces)

功能：依据给出的四舍五入小数位数，对数值表达式的计算结果做四舍五入处理。

nExpression ——指定拟做四舍五入的数值表达式。

nDecimalPlaces ——指定四舍五入的小数位数。

【例 3-6】 对下面给出的数做四舍五入处理，并显示其结果。

      ?ROUND(3.14159, 2), ROUND(1024.9968, 0), ROUND(1024.9968, −3)

运行结果为：

      3.14   1025   1000

（3）绝对值函数

语法：

      ABS(nExpression)

功能：返回指定的数值表达式的绝对值。

nExpression ——指定返回绝对值的数值表达式。

（4）求平方根函数

语法：

      SQRT(nExpression)

功能：返回指定的数值表达式的平方根。

nExpression ——指定返回平方根的数值表达式。注意该函数自变量的值不能为负数。

（5）圆周率函数

语法：

      PI()

功能：返回圆周率。该函数没有自变量。

（6）求余数函数

语法：

      MOD(nExpression1, nExpression2)

功能：返回两个数值相除后的余数。

nExpression1 ——被除数。

nExpression2 ——除数。余数的正负号与除数同号。

注意：如果被除数与除数同号，那么函数值即为两数相除的余数；如果被除数与除数异号，则函数值为两数相除的余数再加上除数的值。

【例3-7】 用求余数函数求值。
```
? MOD (5, 3)
2
? MOD (5, −3)
−1
? MOD (−5, −3)
−2
? MOD (−5, 3)
1
? MOD (5.25, 3.3333)
1.92
```

3.3.2 字符和字符串处理函数

字符及字符串处理函数的处理对象均为字符型数据，但其返回值类型各异。

（1）取子串函数

语法：
```
SUBSTR(cExpression, nStartPosition[, nCharactersReturned])
```

功能：用于选取字符串表达式或备注型字段的部分字符。

cExpression ——指定字符表达式或备注型字段。

NStartPosition ——指定取子串起始位置。

nCharactersReturned ——指定取子串的字节数。省略该参数时指从起始位置取到串尾，函数的返回值是字符型。

【例3-8】 取"姓名"字符串中的姓。
```
STORE "张山" TO xm
?SUBSTR(xm, l, 2)
```

运行结果为：
```
张
```

（2）删除空格函数

语法：
```
TRIM(cExpression)
ALLTRIM(cExpression)
LTRIM(cExpression)
```

功能：TRIM()函数用于删除字符表达式值的尾部空格；ALLTRIM()函数用于删除字符表达式值的前后空格；LTRIM()函数用于删除字符表达式值前面的空格。

cExpression ——指定拟删除多余空格的字符表达式。

函数的返回值是字符型。

【例3-9】 去掉第1个字串尾部空格后与第2个字串连接。
```
STORE "abcd    " TO x
STORE "efgh" TO y
?TRIM(x)+y
abcdefgh
```

【例 3-10】 去掉第 1 个字串前面的空格后与第 2 个字串连接。

```
STORE " abcd   " TO x
STORE "efgh" TO y
?LTRIM(x)+y
abcd   efgh
```

（3）空格函数

语法：

```
SPACE(nSpaces)
```

功能： 产生指定长度的空格字符串，函数的返回值为字符型。

nSpaces ——指定空格数。

【例 3-11】 定义 xm（姓名）变量，其初值赋予 8 个空格。

```
STORE SPACE(8) to xm
STORE 'ABCD' TO ym
?xm
??ym
        ABCD
```

?和??命令的使用参见 6.2.1 节。

（4）求字符串长度函数

语法：

```
LEN(cExpression)
```

功能： 返回指定字符串的长度，即所包含的字符个数，一个汉字占两个字符宽度。函数的返回值为数值型。

cExpression ——指定字符串。

（5）大小写字母转换函数

语法：

```
LOWER(cExpression)
UPPER(cExpression)
```

功能： LOWER()将指定字符串中的大写字母转换成小写字母，UPPER()将指定字符串中的小写字母转换成大写字母。

cExpression ——指定字符串。

（6）求子串位置函数

语法：

```
AT(cSearchExpression, cExpressionSearched [, nOccurrence])
```

功能： 如果 cExpression1 是 cExpression2 的子串，则返回 cExpression1 的首字符在 cExpression2 中的位置；若不是子串，则返回 0。函数的返回值为数值型。

cSearchExpression ——指定在 cExpressionSearched 字符串中要查找的字符串。

cExpressionSearched ——指定用于 cSearchExpression 查找的字符串。

nOccurrence ——指定 cSearchExpression 字符串在 cExpressionSearched 字符串中第几次重复出现的位置。如果参数 nOccurrence 的值大于 cSearchExpression 字符串在 cExpressionSearched 字符串中出现的次数，则 AT()函数返回 0。

【例 3-12】 用 AT()函数求子串 'ab' 在 'abcdabcd' 中首次和第 2 次重复出现的位置。

```
?AT('ab','abcdabcd')
1
```

?AT('ab','abcdabcd',2)

5

（7）LEFT()和 RIGHT()函数

语法：

LEFT(cExpression, nExpression)

RIGHT(cExpression, nExpression)

功能： LEFT()从指定的字符表达式的左端取指定长度的子串作为函数值；RIGHT()从指定的字符表达式的右端取指定长度的子串作为函数值。

cExpression ——指定字符串。

nExpression ——取指定子串的长度。

【例 3-13】 用 LEFT()函数取字符串 'abcdefghij' 左端的 3 个字符；用 RIGHT()函数取字符串 'abcdefghij' 右端的 5 个字符。

?LEFT('abcdefghij',3)

abc

?RIGHT('abcdefghij',5)

fghij

3.3.3 转换函数

转换函数可将某些数据的类型转换。

（1）数值转换为字符串函数

语法：

STR(nExpression[,nLength[,nDecimalPlaces]])

功能： 用于将数值转换为字符串。函数的返回值为字符型数据。

nExpression ——指定拟转换的数值表达式。

nLength ——指定转换后的宽度。如果指定长度值大于小数点左边数字位数，STR()用前导空格填充返回的字符串；如果指定长度值小于小数点左边的数字位数，STR()返回一串星号，表示数值溢出。

nDecimalPlaces ——指定转换后返回的字符串中的小数位数。如果指定的小数位数小于 nExpression 中的小数位数，则返回值四舍五入，如果不包含 nDecimalPlaces，则小数位数默认为 0。

【例 3-14】 将数值型数据转换为字符型数据，并显示其转换结果。

?STR(123 .456)

123   &&默认四舍五入取整转换为字符型数据

?STR(123.456, 7, 2)

123.46   &&指定长度值大于小数点左边数字位数时的输出

?STR(123.456, 2, 2)

**   &&指定长度值小于小数点左边数字位数时的输出

（2）字符转换为数值函数

语法：

VAL(cExpression)

功能： 用于将字符数据转换为数值型数据，但字符表达式中必须包含有数字，否则返回值为 0。函数的返回值为数值型数据。

cExpression ——指定拟转换的字符串表达式。

【例 3-15】 将数字字串转换为数值型数据。

```
a="12"
b="13.45"
?VAL(a)+VAL(b)
25.45
```

（3）字符转日期函数

语法：

```
CTOD(cExpression)
```

功能： 用于将字符表达式中字符型日期转换为日期型数据。函数的返回值为日期型数据。

cExpression ——指定拟转换的字符型日期。

【例 3-16】 将字符型日期数据转换为日期型数据。

```
SET DATE ANSI                              &&设置美国标准化协会日期格式
?CTOD("^2006.12.07")
06.12.07
```

（4）日期转换为字符函数

语法：

```
DTOC(dExpression[,1])
```

功能： 用于将日期表达式中的日期转换为字符型日期数据。函数的返回值为字符型数据。

dExpression ——指定拟转换的日期数据。

1 ——以其他格式显示。

【例 3-17】 将日期型数据转换为字符型日期数据并显示汉字日期。

```
SET CENTURY ON                             &&设置日期中年份用 4 位表示的命令，即带有世纪前缀
SET DATE ANSI
qa={^2006.12.07}
qa=DTOC(qa)
?SUBS(qa, 1, 4)+ "年"+SUBS(qa, 6, 2)+ "月"+SUBS(qa, 9, 2)+ "日"
2006 年 12 月 07 日
```

（5）ASC()和 CHR()函数

语法：

```
ASC(cExpression)
CHR(nANSICode)
```

功能： ASC()函数返回 cExpression 中第 1 个字符的 ASCII 值；CHR()函数返回 nANSICode 对应的 ASCII 字符。

cExpression ——字符表达式。

nANSICode ——ASCII 值。

【例 3-18】 求 a 的 ASCII 值。

```
?ASC('a')
97                                         &&返回字符 a 的 ASCII 值
?CHR(97)
a                                          &&返回 97 对应的 ASCII 字符
```

3.3.4 日期函数

日期函数处理日期型数据，但其返回值不一定是日期型数据。

（1）系统日期函数

语法：

DATE()

功能：给出系统的当前日期，其返回值为日期型数据。

【例 3-19】 显示系统当前日期。

?DATE()

11/07/06

SET DATE ANSI

SET CENTURY ON

?DATE()

2006.11.07

（2）年、月、日函数

语法：

YEAR(dExpression)

MONTH(dExpression)

DAY(dExpression)

功能：YEAR()函数从日期表达式中返回一个由 4 位数字表示的年份；MONTH()函数从日期表达式中返回一个用数字表示的月份；DAY()函数从日期表达式中返回一个用数字表示的日数。

dExpression ——指定的日期表达式。

上面 3 个函数的返回值都是数值型数据，而非日期型数据。

【例 3-20】 测试系统年、月、日。

qa=DATE()

?YEAR(qa),MONTH(qa),DAY(qa)

2009   10   7

（3）DOW()和 CDOW()函数

语法：

DOW(dExpression｜tExpression [, nFirstDayOfWeek])

CDOW(dExpression｜tExpression)

功能：DOW()函数返回指定日期表达式或日期时间表达式对应星期几，其返回值为数值型数据；CDOW()函数返回指定日期表达式或日期时间表达式对应星期几，其返回值为字符型数据。

dExpression ——指定日期表达式。

tExpression ——指定日期时间表达式。

nFirstDayOfWeek ——指定一周的某一天为起始日期。

【例 3-21】 测试给定日期的星期值。

?DOW({^2009-02-15})   &&返回 2009 年 2 月 15 日是这个星期的第几天

1   &&2009 年 2 月 15 日是这个星期的第 1 天

3.3.5 测试函数

Visual FoxPr0 6.0 提供了数十个测试函数，主要用于测试表记录指针的当前位置、记录条数、文件名以及查找是否成功等。

（1）测试文件尾函数

语法：

EOF([nWorkArea｜cTableAlias])

功能：用于测试由区号或表别名指定表文件中的记录指针是否指向文件尾。如果是，则返回真值，否则返回假值。函数返回值为逻辑型数据。默认可选项为当前工作区。

nWorkArea ——指定被测工作区号，范围为 1～32767。

cTableAlias ——指定被测表的别名。

【例 3-22】 测试文件记录指针是否指向文件尾。

```
USE 学生信息              &&打开"学生信息"表文件，命令参见第 4 章
GO BOTTOM                &&移动记录指针到表的末记录命令
?EOF()                   &&测试记录指针是否指向文件函数
.F.
SKIP                     &&移动记录指针到下一个记录
?EOF()
.T.
```

（2）测试文件头函数

语法：

```
BOF([nWorkArea | cTableAlias])
```

功能： 用于测试由区号或表别名指定表文件中的记录指针是否指向文件头。如果是，则返回真值，否则返回假值。函数返回值为逻辑型数据。可选项的意义同 EOF()函数。

nWorkArea ——指定被测工作区号，范围为 1～32767。

cTableAlias ——指定被测表的别名。

默认可选项指当前工作区。

【例 3-23】 测试文件记录指针是否指向文件头。

```
USE 学生信息
?BOF()
.F.
SKIP –1                  &&移动记录指针到上一个记录命令
?BOF()
.T.
```

注意： 当打开无记录的空表时，测试文件尾及文件头函数皆返回真值。如果被测试的文件不存在，以上两种测试都返回逻辑假值。

（3）测试当前记录号函数

语法：

```
RECNO([nWorkArea | cTableAlias])
```

功能： 该函数的功能是测试由区号或表别名指定文件中的指针指向的记录号。选择项的意义同前。默认可选项指当前工作区。函数的返回值为数值型。

nWorkArea ——指定被测工作区号，范围为 1～32767。

cTableAlias ——指定被测表的别名。

若指定的工作区无打开的表文件，函数返回值为 0；若指定的库文件无记录或记录指针位于文件头，函数返回值为 1；若记录指针指向文件尾，函数返回值为末记录号加 1。

【例 3-24】 测试记录指针当前位置。

```
USE 学生信息
GO BOTTOM                &&指针移向末记录
?RECNO()
12
SKIP                     &&指针移向文件尾
?RECNO()
13
```

```
GO TOP                          &&指针移向首记录
?RECNO()
1
SKIP -1                         &&指针移向文件头
?RECNO()
1
```

（4）测试表文件记录数函数

语法：

RECCOUNT([nWorkArea｜cTableAlias])

功能：函数的功能是测试由区号或表别名指定表文件中的记录数。默认可选项指当前工作区。函数返回值为数值型数据。若指定的工作区无打开的表文件或只有结构而无记录的空表，则返回值为 0。

nWorkArea ——指定被测工作区号，范围为 1～32767。

cTableAlias ——指定被测表的别名。

【例 3-25】 测试"学生信息.DBF"文件中的记录数。

```
USE 学生信息
?RECCOUNT()
12
```

（5）测试查找记录是否成功的函数

语法：

FOUND([nWorkArea｜cTableAlias])

功能：测试由区号或表别名指定表文件检索操作是否成功，如果成功，则返回真值，否则为假值。函数返回值为逻辑值。默认可选项指当前工作区。

nWorkArea ——指定被测工作区号，范围为 1～32767。

cTableAlias ——指定被测表的别名。

常用的查找操作命令有 FIND、SEEK 和 LOCATE。实例参见例 4-18 和例 4-36。

（6）测试屏幕光标坐标函数

语法：

ROW()

COL()

功能：ROW 测试光标所在行坐标，COL 为列坐标。返回值为数值型。

【例 3-26】 在指定的屏幕坐标位置（10 行，30 列）显示"成都理工大学"，之后测试当前光标的坐标位置。

```
@10,30 SAY "成都理工大学"
row=ROW()
col=COL()
?row,col
10.000      42.000
```

（7）测试打印机字头坐标函数

语法：

PROW()

PCOL()

功能：PROW 测试打印机字头所在行坐标，PCOL 为列坐标，返回值为数值型。该函数用于设计打印表格程序。

【例 3-27】 在打印机字头当前坐标位置的下一行，列坐标加 15 的位置上打印"成都理工大学"。

 @PROW()+1, PCOL()+15 SAY "成都理工大学"

3.3.6 其他函数

（1）宏函数

语法：

 &cMemVarName[.cExpression]

功能： 该函数将字符型内存变量的值替换出来。

cMemVarName ——指定字符型内存变量。

cExpression ——指定字符型表达式。

【例 3-28】 用&宏替换函数替换 x 的值。

 x = "Fox"

 ? "&x.Pro"

 FoxPro

【例 3-29】 用&宏替换函数替换 aa 的值。

 aa="12"

 ?&aa+34

 46   && 显示结果为：46

 ? "&aa"+"34"

 1234   && 显示结果为：1234

【例 3-30】 用&宏替换函数替换"list record"的值。

 m= "list record"

 &m 2   && 显示第 2 个记录

 &m 5   && 显示第 5 个记录

宏替换函数是一个功能强大的函数，在数据处理中有广泛的应用。

（2）条件函数

语法：

 IIF(1Expression, eExpressionl, eExpression2)

功能： 若 1Expression 取真值，则返回 eExpressionl 的值，否则返回 eExpression2 的值。函数返回值类型与 eExpressionl 或 eExpression2 类型一致。

1Expression ——指定逻辑表达式。

eExpressionl ——指定表达式 1。

eExpression2 ——指定表达式 2。

实例参见例 4-18。

（3）以对话框显示信息函数

在程序设计过程中，经常要显示一些信息，如提示信息、错误信息等。下面的函数就是用于显示这些信息的。

语法：

 MESSAGEBOX (cMessageText [, nDialogBoxType [, cTitleBarText]])

功能： 以窗口形式显示信息，返回值为数字。

cMessageText ——要在对话框中输出的信息。

nDialogBoxType ——有多种选择，表 3-7 中给出了不同信息表示的不同含义。

表 3-7 对话框和含义

对话类型值	对话框按钮	对话类型值	图标	对话类型值	默认按钮
0	"确定"按钮	16	"终止"图标	0	第 1 个按钮
1	"确定"和"取消"按钮	32	"问号"图标	256	第 2 个按钮
2	"终止"、"重试"和"忽略"按钮	48	"感叹号"图标	512	第 3 个按钮
3	"是"、"否"和"取消"按钮	64	"信息"图标		
4	"是"和"否"按钮				
5	"重试"和"取消"按钮				

cTitleBarText ——表示对话框的标题文字。

在该函数的对话框中给定不同的对话类型值，在显示的窗口中将显示不同的按钮、图标和默认按钮。而且，不同类的对话类型值可以组合使用，例如 1+64+0 表示使用"确定"和"取消"按钮，图标是"信息"，默认按钮为第 1 个按钮。

【例 3-31】 使用对话框显示如图 3-1 所示的"提示信息"。

MESSAGEBOX("提示信息", 0, "提示信息对话框")

从图 3-1 可以看出，对话框中使用了 1 个按钮，显示的信息是"提示信息"。

【例 3-32】 在对话框中使用 3 个按钮，并使用如图 3-2 所示的"终止"图标。

MESSAGEBOX("使用 3 个按钮并带有终止图标", 3+16+256, "提示信息对话框")

图 3-1 提示信息对话框

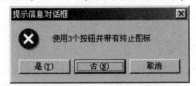

图 3-2 有"终止"图标的提示信息对话框

习 题 3

3.1 思考题

1. 试说明 Visual FoxPro 6.0 的字段类型和常量类型。

2. Visual FoxPro 6.0 有哪些变量类型？

3. Visual FoxPro 6.0 定义了哪些类型的运算符？在类型内部和类型之间，其优先级是如何规定的？

4. Visual FoxPro 6.0 使用数组，是否要先定义？用什么命令定义数组？

5. Visual FoxPro 6.0 定义了哪些表达式类型？各举一例说明之。

6. 举例说明函数返回值的类型和函数对参数类型的要求。

7. 举例说明下列函数的用法：SUBSTR()、STR()、VAL()、EOF()、FOUND()、&。

8. 使用 Visual FoxPro 6.0 命令时，应遵循哪些规则？

3.2 选择题

1. Visual FoxPro 数据库文件中的字段有字符型(C)、数值型(N)、日期型(D)、逻辑型(L)、(   )(M)等。

(A) 浮点型　　　(B) 备注型　　　(C) 屏幕型　　　(D) 时间型

2. 下列为合法数值型常量的是(   )。

(A) 3.1415E+6　　(B) 08/05/07　　(C) 123*100　　(D) 3.1415+E6

3. 下列表达式结果为.F.的是(   )。

(A) '33'>'300'　　(B) '男'>'女'　　(C) 'CHINA'>'CANADA'，　　(D) DATE()+5>DATE()

4. 若 X=34.567，则命令?STR(X,2)-SUBS("34.567",5,1)的显示结果是(   )。

(A) 346   (B) 356   (C) 357   (D) 355

5. 下列不正确的字符型常量有(　　　)。

 (A) [计算机] (B) '计算机' (C) "计算机" (D) (计算机)

6. 若内存变量名与当前打开的数据表中的一个字段名均为 NAME，则执行?NAME 命令后显示的是(　　　)。

 (A) 内存变量的值 (B) 字段变量的值 (C) 随机   (D) 错误信息

7. 若内存变量 DA 的类型是日期型的，则下面正确的赋值是(　　　)。

 (A) DA=07/07/09   (B) DA="07/07/09"

 (C) DA=CTOD("07/07/09")   (D) DA=CTOD(07/07/09)

8. 若 DATE='99/12/20'，表达式&DATE 的结果的数据类型是(　　　)。

 (A) 字符型 (B) 数值型 (C) 日期型 (D) 不确定

9. 顺序执行以下赋值命令之后，下列表达式中错误的是(　　　)。

 A="123"

 B=3*5

 C="XYZ"

 (A) &A+B (B) &B+C (C) VAL(A)+B (D) STR(B)+C

10. 执行以下命令后显示的结果是(　　　)。

 STORE　2+3<7　TO　A

 B='.T.'>'.F.'

 ?A.AND.B

 (A) .T.   (B) .F.   (C) A   (D) B

11. 执行下列命令后，屏幕上显示的结果为(　　　)。

 STORE "DEF "TO X

 STORE "ABC"+X TO Y

 STORE Y-"GHI" TO Z

 ?Z

 ??"A"

 (A) ABCDEF GHIA (B) ABCDEFGHIA (C) ABC DEFGHI (D) ABCDEFGHI A

12. Visual FoxPro 的函数 ROUND(123456.789,-2)的值是(　　　)。

 (A) 123456 (B) 123500.00 (C) 123456.79 (D) 123456.700

13. 以下各表达式中，运算结果为数值型的是(　　　)。

 (A) RECNO()>10 (B) YEAR=2009 (C) DATE()-50 (D) AT('IBM', 'Computer')

14. 假设 A=14，X="A<20"，执行?TYPE("X"),TYPE(X)后，屏幕上显示的结果是(　　　)。

 (A) CC   (B) NL   (C) LC   (D) CL

15. 执行下列命令序列后，输出的结果是(　　　)。

 X="ABCD"

 Y="EFG"

 ?SUBSTR(X, IIF(X<>Y, LEN(Y), LEN(X)), LEN(X)-LEN(Y))

 (A) A   (B) B   (C) C   (D) D

16. 表达式 VAL(SUBSTR("等级考试 1/2/3/4", 9, 1))*LEN("Visual FoxPro")的结果是(　　　)。

 (A) 13   (B) 26   (C) 39   (D) 52

17. 执行下列命令序列，显示的结果是(　　　)。

 D1=CTOD("01/10/2009")

 D2=IIF(YEAR(D1)>2001, D1,"2001")

 ?D2

(A) 01/10/09   (B) 2001   (C) D1   (D) 错误提示

18. 执行下列命令序列，显示的结果是(　　　　)。

    S1="a+b+c"

    S2="+"

    ?AT(S1, S2)

    ?AT(S2, S1)

(A) 0 2   (B) 2 0   (C) 2 2   (D) 0 0

19. 要判断数值型变量 Y 是否能够被 7 整除，错误的条件表达式为(　　　　)。

(A) MOD(Y, 7)=0   (B) INT(Y/7)=Y/7   (C) 0=MOD(Y, 7)   (D) INT(Y/7)=MOD(Y, 7)

20. 可以参加"与"、"或"、"非"逻辑运算的对象(　　　　)。

    (A) 只能是逻辑型的数据

    (B) 可以是数值型、字符型的数据

    (C) 可以是数值型、字符型、日期型的数据

    (D) 可以是数值型、字符型、日期型、逻辑型的数据

21. 执行如下的命令后，屏幕上显示的结果是(　　　　)。

    AA="Visual FoxPro"

    ?UPPER(SUBSTR(AA,1,1))+LOWER(SUBSTR(AA,2))

(A) VISUAL FOXPRO   (B) Visual foxpro   (C) Visual FoxPro   (D) Visual Foxpro

22. 顺序执行下面 Visual FoxPro 命令之后，屏幕上显示的结果是(　　　　)。

    S="Happy New Year!"

    T="New"

    ?AT(T,S)

(A) 0   (B) 7   (C) 14   (D) 错误信息

23. 在 Visual FoxPro 中，可以使用的两类变量是(　　　　)。

    (A) 字段变量和简单变量   (B) 全局变量和局部变量

    (C) 内存变量和字段变量   (D) 内存变量和自动变量

24. 在数据表结构中，逻辑型、日期型、备注型字段的宽度分别固定为(　　　　)。

    (A) 3, 8, 10   (B) 1, 8, 4   (C) 1, 8, 任意   (D) 1, 8, 10

25. 执行下列命令，结果是(　　　　)。

    Ab=6.0

    aB="Visual FoxPro"

    ?Ab+aB

(A) 6.0Visual FoxPro   (B) Visual FoxPro   (C) 6.06.0   (D) Visual FoxProVisual FoxPro

26. 连续执行以下命令后，主窗口中输出的结果是(　　　　)。

    SET EXACT OFF

    X='A'

    ?IIF('A'=X,X-'BCD',X+'BCD')

(A) A   (B) ABCD   (C) BCD   (D) A　BCD

27. 设 N=123, M=345, L="M+N"，表达式 1+&L 的值为(　　　　)。

    (A) 1+M+N   (B) 469   (C) 数据类型不匹配   (D) 346

28. 设有变量 string="2009年上半年全国计算机等级考试"，能够显示"2009年上半年计算机等级考试"的命令是(　　　　)。

    (A) ?string-"全国"

    (B) ?SUBSTR(string,1, 8)+SUBSTR(string,11, 17)

    (C) ?SUBSTR(string,1, 12)+SUBSTR(string,17, 14)

(D) ?STR(string,l, 12)+STR(string,17, 14)

29．执行如下命令序列后，屏幕显示(　　　　)。

　　　AA="全国计算机等级考试"

　　　BB="九八"

　　　CC="一"

　　　?AA

　　　??BB+"年第"+CC+"次考试"

(A) 全国计算机等级考试九八年第一次考试

(B) 全国计算机等级考试　　九八年第一次考试

(C) 全国计算机等级考试 BB 年第 CC 次考试

(D) 全国计算机等级考试 BB+年第十 CC+次考试

30．设 A="123"，B="234"，下列表达式中结果为.F.的是(　　　　)。

(A) .NOT.(A==B).OR.(B$"ABC")　　　　　(B) .NOT.(A$'ABC').AND.(A<>B)

(C) .NOT.(A<>B)　　　　　(D) .NOT.(A>=B)

3.3　填空题

1．数组的最小下标是＿＿＿＿，数组元素的初值是＿＿＿＿。

2．设系统日期为 2006 年 9 月 21 日，下列表达式显示的结果是＿＿＿＿＿。

　　　?VAL(SUBSTR('2006', 3)+RIGHT(STR(YEAR(DATE())), 2))

3．如果 x=10，y=12，?(x=y).AND.(x<y)的结果是＿＿＿＿＿。

4．测试当前记录指针的位置可以用函数＿＿＿＿＿＿。

5．表达式 2*3^2+2*9/3+3^2 的值为＿＿＿＿＿＿。

6．表达式 LEN(DTOC(DATE()))+DATE()的类型是＿＿＿＿＿＿。

7．关系运算符$用来判断一个字符串是否＿＿＿＿＿＿另一个字符串中。

8．对于一个空数据库，执行?BOF()的结果为＿＿＿＿＿；?EOF()的结果为＿＿＿＿＿。

9．Visual FoxPro 有两种变量，即内存变量和＿＿＿＿＿＿变量。

10．设当前数据库有 N 个记录，当函数 EOF()的值为.T.时，函数 RECNO()的显示结果为＿＿＿＿＿＿。

本章实验

【实验目的和要求】

⊙ 通过实验掌握对内存变量、数组以及字段变量的操作方法。

⊙ 掌握常用函数的使用方法。

⊙ 理解和掌握表达式、运算符及其优先级的使用。

【实验内容】

⊙ 内存变量的基本操作。

⊙ 数组的使用。

⊙ 运算符与表达式。

⊙ 常用函数的使用。

⊙ 宏替换的使用。

【实验指导】

1．内存变量的基本操作

（1）内存变量的赋值和显示

操作指导：

① 用 STORE 命令和赋值方法给多个变量赋相同的值，然后显示赋值后的结果。

```
STORE '1234' TO A, B, C
```

或

```
A='1234'
B='1234'
C='1234'
LIST MEMORY LIKE *
```

屏幕将显示：

A	Pub	C	"1234"
B	Pub	C	"1234"
C	Pub	C	"1234"

② 日期的赋值。

```
TODAY={^2009/02/01}
?TODAY                              &&屏幕显示：02/01/09
TODAY={^2009/02/01 10:30}
?TODAY                              &&屏幕显示：02/01/09 10:30:00 AM
TODAY={^2009/02/01 10:30P}
?TODAY                              &&屏幕显示：02/01/09 10:30:00 PM
LIST MEMORY LIKE *
TODAY          pub        T        02/01/09 10:30:00 Pm
```

（2）内存变量的保存、删除与恢复

```
SAVE TO V1                    &&将全部自定义内存变量保存到内存变量文件V1中
RELEASE ALL LINK             &&删除全部内存变量
LIST MEMORY LIKE *           &&屏幕上什么都没显示
RESTORE FROM V1             &&从内存变量文件V1中恢复已保存的内存变量
LIST MEMORY LIKE *
```

屏幕将显示：

A	Pub	C	"1234"
B	Pub	C	"1234"
C	Pub	C	"1234"
TODAY	Pub	T	02/01/09 10:30:00 PM

2．数组的使用

（1）定义一个具有 6 个元素的一维数组 A，给每个元素赋初值 0。

```
DIMENSION A(6)              &&定义一个具有 6 个元素的一维数组 A
A=0                         &&给每个元素赋初值 0
LIST MEMORY LIKE A*         &&显示内存变量当前的情况
```

屏幕将显示：

A	Pub	A	
（ 1）	N	0	（ 0.00000000)
（ 2）	N	0	（ 0.00000000)
（ 3）	N	0	（ 0.00000000)
（ 4）	N	0	（ 0.00000000)
（ 5）	N	0	（ 0.00000000)
（ 6）	N	0	（ 0.00000000)

（2）定义一个具有 6 个元素的一维数组 C，给数组赋值并显示。

```
DIMENSION C(6)
C(1)='方放'
C(2)='20060110119'
C(3)=90
C(4)=86
C(5)=79
C(6)=92
LIST MEMORY LIKE C*
```

屏幕将显示:

A		Pub		A
(	1)	c		"方放"
(	2)	c		"2006020110119"
(	3)	N	90	(90.00000000)
(	4)	N	86	(86.00000000)
(	5)	N	79	(79.00000000)
(	6)	N	92	(92.00000000)

3. 运算符与表达式

根据下面的输入命令,写出其显示的结果。

输入命令	写出显示结果
?3*5	
?5%4	
?5%-4	
?-5%4	
?-5%-4	
?6.5%2	
?6.5%2.1	
? "100">"99"	
?"A">"a"	
?"ABC">"AAA"	
?"ABC">"ABCD"	
?"ABCDEFG"="ABCD" &&当 SET EXACT ON	
?"ABCDEFG"="ABCD" &&当 SET EXACT OFF	
?A>B AND C<D &&当 A=5, B=9, C=8, D=12	
?A>B OR C<D &&当 A=5, B=9, C=8, D=12	

4. 常用函数的使用

根据下面的输入命令,写出其显示的结果。

输入命令	写出显示结果
?SUBSTR("STUDENT",4, 4)	
?LEN("STUDENT")	
?LEFT("ABCD", 2)	
?RIGHT("ABCD", 2)	
?AT("CD","ABCDE", 1)	
?ALLTRIM(" ABCD ")	
?SPACE(5)	
?UPPER("ABCD")	

输入命令	写出显示结果
?LOWER("ABCD")	
?CHR(65)	
?ASC("A")	

5. 宏替换的使用

```
C="12"
?&C+3                           && 结果为：15
? "&C+3"                        && 结果为：12+3
? "&C34"                        && 结果为：&C34
? "&C.34"                       && 结果为：1234
STORE "?" TO A1
STORE "S" TO A2
STORE 200 TO &A2
&A1.&A2                         && 结果为：200
D="*"
?2&D.2                          && 结果为：4
```

第 4 章 表的基本操作

本章要点：

☞ 创建自由表

☞ 表的基本操作

☞ 表数据的排序和索引

☞ 计数、求和与汇总

☞ 多表的同时使用

在 Visual FoxPro 中，表是处理数据和建立关系型数据库及应用程序的基本单元，一个庞大的数据库管理系统往往是从几个相关联的表开始的。

表的操作包括创建新表、处理当前存储于表中的信息、定制已有的表、使用索引对数据进行排序及加速处理等。在 Visual FoxPro 中，数据库和表是两个不同的概念。表是处理数据、建立关系数据库和应用程序的基础单元，用于存储收集来的各种信息。数据库是表的集合，控制这些表协同工作，共同完成某项任务。

根据表是否属于数据库，可把表分为数据库表和自由表两类。属于某一数据库的表称为数据库表；不属于任何数据库而独立存在的表称为自由表。如果想让多个数据库共享一些信息，则应将这些信息放入自由表中；还可将自由表移入某一数据库中，与其他表更有效地协同工作。

4.1 创建自由表

4.1.1 表的概念

表是一组相关联的数据按行和列排列的二维表格，通常用来描述一个实体。表中一行称为一个记录，一列称为一个字段。表以记录和字段的形式存储数据，如表 1-1 所示。

表 1-1 的第 1 行称为表头，表头中每列的标题是这个字段的名称，称为字段名。表头下方的内容就是要输入到表中的数据。

在 Visual FoxPro 中，创建一个新表的步骤如下。

❶ 创建表的结构。在表结构中要说明表包含哪些字段，每个字段的长度以及数据类型。

❷ 向表中输入记录，即向表中输入数据。

4.1.2 表结构的设计

表是由结构和数据两部分组成的。一个表中的所有字段组成了表结构，建立表结构就是定义各个字段的属性。因此，在建表之前应该先设计字段的属性。字段的基本属性包括字段名、字段类型、字段宽度和小数位数等。

（1）字段名

字段名是表中每个字段的名称，如表 1-1 中的"姓名"、"性别"、"学号"等。字段名可以是一个以字母或汉字开头的字符串，可以包括字母、汉字、数字和下画线，但不接受空格字符。

自由表中的字段名长度不能超过 10 个字符，数据库表中的字段名长度不能超过 128 个字符。若将数据库表转为自由表，系统将自动截取字段名的前 10 个字符作为自由表的相应字段名。

（2）字段的类型

字段的数据类型应与存储的信息类型相匹配。Visual FoxPro 6.0 定义了 13 种字段类型，即字符型、数值型、浮点型、双精度型、整型、货币型、日期型、日期时间型、逻辑型、备注型、通用型、二进制字符型和二进制备注型。这些数据可以是一段文字、一组数据、一个字符串、一幅图像等。对可能超过 254 个字符或含有诸如制表符及回车符的长文本，可以使用备注数据类型。常用的字段类型请参见第 3 章。

（3）字段宽度

字段宽度用以表明允许字段存储的最大字节数，即以字符为单位的列宽。设置的列宽是应能存放所有记录相应字段的最大宽度。对于字符型、数值型和浮点型 3 种字段，在建立表结构时根据要存储数据的实际需要设定合适的宽度；其他类型字段的宽度则由 Visual FoxPro 规定。需要说明的是，备注型与通用型字段的宽度一律为 4 字节，用于表示数据在 .fpt 文件中的存储地址。

（4）小数位数

当字段类型为数值型、浮点型和双精度型时，才为其设置小数位数。小数点和正负号都要在字段宽度中占一位，例如，学生成绩为 0～100，1 位小数，则该字段的宽度应该设置为 5，小数位数为 1。若字段值都是整数，则定义小数位数为 0。

根据字段属性的规定，可将表 1-1 中的字段属性定义为表 4-1。

表 4-1 "学生信息.dbf" 表结构

字段名	类　型	宽　度	小数位数	字段名	类　型	宽　度	小数位数
姓名	字符型	8		出生年月	日期型	8	
性别	字符型	2		入学成绩	数值型	4	0
班级	字符型	10		专业	字符型	10	
学号	字符型	12		简历	备注型	4	
籍贯	字符型	6		相片	通用型	4	

4.1.3 表结构的建立

在 Visual FoxPro 中，可以通过 3 种方式建立表结构，即命令、表设计器及向导。

1. 使用命令建立表结构

（1）创建表结构的命令 CREATE

功能：新建一个表文件，表文件的扩展名为 .dbf，如果表中包含了备注型字段或通用型字段，系统还要创建与表相关的 .fpt 文件（备注文件）。

语法：

　　CREATE [FileName | ?]

FileName ——指定要创建的表名。? ——显示"创建"对话框，提示为此正在创建的表命名。

【例 4-1】 在 "E:\教学管理" 下建立一个 "学生信息.dbf" 表结构的文件。

执行如下命令：

　　CREATE 学生信息

将进入如图 4-1 所示的 "表设计器" 窗口，通过该窗口创建表结构。根据表 4-1 中的属性，定义如图 4-2 所示的 "学生信息.dbf" 表结构。

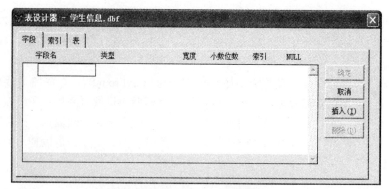

图 4-1　表设计器 - 学生信息

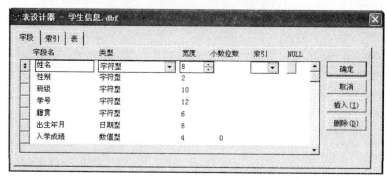

图 4-2　"学生信息.dbf"表结构

表设计器中的"字段"选项卡中主要有如下内容和按钮。

⊙ 字段名：输入字段的字段名。

⊙ 类型：指定字段的数据类型，单击右方的向下箭头，从中选择所需的字段类型。

⊙ 宽度：指定相应字段中能够存储数据的最大长度。

⊙ 小数位数：指定小数点后的数字位数。

⊙ 索引：指定字段的索引类型，以便对数据进行排序。

⊙ NULL：选定此项时，意味该字段允许为空，可接受 NULL 值。

⊙ "移动"按钮：位于"字段"选项卡的最左侧，用鼠标拖动该按钮，可以在列表内上下移动某一行，从而改变字段在表中的顺序。

⊙ "插入"按钮：在选定字段之前插入一个新字段。

⊙ "删除"按钮：从表中删除选定字段。

定义表结构的过程中不要按回车键，否则会退出表设计器。输入完一栏后可按 Tab 键，将光标移到下一栏。

定义完毕，单击"确定"按钮，Visual FoxPro 就会建成上面指定的"学生信息.dbf"的表结构。然后，显示如图 4-3 所示的提示对话框，询问用户现在是否要输入数据记录。

图 4-3　Microsoft Visual FoxPro 提示对话框

用户可以按需要选择"是"或"否"。如果暂时不输入数据，单击按钮"否"，这时"学生信息.dbf"表结构的文件就会出现在已经设置好的默认目录"E:\教学管理"中。如果单击"是"按钮，便会打开编辑窗口，开始输入数据（见 4.1.4 节）。

注意： 假设这时的默认目录已经设置为"E:\教学管理"。默认目录除了可通过执行系统菜单中的"工具 | 选项"命令进行设置外，还可以通过下面的命令进行设置：

    SET DEFAULT TO E:\教学管理

（2）显示表结构命令 DISPLAY STRUCTURE

功能： 显示一个表文件的结构。

语法：

    DISPLAY STRUCTURE [IN nWorkArea | cTableAlias]

    [TO PRINTER [PROMPT] | TO FILE FileName]

IN nWorkArea | cTableAlias ——显示非当前工作区中表的结构。

TO PRINTER ——将 DISPLAY STRUCTURE 的结果定向输出到打印机。

TO FILE FileName ——将 DISPLAY STRUCTURE 的结果定向输出到 FileName 指定的文件中。

【例 4-2】 显示"学生信息.dbf"表文件的结构。

在命令窗口中输入如下命令：

    USE E:\教学管理\学生信息.dbf   &&打开"学生信息.dbf"

    LIST STRUCTURE   &&显示"学生信息"表结构

屏幕上显示如下所示的"学生信息.dbf"表结构。

   表结构：   E:\教学管理\学生信息.dbf

   数据记录数：   12

   最近更新的时间：   12/19/02

   备注文件块大小：   64

   代码页：   936

字段	字段名	类型	宽度	小数位	索引	排序	Nulls
1	姓名	字符型	8				否
2	性别	字符型	2				否
3	班级	字符型	10				否
4	学号	字符型	12				否
5	籍贯	字符型	6				否
6	出生年月	日期型	8				否
7	入学成绩	数值型	4				否
8	专业	字符型	10				否
9	简历	备注型	4				否
10	相片	通用型	4				否
** 总计 **			69				

建立好的表结构不仅可以显示，还可以用命令对其进行修改。

（3）修改表结构命令 MODIFY STRUCTURE

功能： 显示表设计器，从中可以修改表的结构。

语法：

    MODIFY STRUCTURE

该命令可以对表结构添加和删除字段，修改字段名称、大小和数据类型，添加、删除或修改索引标识等。

2. 使用"表设计器"建立表结构

使用"表设计器"创建"学生信息.dbf"表结构的步骤如下。

❶ 单击 Visual FoxPro 6.0 窗口上工具栏中的"打开"按钮，出现如图 4-4 所示的"打开"对话框，打开"教学管理"项目的"项目管理器"。

❷ 在"项目管理器"中选择"数据"选项卡，然后选择"自由表"项，单击"新建"按钮，打开如图 4-5 所示的"新建表"对话框。

❸ 单击"新建表"按钮，打开如图 4-6 所示的"创建"对话框。

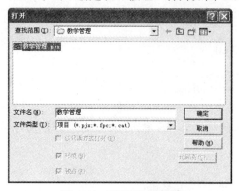

图 4-4　"打开"对话框

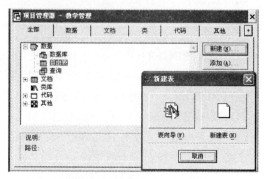

图 4-5　"新建表"对话框

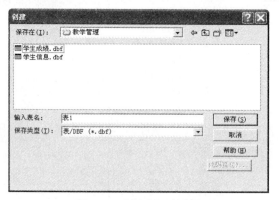

图 4-6　"创建"对话框

❹ 在"创建"对话框中，确定表的类型、名称和保存位置。其中表的类型（表/ DBF(*.dbf)）和保存位置（"E:\教学管理"）是默认的，在"输入表名"编辑框中输入"学生信息"。

❺ 单击"保存"按钮，就会打开如图 4-1 所示"表设计器"对话框。

以下步骤和用命令建立表结构的方法相同。

3. 使用"表向导"建立表结构

Visual FoxPro 中的向导是一个交互式程序，由一列对话框组成。"表向导"能够基于典型的表结构来创建表，它允许用户从样表中选择满足需要的字段，也允许用户在执行向导的过程中修改表的结构和字段。利用"表向导"保存生成的表之后，用户仍可启动"表设计器"对表进行修改。

【例 4-3】　使用"表向导"创建如表 4-2 所示的"学生成绩表.dbf"的表结构。

假设"成绩"表中有 8 个字段："姓名"、"班级"、"学号"、"数学"、"英语"、"计算机"、"平均成绩"、"名次"。其中，"姓名"、"班级"、"学号"字段与前面建立的"学生信息.dbf"表中的一样。为此，可以利用"学生信息.dbf"表作为样表，先用"表向导"来建立"学生成绩表.dbf"，再在"表设计器"中定义其他字段。

表 4-2　学生成绩表.dbf

姓名	班级	学号	数学	英语	计算机	平均成绩	名次

❶ 在项目管理器中选择"数据"选项卡，然后选择"自由表"，单击"新建"按钮，打开如图 4-5 所示的"新建表"对话框。

❷ 在"新建表"对话框中单击"表向导"按钮，打开"表向导"对话框，如图 4-7 所示。

❸ 从"样表"列表框中选择样表。若"样表"框中没有所需的样表，例如，没有"学生信息.dbf"表，单击"加入"按钮，在"打开"对话框中选择所需的学生信息表，将其作为样表加入到"样表"框中，再选择它，如图 4-8 所示。

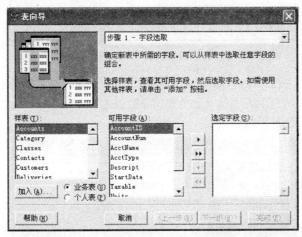

图 4-7　"表向导"（步骤 1 - 字段选择）对话框

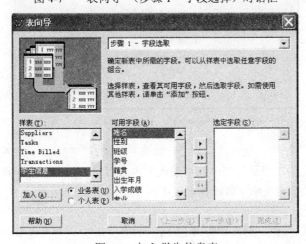

图 4-8　加入学生信息表

❹ 从"可用字段"列表框中选择字段。如果要选择样表中的部分字段，只要单击某字段名，然后单击"▶"按钮，该字段就被放入"选定字段"列表框中，重复此操作可以将所有需要的字段加入到"选定字段"列表框中；若要选择样表中的所有字段，则单击"▶▶"按钮即可。双击"可用字段"框中的字段，也可将其添加到"选定字段"框中。同样的道理，可以用"◀"和"◀◀"按钮将不需要的字段，从"选定字段"列表框中清除。

按表 4-2 的要求，将姓名、班级和学号字段从"可用字段"列表框中加入到"选定字段"列表框中，如图 4-9 所示。

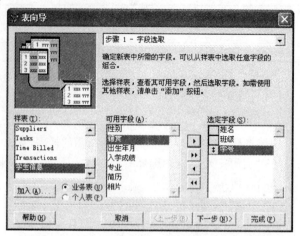

图 4-9　将所需字段加入到"选定字段"列表框中

❺ 单击"下一步"按钮，进入如图 4-10 所示的"步骤 1a - 选择数据库"对话框。在该对话框中，选择"创建独立的自由表"项。如果要建立数据库表，则选择"将表添加到下列数据库"项，然后选择一个所需的数据库。

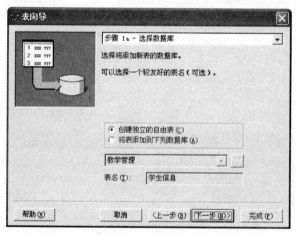

图 4-10　"步骤 1a - 选择数据库"对话框

❻ 单击"下一步"按钮，进入"步骤 2 - 修改字段设置"对话框，如图 4-11 所示。

在这里可以对选定的字段进行修改。可修改的内容有字段名、字段标题（在自由表中用字段名作为字段标题，在数据库表中字段标题可以不同于字段名）、字段类型、字段宽度、字段是否为NULL，以及小数位数。

❼ 单击"下一步"按钮，进入如图 4-12 所示的"步骤 3 - 为表建索引"对话框，从中可以为表建立所需的索引。如果创建的是数据库表，单击"下一步"按钮将进入"步骤 3a - 建立关系"对话框；如果创建的是自由表，则直接进入如图 4-13 所示的"步骤 4 - 完成"对话框，在此过程中随时都可以单击"上一步"按钮回到以前的步骤重新进行上述操作。

❽ 在图 4-13 所示的对话框中，用户可以根据需要进行不同的选择，若选择"保存表以备将来使用"，则返回 Visual FoxPro 的主界面；若选择"保存表，然后浏览该表"，则出现浏览窗口，用户可在其中输入记录；若选择"保存表，然后在表设计器中修改该表"，则打开"表设计器"对话框，可对表的结构进行进一步的修改。

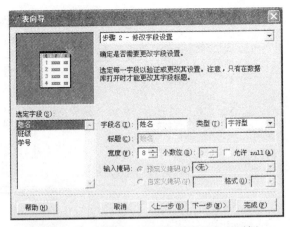

图 4-11 "步骤 2 - 修改字段设置"对话框

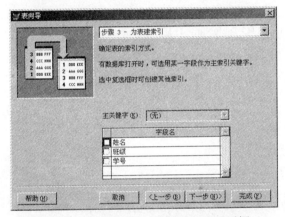

图 4-12 "步骤 3 - 为表建索引"对话框

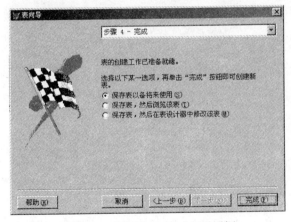

图 4-13 "步骤 4 - 完成"对话框

这里，选择"保存表，然后在表设计器中修改该表"项，在"另存为"对话框中输入表名"学生成绩表"，单击"保存"按钮。再在"表设计器"对话框中定义：数学、英语、计算机、平均成绩、名次字段，如图 4-14 所示。

4．表结构的复制

当要建立的表和某个已有的表结构类似时，用 COPY STRUCTURE 命令进行操作，可以提高建表的效率。

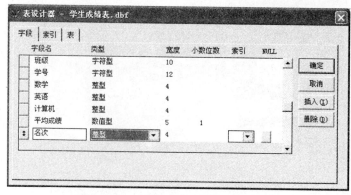

图 4-14 "学生成绩表"结构的定义

功能：将当前表的表结构复制到一个新的自由表中。

语法：

COPY STRUCTURE TO TableName [FIELDS FieldList]

TableName ——指定要创建的自由表名称。

FIELDS FieldList ——只将 FieldList 指定的字段复制到新表中。若省略 FIELDS FieldList，则把所有字段复制到新表中。

【例 4-4】 将"E:\教学管理\学生信息.dbf"表结构中的姓名、学号、专业复制到一个新表"学生成绩.dbf"中。

在命令窗口中输入：

SET DEFAULT TO E:\教学管理   &&设置默认路径
USE 学生信息   &&打开表文件
COPY STRUCTURE TO 学生成绩 FIELDS 姓名,学号,专业
USE 学生成绩   &&打开新建的表
DISPLAY STRUCTURE   &&显示表结构

表结构：   E:\教学管理\学生成绩.dbf
数据记录数：   0
最近更新的时间：   07/05/03
代码页：   936

字段	字段名	类型	宽度	小数位	索引	排序	NULLS
2	姓名	字符型	8				否
1	学号	字符型	12				否
3	专业	字符型	10				否
** 总计 **			31				

4.1.4 表数据的键盘输入

表结构定义好后就可以向表中输入与添加记录。输入与添加记录有两种方式，一是通过键盘进行数据记录的输入，二是从已有的文件中获取数据记录。

通过键盘进行数据的输入，可在创建完表结构时立即输入，也可以后再进行输入。输入时可以通过浏览或编辑窗口进行输入，也可以通过命令进行输入。

1. 创建完表结构时立即输入

当创建完一个新表的结构时，如"学生信息.dbf"表，单击"确定"按钮，将出现一个系统提示框，询问是否立即输入数据，见图4-3。单击"是"按钮，便会在系统主窗口中弹出如图4-15

所示的记录输入窗口，就可以进行数据的输入。

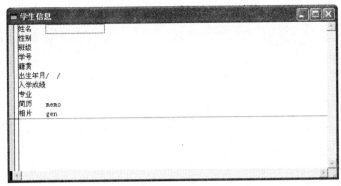

图 4-15　记录输入窗口

需要说明的是，在图 4-15 所示的窗口中，D 型字段的"出生年月"显示是的日期中的"//"分隔符，其数据的输入格式将受到命令 SET DATE、SET MARK、SET CENTURY 设置的影响。M 型字段的"简历"显示的是 memo，要输入该字段的内容时，可双击 memo 字段或按 Ctrl+PgDn 键，这时将弹出一个如图 4-16 所示的文本编辑窗口，从中输入所需的文本。输入结束后关闭当前窗口就可回到记录输入窗口，这时 memo 变成 Memo，表示该字段不为空。G 型字段"相片"的内容输入方法与 M 型字段内容的输入方法相同，输入以后，gen 会变成 Gen。

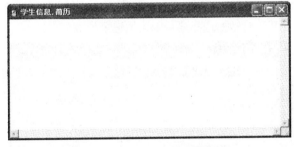

图 4-16　M 型字段的文本编辑窗口

记录输入结束后，关闭当前窗口或按组合键 Ctrl+W，将输入的记录信息保存到表文件中。按 Esc 键，可以放弃对当前记录的编辑。

备注型字段实际上是一个可变长的字段，该类型字段可以存放各种文字。一个备注型字段最大可以到 64KB，它的最大特点是不必事先定义大小；编辑或处理这个字段时，可根据需要改变其大小。备注型字段可以理解为一个长字符串，但是不同于一个长字符串，它是一个字段变量，具有字段操作的若干属性。在编辑备注型字段中的内容时，尽量不用回车换行符，因为备注型字段中的内容是作为一个字符串来处理的。

2．先创建表结构，以后再进行输入

如果在创建表结构时没有立即输入数据或未将数据输入完，可以在表创建好以后的任何时候输入记录。进行数据输入时，首先要打开该表。可以用以下几种方式打开表。

① 若表在项目管理器中，则在项目管理器中选择需要输入记录的表，然后单击"浏览"按钮。这时，Visual FoxPro 将用浏览或编辑的方式打开表。当第一次打开新建的表时，Visual FoxPro 默认进入浏览方式；对已存在的表，进入的方式取决于上次关闭该表时的状态。

② 若表不在项目管理器中，则通过选择执行"文件 | 打开"命令来打开该表，再通过选择"显示 | 浏览"命令或"显示 | 编辑"命令，将表以浏览方式（如图 4-17 所示）或编辑方式（见图

4-15）显示。在"浏览"或"编辑"窗口中输入数据时，可以通过选择执行"显示|追加方式"菜单命令或"表|追加新记录"菜单命令来实现数据的输入。

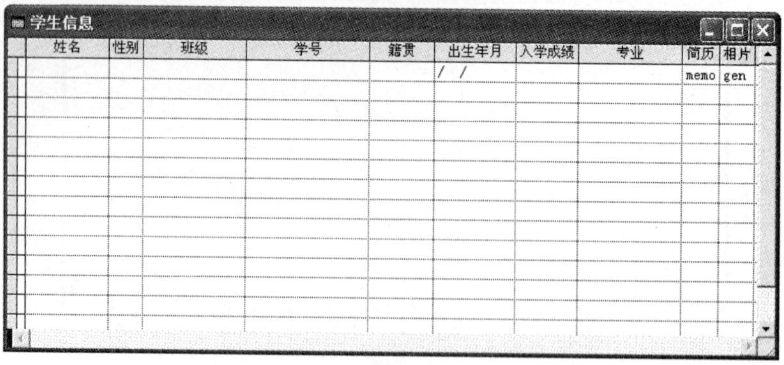

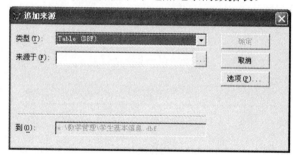

图 4-17　以浏览方式显示表

执行"表|追加新记录"命令或者按 Ctrl+Y 组合键，可在浏览窗口中通过键盘一个一个地追加记录。这时可在已打开的"浏览"窗口中看到在表的底部添加了一个新记录，可在这个新记录上写入要追加的记录数据。这种方法一次只能追加一个新记录；若要再追加新记录，则必须再执行"表|追加新记录"命令。即使不写入数据，在表的尾部也有一个空记录。执行"表|追加记录"命令是指将其他数据表中的记录全部或部分追加到当前表中。当执行"追加记录"命令时，出现如图 4-18 所示的"追加来源"对话框，在"来源于"文本框中输入要从中追加记录的表名，或单击‒‒‒按钮，通过"打开"对话框选择要从中追加记录的数据表。

图 4-18　"追加来源"对话框

执行"显示|追加方式"命令，也可以在已打开的"浏览"窗口中看到在表底部添加了一个新记录，可在这个新记录上写入要追加的记录数据。一旦在这个空记录上写入数据，在这个记录的下面又会出现一个空记录。用这种方法，可以一直追加下去，直到取消"追加方式"或关闭"浏览"窗口。如果在追加方式下不写入新数据，则最后一个记录不添加到表中。

4.1.5　将已有数据添加到表中

利用现有表或数组中已有的内容，可以快速地给当前表追加记录。例如，前面建立的"学生信息.dbf"表和"学生成绩表.dbf"中都有"姓名"、"班级"、"学号"3 个字段，如果"学生信息.dbf"表中的记录已经输入，在进行"学生成绩表.dbf"记录的输入时，可以将"学生信息.dbf"表中这3 个字段的数据添加到"学生成绩表.dbf"中。

【例 4-5】　将"学生信息.dbf"表中所有记录的"姓名"、"班级"、"学号"的内容追加到"学生成绩表.dbf"中。

操作步骤如下：

❶ 打开"项目管理器"，从中选择"学生成绩表"。

❷ 单击"浏览"按钮，打开"浏览"窗口，这时"学生成绩表.dbf"是一个空表。

❸ 选择"表│追加记录"菜单项，出现"追加来源"对话框，如图4-18所示。

❹ 在"类型"框中选择源文件的格式 Table(DBF)；在"来源于"框中输入文件名，或单击"来源于"框右边的 ⊡ 按钮，在"打开"对话框中查找所需文件"学生信息.dbf"，找到后就选择该文件，然后单击"确定"按钮返回。这时在"追加来源"对话框的"来源于"框中出现了源文件名：e:\教学管理\学生信息.dbf，如图4-19所示。

❺ 在"追加来源"对话框中单击"选项"按钮。打开如图4-20所示的"追加来源选项"对话框。单击"字段"按钮，打开如图4-21所示的"字段选择器"对话框。

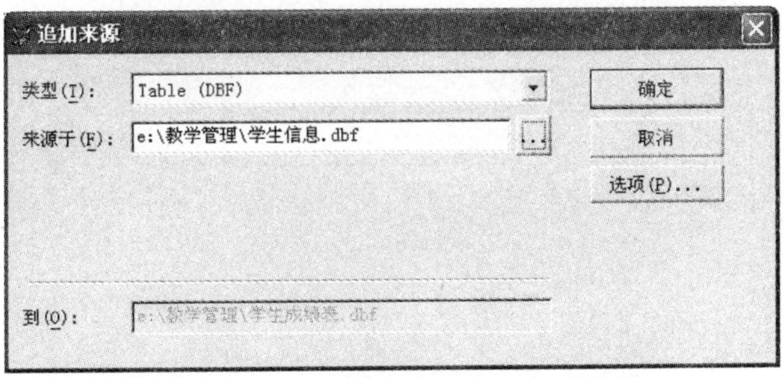

图 4-19　在"来源于"框中输入文件名

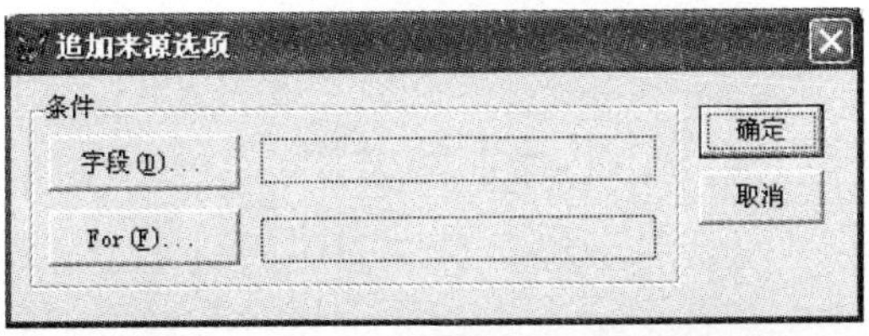

图 4-20　"追加来源选项"对话框

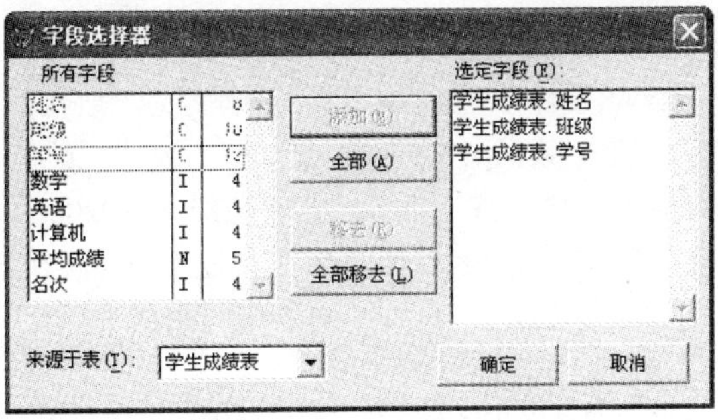

图 4-21　"字段选择器"对话框

❻ 单击"确定"按钮，回到"追加来源选项"对话框，单击该对话框中的"确定"按钮，回到"追加来源"对话框，再单击"确定"按钮。这时将把源文件中的"姓名"、"班级"、"学号"3个字段的所有记录添加到了"学生成绩表.dbf"中，如图4-22所示。

在上面的操作过程中，如果不想追加所有记录，而是要追加与某个表达式的值相符合的记录，可以在"追加来源选项"对话框中单击"For(F)..."按钮，打开"表达式生成器"对话框，如图4-23所示。

在"表达式生成器"对话框中的"表达式"框中构造所需的表达式，单击"确定"按钮，Visual FoxPro 就会使用该表达式查找整个数据表文件，追加那些与表达式的值相符的记录。例如，要追加 200202101 班学生的记录，在"表达式"框中输入：班级="200202101"。

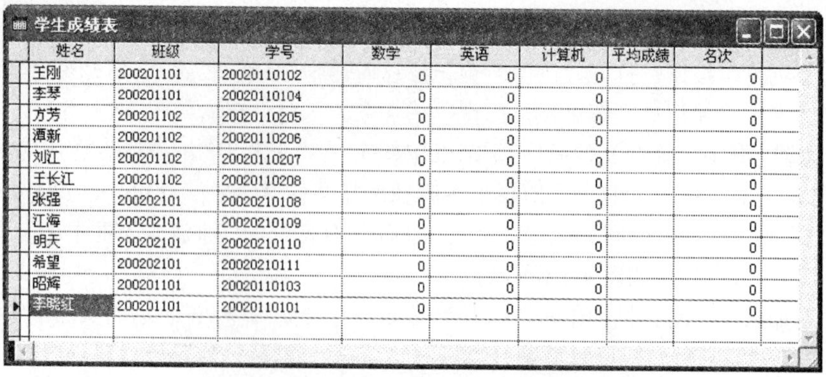

图 4-22　添加了记录的学生成绩表

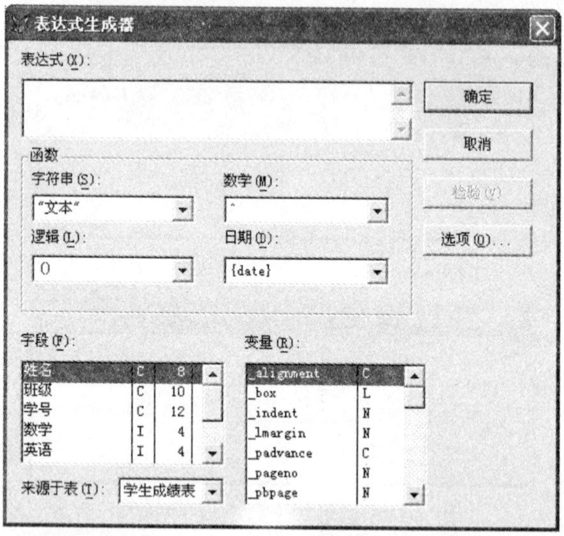

图 4-23　"表达式生成器"对话框

在"表达式生成器"对话框中的"表达式"框中构造所需的表达式，单击"确定"按钮，Visual FoxPro 就会使用该表达式查找整个数据表文件，追加那些与表达式的值相符的记录。例如，要追加 200202101 班学生的记录，在"表达式"框中输入"班级="200202101""。

注意：For 表达式中的字段必须同时存在于源数据表和目标数据表中。

除了上述方法外，还可以使用 COPY TO 命令对表中的数据进行复制。

语法：

COPY TO FileName[DATABASE DatabaseName [NAME LongTableName]]

[FIELDS FieldList][Scope] [FOR lExpression1] [WHILE lExpression2]

功能：用当前选定表的内容创建新文件。

FileName ——指定 COPY TO 要创建的新文件名。若文件名不包含扩展名，则指定扩展名为文件类型的默认扩展名。若不指定文件类型，则创建一个新的 Visual FoxPro 表，并且用默认扩展名 .dbf 指定表文件名。

DATABASE DatabaseName ——指定要添加新表的数据库。

NAME LongTableName ——指定新表的长名称。

FIELDS FieldList ——指定要复制到新文件的字段。若省略该选项，则将所有字段复制到新文件中。

Scope ——指定要复制到新文件的记录范围。

· 66 ·

FOR lExpression1 ——指定只复制逻辑条件 lExpression1 为"真"（.T.）的记录到文件中。

WHILE lExpression2 ——指定一个条件，只有当逻辑表达式 lExpression2 为"真"（.T.）时才复制记录。

如果要生成一个与"学生信息.dbf"文件结构和内容相同的"学生基本信息.dbf"文件，可执行下面的命令：

    USE 学生信息
    COPY TO 学生基本信息

4.1.6 表结构的修改

对于已经建立好的表结构可以对其进行修改。如果要对已经存有数据记录的表结构进行修改，则需要慎重，否则会造成信息的丢失。

修改表结构可以在"表设计器"中进行，也可使用命令 ALTER TABLE 来修改表结构。修改表结构包括修改字段、插入或删除字段、改变字段的顺序、重新指定字段的数据类型和宽度等。

使用"表设计器"修改表结构，首先要打开"表设计器"。打开"表设计器"可采用两种方法：一是在"项目管理器"中选定要修改结构的表名，单击"修改"按钮，打开"表设计器"；二是在命令窗口中执行 MODIFY STRUCTURE 命令，打开当前表的"表设计器"。

若要修改字段，先在"表设计器"中选定要修改的字段，然后进行修改。在修改字段宽度时，若要将字段宽度值改小，则超出字段宽度的字符会自动丢失，如果字段是数值型，则会溢出，这时在表的浏览窗口中看到的是几个"*"，并且丢失的字符或数字不能通过将字段长度改大而恢复。

若要在某一字段前增加一个新字段，首先选中该字段，然后单击"插入"按钮，在该字段之前出现一个名为"新字段"的字段，将"新字段"改为所需字段，设置字段类型和宽度等，单击"确定"按钮，系统询问是否将"结构更改为永久性更改？"，单击"是"按钮。

若要删除某一字段，则选定该字段，单击"删除"按钮；然后单击"确定"按钮，在弹出的如图 4-24 所示的系统提示框中单击"是"按钮。

若要改变字段顺序，则将鼠标指针移到"表设计器"的 ↕ 按钮上，鼠标指针也变成双向箭头的形状，这时按下鼠标并上下拖动鼠标即可将该字段移动到表其他位置处。

图 4-24 系统提示框

在命令窗口中执行 MODIFY STRUCTURE 命令，可以打开当前表的"表设计器"，然后进行上述操作。

表结构建好后，可以用 DISPLAY STRUCTURE 或 LIST STRUCTURE 命令显示表结构。这两条命令具有相同的功能，其不同之处表现在：当需要显示的内容一屏显示不完时，DISPLAY 命令进行分页显示，而 LIST 命令不分页显示。

【例 4-6】 用命令显示已经建好的"学生信息.dbf"表结构。

在命令窗口中执行命令：

    DISPLAY STRUCTURE

或

    LIST STRUCTURE
    表结构   E:\教学管理、学生信息.dbf
    数据记录数   12
    最近更新的时间   07/23/03

字段	字段名	类型	宽度	小数位	索引	排序	NULLS
	备注文件块大小		64				
	代码页		936				
1	姓名	字符型	8				否
2	性别	字符型	2				否
3	班级	字符型	10				否
4	学号	字符型	12				否
5	籍贯	字符型	6				否
6	出生年月	日期型	8				否
7	入学成绩	数值型	4				否
8	专业	字符型	10				否
9	简历	备注型	4				否
10	相片	通用型	4				否
** 总计 **			69				

4.2 表记录的基本操作

4.2.1 表的打开和关闭

1. 打开表

要使用表，就要首先打开表。打开表通常有以下几种方法。

- 在项目管理器中选定要打开的表，然后选择"浏览"按钮在"浏览"窗口中打开该表。
- 从"文件"菜单中选择"打开"，然后在"打开"对话框中选择要打开的表将其打开。
- 在"数据工作期"对话框中打开（详见"使用多个工作区"）。
- 用 USE 命令打开表。USE 命令用于打开表文件和相应的索引文件，并关闭此前已打开的表文件及相应的索引文件。如只输入 USE，表示关闭当前工作区文件和相应的索引文件。

  USE 学生信息 EXCLUSIVE   &&以独占方式打开"学生信息.dbf"表文件
  USE   &&关闭表
  USE 学生信息 SHARED   &&以共享方式打开"学生信息.dbf"表文件

在 Visual FoxPro 中，可以有多个表同时被打开，但在任一时刻都只能有一个表正在被使用，此表被称为"当前表"。若要修改表结构，表必须以独占方式打开。以共享方式打开的表，不能对其进行修改，执行 MODIFY STRUCTURE 命令时，标题栏中将说明该表文件为"只读"，而"确定"、"插入"、"删除"命令按钮均为灰色，被禁用，如图 4-25 所示。

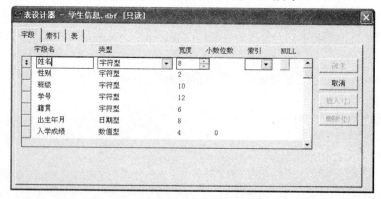

图 4-25 以共享方式打开的表文件的结构

2．关闭表

关闭表文件可以用以下几种方法。

⊙ 在命令窗口中输入不带任何参数的 USE 命令。

⊙ 通过新建或打开另一个表，关闭当前表。

⊙ 在"数据工作期"对话框中关闭。

注意：关闭"浏览"窗口和选择"文件 | 关闭"菜单项只是关闭了"浏览"窗口，并没有关闭相应的数据表文件。

4.2.2 查看表中的数据

表以行和列的格式存储数据，类似于电子表格。为了使用方便，用户可以定制"浏览"窗口及其功能，如改变外观（如行高、列宽，移动列等）、筛选表和限制对字段的访问等。

1．使用"浏览"窗口

查看表中数据最快的方法是使用系统的"浏览"窗口。"浏览"窗口中显示的内容是由一系列可以滚动的行和列组成的。打开"浏览"窗口的方法如下。

❶ 执行"文件 | 打开"命令，出现"打开"对话框。

❷ 在"打开"对话框中选定要查看的表名，单击"确定"按钮。

❸ 执行"显示 | 浏览"命令，打开"浏览"窗口。

在浏览窗口中，可以使用滚动条来回移动，显示表中不同的字段和记录，也可以用箭头键和 Tab 键进行移动查看。如果要查看备注型或通用型字段，可在浏览窗口中双击该字段，在打开的窗口中会显示相应内容。

若要将"浏览"窗口显示为"编辑"方式，则执行"显示 | 编辑"命令。

2．定制"浏览"窗口

用户可以按照不同的需求定制"浏览"窗口，即重新安排列的位置、改变列的宽度、显示或隐藏表格线或把"浏览"窗口分为两个窗格等。

（1）重新安排列

可以重新安排"浏览"窗口中的列，使其按照需要的顺序进行排列，这并不影响表的实际结构。若要在"浏览"窗口中重新安排列，则将鼠标指向列标头区要移动的那一列上，这时鼠标指针变为向下的箭头，将列标头拖到新的位置处即可。或者执行"表 | 移动字段"命令，然后用光标编辑键移动列，按 Enter 键结束移动。

（2）拆分"浏览"窗口

拆分"浏览"窗口可以方便地查看同一表中的两个不同区域，或者同时用"浏览"和"编辑"方式查看同一记录。拆分"浏览"窗口的方法是：

❶ 将鼠标指针指向"浏览"窗口左下角的小黑竖条（即"拆分条"），将"拆分条"拖到所需的位置上，将"浏览"窗口拆分成两个窗格。或者，执行"表 | 调整分区大小"命令，用左右光标编辑键移动"拆分条"，按 Enter 键结束移动。

❷ 在不同的窗格分别设置为"编辑"和"浏览"两种显示方式，即可同时显示两种方式，如图 4-26 所示。

默认情况下，两个窗口是链接关系，如果在一个窗口中对某一记录进行了编辑，另一个窗口中的该记录也会进行相应变化。取消"表"菜单中"链接分区"状态，可以中断两个窗口之间的联系，使它们的功能相对独立。这时，滚动某一个窗口时，不会影响另一个窗口中的显示内容。

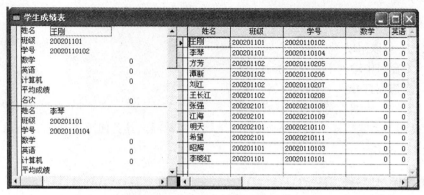

图 4-26 拆分"浏览"窗口

（3）改变列宽和行高

当鼠标指针位于行标头或列标头区的两行或两列的结合点时，鼠标指针将变成上下方向或左右方向的双向箭头，这时拖动鼠标就可改变"浏览"窗口中记录的行高或字段的列宽。或者，先选定一个字段，然后执行"表|调整字段大小"命令，并用光标编辑键调整列宽，最后按 Enter 键结束调整。这种调整不会影响到字段的长度或表的结构。

（4）打开或关闭网格线

执行"显示|网格线"命令可以显示或隐藏"浏览"窗口中的网格线。

3．过滤数据

默认情况下，"浏览"窗口中会显示表中存储的所有记录和字段。当表中存储的数据量很大，字段很多时，想要浏览表中特定的数据就不方便了。这时，可以通过在表中设置过滤器的方法让用户自己定制要显示的记录和字段。

（1）记录过滤

【例 4-7】 浏览"学生信息.dbf"表中专业为"应用化学"的记录。

❶ 打开"学生信息.dbf"表浏览窗口。

❷ 执行"表|属性"命令，打开如图 4-27 所示的"工作区属性"对话框。

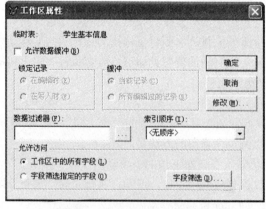

图 4-27 "工作区属性"对话框

❸ 在"数据过滤器"文本框中输入过滤表达式：专业="应用化学"，然后单击"确定"按钮。这时，"学生信息.dbf"表浏览窗口中将只显示专业为"应用化学"的数据记录。

若要恢复显示被过滤的记录，只要在"工作区属性"对话框中删除"数据过滤器"文本框中的表达式即可。

（2）字段筛选

【例4-8】 浏览"学生信息.dbf"表中"应用化学"专业的"姓名"、"班级"、"专业"3个字段。

❶ 在"工作区属性"对话框的"允许访问"框中，选中"字段筛选指定的字段"选项，然后单击"字段筛选"按钮，进入如图4-28所示的"字段选择器"对活框。

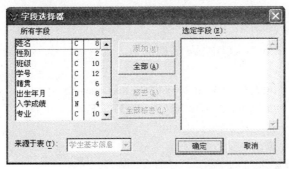

图4-28 "字段选择器"对话框

❷ 在"所有字段"框内选择"姓名"、"班级"、"专业"3个字段，单击"添加"按钮，将这3个字段移入"选定字段"框内。

❸ 单击"确定"按钮，关闭"字段选择器"对话框，再单击"工作区属性"对话框中的"确定"按钮。此时，只显示满足过滤表达式的记录和在"字段选择器"中所选定的字段。若要显示所有字段，在"工作区属性"对话框的"允许访问"框内选中"工作区中的所有字段"。

4．用命令进行查看

（1）BROWSE 命令

功能：打开"浏览"窗口，显示当前或选定表的记录。

用法一：全部显示和可编辑。

【例4-9】 在"浏览"窗口中显示"学生信息.dbf"表的全部内容。

  USE E:\教学管理\学生信息 EXCLUSIVE

  BROWSE

"浏览"窗口中将显示"学生信息.dbf"表的全部内容。

用法二：指定显示字段和指定编辑字段。

在浏览过程中，如果只需要显示表中某几个字段，其他字段不显示，或只允许对某一个字段进行编辑，其他字段只能看，不能修改，则可用 FIELD 或 FREEZE 子句实现。

【例4-10】 在"浏览"窗口中只显示"姓名"、"学号"、"性别"和"专业"4个字段，且只有"专业"字段可以编辑。

  USE E:\教学管理\学生信息 EXCLUSIVE

  BROWSE FIELDS 姓名,学号,性别, _

   专业 FREEZE 专业

    &&冻结字段浏览

该命令中的"FREEZE 专业"表示冻结该字段。在这种浏览方式下，只能编辑修改"专业"字段，而不能修改其他字段，如图4-29所示。

说明：使用 FREEZE 子句只能对1个字段实现这种冻结操作。

图4-29 指定显示字段和指定编辑字段

用法三：条件浏览。

条件浏览是指设置对满足条件的记录进行浏览和编辑，可通过 FOR 和 WHEN 子句实现。

【例 4-11】 在"浏览"窗口中显示"学生信息.DBF"表中所有性别为"女"的数据记录。

    USE E:\教学管理\学生信息 EXCLUSIVE

    BROWSE FOR 性别="女"

（2）LIST/DISPLAY 命令

功能：在 Visual FoxPro 主窗口中显示表的信息。

语法：

    LIST/DISPLAY[FIELDS FieldList][Scope][FOR lExpression1]

    [WHILE lExpression2][OFF][TO PRINTER | TO FILE FileName]

FIELDS FieldList ——指定要显示的字段。

Scope ——指定要显示的记录范围。

OFF ——不显示记录号。

TO PRINTER|TO FILE FileName ——将结果输出到屏幕的同时输出到打印机或文件。

注意：DISPLAY 命令显示当前的一个记录，LIST 显示所有的记录，其功能基本与 DISPLAY ALL 等同；若带有条件或范围子句，则这两条命令的功能基本一致。区别在于 LIST 不分页显示，DISPLAY 要分页显示。

【例 4-12】 在 Visual FoxPro 主窗口中显示"学生信息.dbf"表中所有性别为"女"的数据记录。

    USE E:\教学管理\学生信息 EXCLUSIVE

    LIST FOR 性别="女"   &&连续显示

或

    USE E:\教学管理\学生信息 EXCLUSIVE

    DISPLAY FOR 性别="女"   &&一屏显示不完时，分屏显示

（3）SET FILTER 命令

功能：过滤记录。指定访问当前表中记录时必须满足的条件。

语法：

    SET FILTER TO [lExpression]

lExpression ——指定记录必须满足的条件。

如果要取消记录过滤，只需在命令窗口中输入命令：SET FILTER TO。

【例 4-13】 在"浏览"窗口中显示"学生信息.dbf"表中所有性别为"女"的数据记录。

    USE E:\教学管理\学生信息 EXCLUSIVE

    SET FILTER TO 性别="女"

    BROWSE

（4）SET FIELDS 命令

功能：字段筛选。指定可以访问表中的哪些字段。

语法：

    SET FIELDS TO [[FieldName1 [, FieldName2 ...]] | ALL

TO [[FieldName1 [, FieldName2 ...]] ——指定当前表中可访问的字段的名称。

ALL ——允许访问当前表中的所有字段。

如果要取消字段筛选，只需在命令窗口中输入命令：SET FIELDS TO ALL。

【例 4-14】 在"浏览"窗口中显示"学生信息.dbf"表中所有性别为"女"的"姓名"、"学号"、"专业"数据记录。

    USE E:\教学管理\学生信息 EXCLUSIVE

```
SET FILTER TO 性别="女"
SET FIELDS TO 姓名,学号,专业
BROWSE
```

4.2.3 记录指针的定位

记录指针的定位是将记录指针指向某一个记录，使之成为当前记录。在表的"浏览"窗口中，当前记录前有一个黑三角标志。利用下述记录定位命令与函数，可以了解当前记录指针的位置。

1. 记录定位命令 GO/GOTO

功能： 将记录指针移到指定位置。
语法：

　　GO[TO] TOP | BOTTOM 或 [GO[TO]] nRecordNumber

TOP ——将记录指针定位在表的第 1 个记录上。

BOTTOM ——将记录指针定位在表的最后一个记录上。

nRecordNumber ——指定一个物理记录号，记录指针将移至该记录。

如果记录指针超出最大、最小范围，则系统将提示记录越界。

当表文件中有记录且没有使用索引时，GOTO TOP 和 GOTO 1 是等价的，如果当前文件没有记录，执行 GOTO TOP，系统不会出错，而执行 GOTO 1 系统将报告记录越界。这时 RECNO() 的值仍为 1，而 RECCOUNT()=0。

当表文件中有记录且没有使用索引时，GOTO BOTTOM 和 GOTO RECCOUN()+1 是等价的。对于没有记录的文件，这两个命令则不等价。执行 GOTO BOTTOM 命令，系统不报告记录越界，而执行 GOTO RECCOUNT()+1 系统将报告记录越界。文件头、尾及与 EOF()、BOF() 和 RECNO() 函数的关系，如图 4-30 所示。

图 4-30 文件头、尾及与 EOF()、BOF() 和 RECNO() 函数的关系

【例 4-15】 记录指针定位到"学生信息.dbf"表的 4 号记录并显示该记录。

```
USE E:\教学管理\学生信息 EXCLUSIVE
GO 4
DISPLAY
```

在 Visual FoxPro 主窗口中将显示：

记录号	姓名	性别	班级	学号	籍贯	出生年月	入学成绩	专业	简历	相片
4	潭新	女	200201102	20020110206	北京	06/23/85	605	应用数学	Memo	gen

2. 记录移位命令 SKIP

功能： 使记录指针在表中向前或向后移动。
语法：

　　SKIP[nRecords]

nRecords ——记录指针需要移动的记录数。如果省略 nRecords，则等同于 nRecords 为 1。

如果 nRecords 为正数，则记录指针向文件尾移动 nRecords 个记录。如果 nRecords 为负数，

则记录指针向文件头移动 nRecords 个记录。如果记录指针指向表的最后一个记录，并且执行不带参数的 SKIP 命令，则 RECNO()函数返回值比表中记录总数大 1，EOF()函数返回"真"（.T.）。如果记录指针指向表的第 1 个记录，并且执行 SKIP -1 命令，则 RECNO()函数返回 1，BOF()函数返回"真"（.T.）。

【例 4-16】　在例 4-15 的基础上继续显示 5 号记录。

  SKIP

  DISPLAY

在 Visual FoxPro 主窗口中将显示：

记录号	姓名	性别	班级	学号	籍贯	出生年月	入学成绩	专业	简历	相片
5	刘江	男	200201102	20020110207	河南	02/08/85	578	应用化学	Memo	gen

在命令窗口中输入如下命令，注意观察返回值。

GO 1	&&将记录指针定位在表的第 1 个记录上
?RECNO()	&&显示：1
?BOF()	&&显示：.F.
SKIP -1	&&记录指针向文件头移动 1 个记录
?BOF()	&&显示：.T.
GO BOTTOM	&&将记录指针定位在表的最后 1 个记录上
?RECNO()	&&显示：12
?EOF()	&&显示：.F.
SKIP	&&记录指针向文件尾移动 1 个记录
?EOF()	&&显示：.T.

3. 记录定位命令 LOCATE/CONTINUE

功能：按顺序搜索表，定位到满足指定逻辑表达式的第 1 个记录。

语法：

  LOCATE FOR lExpression1 [Scope] [WHILE]

FOR lExpression1 ——LOCATE 按顺序搜索当前表以找到满足逻辑表达式 lExpression1 的第 1 个记录。

Scope ——指定要定位的记录范围，只有范围内的记录才被定位。Scope 子句有 ALL、NEXT <N>、RECORD <N>和 REST。LOCATE 的默认范围是所有记录（ALL）。

若 LOCATE 发现一个满足条件的记录，可使用 RECNO()返回该记录号，FOUND()返回"真"（.T.）。执行 CONTINUE 时，搜索从满足条件的记录的下一个记录开始继续执行。若找不到满足条件的记录，则 RECNO()返回表中的记录数加 1，FOUND()返回"假"（.F.），EOF()返回"真"（.T.）。

【例 4-17】　用 LOCATE/CONTINUE 命令搜索"学生信息.dbf"表中入学成绩>600 的记录。

LOCATE ALl FOR 入学成绩>600	
DISPLAY	&&主窗口中显示第 3 号记录
CONTINUE	&&继续搜索
DISPLAY	&&主窗口中显示第 4 号记录
CONTINUE	&&继续搜索
DISPLAY	&&主窗口中显示第 9 号记录

【例 4-18】　用 LOCATE 命令搜索"学生信息.dbf"中姓名为"李琴"的记录，用 IIF()函数显示查询成功与否的结果。

USE 学生信息	
LOCATE FOR 姓名="李琴"	&&查找定位命令
?IIF(FOUND(),籍贯, "查无此人")	&&若找到，FOUND()取真值，返回此人的籍贯

江苏　　　　　　　　　　　&&籍贯为江苏
LOCATE FOR 姓名="张琴"　　&&查找定位
? IIF(FOUND(),籍贯,"查无此人")　&&未找到，found()取假值，返回"查无此人"字符串

【例 4-19】　在"学生信息.dbf"文件中查找"姓名"为"希望"的学生籍贯。
USE 学生信息
LOCATE FOR 姓名="希望"
?FOUND(),籍贯
.T.　北京

4．用菜单命令定位

利用"编辑丨查找"或"表丨转到记录丨记录号"等命令可以进行指针定位。

【例 4-20】　利用"编辑丨查找"命令搜索"学生信息.dbf"表中学号为 20020210111 的记录。

❶ 在"浏览"窗口中打开"学生信息.dbf"表。

❷ 执行"编辑丨查找"命令，打开如图 4-31 所示的"查找"对话框。

❸ 在"查找"对话框的"查找"文本框中输入要查找的内容 20020210111。

❹ 单击"查找下一个"按钮，当找到第 1 个要查找的内容时，就把该记录置为当前记录。可以多次使用"查找下一个"按钮，进行查找，直到状态栏中显示"没有找到"的信息为止。

【例 4-21】　利用"表丨转到记录丨定位"命令搜索"学生信息.dbf"表中学号为 20020210111 的记录。

❶ 在"浏览"窗口中打开"学生信息"表。

❷ 执行"表丨转到记录丨定位"命令，打开如图 4-32 所示的"定位记录"对话框。

❸ 在对话框的"For"文本框中输入要查找记录满足的条件：学号="20020210111"。

❹ 单击"定位"按钮，当找到第 1 个符合条件的记录时，就把该记录置为当前记录。

　　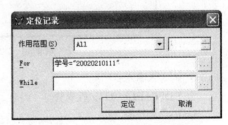

图 4-31　"查找"对话框　　　　　图 4-32　"定位记录"对话框

4.2.4　记录的插入和追加

1．INSERT 命令

功能：针对当前记录指针的位置，在表中当前记录的前面或后面插入一个新的记录。

语法：

INSERT[BLANK][BEFORE]

BLANK ——在当前记录的后面插入一个新的记录。

BEFORE ——在当前记录的前面插入一个新的记录，若省略该子句，则在当前记录的后面插入一个新的记录。

2．APPEND 命令

功能：在表的末尾添加一个或多个新的记录。

语法：

    APPEND[BLANK]

BLANK ——在当前表的末尾添加一个空记录，使用 APPEND BLANK 命令时不打开编辑窗口。

APPEND 命令是一条交互命令，其功能等同于执行"显示 | 追加方式"菜单命令。

3. APPEND FROM 命令

功能： 从一个文件中读入记录，追加到当前表的尾部。

语法：

    APPEND FROM FileName ｜ ?[FIELDS FieldList][FOR lExpression][[TYPE] [DELIMITED

      [WITH Delimiter ｜ WITH BLANK ｜ WITH TAB ｜ WITH CHARACTER Delimiter] ｜ SDF ｜ XLS]]

FileName ——指定从哪个文件中读入记录。如果文件名不包括扩展名，则将文件扩展名默认为 .dbf。

FIELDS FieldList ——指定添加哪些字段数据。

FOR lExpression ——为当前选定表中每一条件为"真"的记录追加新记录，直至达到当前选定表的末尾。

TYPE ——指定源文件类型。不含 TYPE 子句时，源文件的类型是表；若源文件是 Excel 文件，则 TYPE 子句中取 XLS；若源文件是文本文件，则 TYPE 子句中取 SDF 或 DELIMITED。

【例 4-22】 将如图 4-33 所示的文件"stud.xls"中的数据追加到"学生信息.dbf"末尾。

图 4-33 "stud.xls"中的数据

在命令窗口中输入：

    SET DEFAULT TO E:\教学管理   &&设置默认路径为 E:\教学管理

    USE 学生信息   &&打开"学生信息.dbf"表文件

    APPEND FROM STUD TYPE XLS

            &&将"stud.xls"中的数据追加到"学生信息.dbf"的末尾

    BROWSE   &&打开"浏览"窗口

"stud.xls"中的数据追加到了"学生信息.dbf"的末尾，如图 4-34 所示。

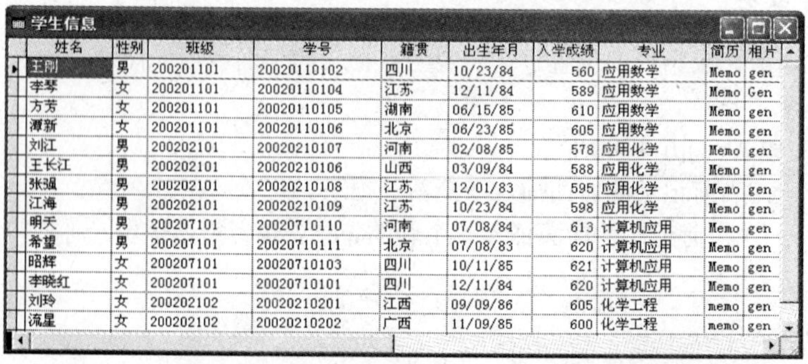

图 4-34 "stud.xls"中的数据追加到"学生信息.dbf"的末尾

4．APPEND FROM ARRAY 命令

功能：对应数组中的每一行，追加一个记录到当前选定表中，并从相应的数组行中取出数据到记录中。备注字段和通用字段将被忽略。

语法：

APPEND FROM ARRAY ArrayName[FOR lExpression][FIELDS FieldList]

ArrayName ——可以是一维或二维数组，数组的行数就是要追加新记录的个数，数组包含要复制到新记录中的数据。命令将把数组中的所有行都追加到表中。

FIELDS FieldList ——指定只有 FieldList 中的字段才从数组进行更新。FieldList 中的第 1 个字段用数组第 1 个元素的内容更新，第 2 个字段用第 2 个元素更新，依此类推。

如果一维数组元素的个数多于表的字段数，将忽略多余的元素；如果表字段数多于数组元素的个数，多余的字段将初始化为默认的空值。

当指定数组为二维数组，则为数组中的每一行在表中添加一个新记录。

【例 4-23】 在例 4-22 的基础上将数组 A 中的记录追加到"学生信息.dbf"的末尾。

```
DIMENSION A(10)                    &&定义一个一维数组
A(1)="刘宏"                         &&给数组赋值
A(2)="男"
A(3)="200202102"
A(4)="20020210203"
A(5)="湖北"
A(6)={^1985-07-05}
A(7)=612
A(8)="化学工程"
APPEND FROM ARRAY A                &&将 A 数组中的记录追加到"学生信息"表中
BROWSE                             &&打开"浏览"窗口
```

这时，在"浏览"窗口中可以看到 A 数组中内容追加到了"学生信息.dbf"的末尾。

5．APPEND GENERAL 命令

功能：从文件中导入 OLE 对象，将其放入通用型字段中。

语法：

APPEND GENERAL GeneralFieldName [FROM FileName][DATA cExpression]
                              [LINK][CLASS OLEClassName]

GeneralFieldName ——指定放置 OLE 对象的通用字段名。

FROM FileName ——指定包含 OLE 对象的文件，必须给出文件全名，包括扩展名。

LINK ——建立 OLE 对象和包含对象的文件间的链接。

CLASS OLEClassName ——为 OLE 对象指定具体的 OLE 类。

【例 4-24】 在例 4-23 的基础上，将"E:\教学管理"目录下的文件"FOX.bmp"复制到"学生信息.dbf"的最后一个记录的"相片"字段中。

将记录指针定位到最后一个记录上，在命令窗口中输入：

```
APPEND GENERAL 相片 FROM FOX.bmp    &&将 FOX.bmp 的内容复制到"相片"字段中
BROWSE                             &&打开"浏览"窗口
```

这时，在"浏览"窗口中可以看到最后一个记录的"相片"字段的"gen"变成了"Gen"，双击该字段，可以看到"FOX.bmp"的图像。

6．APPEND MEMO 命令

功能：将文本文件的内容复制到备注型字段中。

语法：

APPEND MEMO MemoFieldName FROM FileName [OVERWRITE]

MemoFieldName ——指定备注字段名，文件内容将追加到此备注字段中。

FROM FileName ——指定文本文件，其内容将复制到备注字段中。此参数必须包括完整的文本文件名，包括扩展名。

OVERWRITE ——用文件的内容替换备注字段当前的内容。

如果忽略 OVERWRITE，文本文件的内容将追加到当前记录的指定备注字段中。

【例 4-25】 在例 4-24 的基础上，将"E:\教学管理"目录下的文件"FOX.txt"复制到"学生信息.dbf"的最后一个记录的"简历"字段中。

将记录指针定位到最后一个记录上，在命令窗口中输入：

APPEND MEMO 简历 FROM FOX.txt &&将 FOX.txt 的内容复制到"相片"字段中
BROWSE &&打开"浏览"窗口

这时，在"浏览"窗口中可以看到最后一个记录的"简历"字段的"memo"变成了"Memo"，双击该字段，可以看到"FOX.txt"中的内容。

4.2.5 记录的删除与恢复

删除记录一般分为两步：首先对要删除的记录作删除标记（即逻辑删除），再将已作标记的记录彻底删除（即物理删除）。

1. 记录的逻辑删除命令 DELETE

功能：给要删除的记录做标记。

语法：

DELETE [Scope] [FOR lExpression1] [WHILE lExpression2]

Scope ——指定要做删除标记的记录范围。该命令的默认范围是当前记录。

有删除标记的记录在使用 PACK 命令之前并不从表上做物理删除，这种记录可以用 RECALL 命令恢复。

在"浏览"窗口中，每个记录前的矩形块就是该记录的删除标记条，该矩形块变黑，意味着该个记录做了删除标记。在"浏览"窗口中，只要单击记录前的删除标记条使其变黑，就给该记录加上了删除标记。当给少量记录做删除标记时，可以用这种方法；要给大量记录做删除标记可用命令来实现。对于做了删除标记的记录，记录仍然保存在表中，但系统的很多默认操作就不能对其进行了。

【例 4-26】 给"E:\教学管理"目录下的"学生信息.dbf"中的"女生"记录做删除标记。

USE E:\教学管理\学生信息.DBF EXCLUSIVE
DELETE FOR 性别="女"
BROWSE

这时，在"浏览"窗口中可以看到，所有女生记录都做了删除标记，如图 4-35 所示。

上述命令也可以通过执行"表 | 删除记录"命令来实现。

2. SET DELETE 命令

功能：指定 Visual FoxPro 是否处理标有删除标记的记录，以及其他命令是否可以对它们进行操作。

语法：

SET DELETED ON | OFF

姓名	性别	班级	学号	籍贯	出生年月	入学成绩	专业	简历	相片
王刚	男	200201101	20020110102	四川	10/23/84	560	应用数学	Memo	gen
李琴	女	200201101	20020110104	江苏	12/11/84	589	应用数学	Memo	Gen
方芳	女	200201101	20020110105	湖南	06/15/85	610	应用数学	Memo	gen
潭新	女	200201101	20020110106	北京	06/23/85	605	应用数学	Memo	gen
刘江	男	200202101	20020210107	河南	02/08/85	578	应用化学	Memo	gen
王长江	男	200202101	20020210106	山西	03/09/84	588	应用化学	Memo	gen
张强	男	200202101	20020210108	江苏	12/01/83	595	应用化学	Memo	gen
江海	男	200202101	20020210109	江苏	10/23/84	598	应用化学	Memo	gen
明天	男	200207101	20020710110	河南	07/08/84	613	计算机应用	Memo	gen
希望	男	200207101	20020710111	北京	07/08/83	620	计算机应用	Memo	gen
昭辉	女	200207101	20020710103	四川	10/11/85	621	计算机应用	Memo	gen
李晓红	女	200207101	20020710104	四川	12/11/84	620	计算机应用	Memo	gen
刘玲	女	200202102	20020210201	江西	09/09/86	605	化学工程	memo	gen
流星	女	200202102	20020210202	广西	11/09/85	600	化学工程	memo	gen
刘宏	男	200202102	20020210203	湖北	07/05/85	601	化学工程	Memo	Gen

图 4-35　做了删除标记的女生记录

ON ——使用范围子句处理记录的命令忽略标有删除标记的记录。

OFF ——使用范围子句处理记录的命令可以访问标有删除标记的记录。

3．物理删除记录的命令 PACK

功能：物理删除标有删除标记的记录。

语法：

　　PACK [MEMO][DBF]

MEMO ——将带有 MEMO 字段的信息删除。

DBF ——删除表中有删除标记的记录，但不影响备注文件。

PACK 命令需要以独占方式使用表。使用 PACK 命令后，不可能再恢复已删除的记录，因此要慎用该命令。

该命令的执行也可以用"表｜彻底删除"命令来实现，在弹出的"移去已删除记录"对话框中单击"是"按钮，就可将记录从表中彻底删除。

4．记录清除命令 ZAP

功能：从表中删除所有记录，只留下表的结构。

语法：

　　ZAP

ZAP 命令等价于 DELETE ALL 和 PACK 联用，但 ZAP 速度更快。使用 ZAP 命令从当前表中删除的记录不可恢复。

5．记录恢复命令 RECALL

功能：恢复所选表中带有删除标记的记录。

语法：

　　RECALL [Scope] [FOR lExpression1] [WHILE lExpression2]

RECALL 命令默认的范围是当前记录。给记录做删除标记并不等于物理删除了记录，在执行 PACK 之前，它们仍然在磁盘上。该命令用于撤销删除标记，恢复原来的状态。

在"浏览"窗口中，用鼠标单击记录前面的删除标记，使其恢复为原来的状态，这样就取消了删除标记。

该命令等同于执行"表｜恢复记录"命令。

【例 4-27】 恢复例 4-26 中做删除标记的记录。

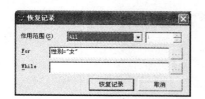

图 4-36 "恢复记录"对话框

RECALL ALL FOR 性别="女"

或者，打开"学生信息.dbf"表的"浏览"窗口，执行"表 | 恢复记录"命令，出现"恢复记录"对话框，在"作用范围"框中选择"All"，在"For"文本框中输入要恢复记录的条件，如图 4-36 所示。

4.2.6 表数据的替换

1. 成批修改表数据命令 REPLACE

功能：替换表中记录的内容。

语法：

REPLACE FieldName1 WITH eExpression1 [ADDITIVE]

[,FieldName2 WITH eExpression2 [ADDITIVE]]...[Scope] [FOR lExpression1] [WHILE lExpression2]

FieldName1 WITH eExpression1 [, FieldName2 WITH eExpression2 ...] ——指定用表达式 eExpression1 的值来代替 FieldName1 字段中的数据，用表达式 eExpression2 的值来代替 FieldName2 字段中的数据，依此类推。

Scope ——指定要替换内容的记录范围。REPLACE 的默认范围是当前记录。

ADDITIVE ——把对备注字段的替换内容追加到备注字段的后面，并且只对替换备注字段有用。如果省略 ADDITIVE，则用表达式的值改写备注字段原有的内容。

【例 4-28】 对于"学生成绩表.dbf"中所有"数学"成绩小于 60 的"数学"字段加 5，平均成绩用(数学+英语+计算机)/3 替换。

```
USE E:\教学管理\学生成绩表.dbf  EXCLUSIVE
BROWSE
REPLACE  数学  WITH  数学+5 ALL FOR  数学<60
REPLACE  平均成绩  WITH (数学+英语+计算机)/3 ALL
```

2. 表数据复制到数组 COPY TO ARRAY

功能：将当前选定表中的数据复制到数组，不复制备注字段。

语法：

COPY TO ARRAY ArrayName [FIELDS FieldList][Scope][FOR lExpression1] [WHILE lExpression2]

ArrayName ——将当前选定表中的数据复制到该数组中。若命令中指定的数组不存在，Visual FoxPro 会自动建立它。

FIELDS FieldList ——指定只将由 FieldList 指定的字段复制到数组。若省略 FIELDS FieldList，只要数组有足够的列，则复制所有字段到数组。

Scope ——指定要复制到数组中的记录范围。该命令的默认范围是 ALL。

要将单个记录复制到数组，可指定一维数组。指定的一维数组的元素数目必须与表中字段的数目相同，但不包括备注字段。记录的第 1 个字段存储到数组的第 1 个元素，第 2 个字段存储到数组的第 2 个元素，依次类推。若一维数组的元素数目比表中字段的数目多，则多余元素保持不变；若数组元素比表中字段少，则忽略多余字段。

要将多个记录或整个表复制到数组，则指定一个二维数组。数组的行数就是数组能容纳的记录数，数组的列数就是数组能容纳的字段数。每个记录存入数组的一行，记录的每个字段存入数组的一列。对每个记录，第 1 个字段存储在数组的第 1 列，第 2 个字段存储在数组的第 2 列，依次类推。

使用该命令时，命令中的数组可以不预先定义。如果预先定义了，执行该命令时，该命令不再调整其大小。否则，该命令将根据具体情况，自行定义数组的维数及其大小。

【例 4-29】 将"学生成绩表.dbf"中"数学"字段的数据复制到一维数组 B 中。

```
USE E:\教学管理\学生成绩表.DBF EXCLUSIVE
DIMENSION B(12)                    &&如果不定义数组 B，Visual FoxPro 默认 B 为二维数组
COPY TO ARRAY B FIELDS  数学       &&将"数学"字段的内容复制到一维数组 B 中
LIST MEMORY LIKE B                 &&显示 B 数组
```

B	Pub	A
(1)	N 70	(70.00000000)
(2)	N 78	(78.00000000)
(3)	N 67	(67.00000000)
(4)	N 63	(63.00000000)
(5)	N 69	(69.00000000)
(6)	N 90	(90.00000000)
(7)	N 80	(80.00000000)
(8)	N 79	(79.00000000)
(9)	N 88	(88.00000000)
(10)	N 64	(64.00000000)
(11)	N 67	(67.00000000)
(12)	N 95	(95.00000000)

3. 数组数据传送到记录命令 GATHER

功能：将当前选定表中当前记录的数据替换为某个数组、变量组或对象中的数据。

语法：

GATHER FROM ArrayName ｜ MEMVAR ｜ NAME ObjectName[FIELDS FieldList ｜ [MEMO]

ArrayName ——指定一个数组，用该数组的数据替换当前记录中的数据。从数组的第 1 个元素起，各元素的内容依次替换记录中相应字段的内容。

MEMVAR ——指定一组变量或数组，把其中的数据复制到当前记录中。变量的数据将传送给与此变量同名的字段。如果没有与某个字段同名的属性，则此字段的内容不做替换。

FIELDS FieldList ——指定用数组元素或变量的内容替换其内容的字段。只替换在 FieldList 中指定字段的内容。

MEMO ——指定用数组元素或变量的内容替换备注字段的内容。

【例 4-30】 将"学生成绩表.dbf"中第 9 个记录的"英语"字段用 78 替换。

```
A=78
GO 9                               &&将指针定位到第 9 个记录
GATIIER FROM A FIELDS 英语         &&用变量 A 中的数据替换当前记录中"英语"字段的内容
```

4. 记录传送到数组或内存变量命令 SCATTER

功能：把数据从当前记录复制到一组变量或数组中。

语法：

SCATTER [FIELDS FieldNameList] [MEMO]TO ArrayName[BLANK] ｜ MEMVAR [BLANK]

FIELDS FieldNameList ——指定字段，将其内容传送到变量或数组中。如果省略 FIELDS FieldNameList，则传送所有字段。

MEMO ——指定字段列表中包含了备注字段。默认情况下，SCATTER 不处理备注字段。

TO ArrayName ——指定接受记录内容的数组。从第 1 个字段起，SCATTER 按顺序将每一个字段的内容复制到数组的每个元素中。

MEMVAR ——把数据传送到一组变量而不是数组中。SCATTER 为表中每个字段创建一个变量，并把当前记录中各个字段的内容复制到对应的变量中。新创建的变量与对应字段具有相同的名称、大小和数据类型。

【例 4-31】 将"学生成绩表.dbf"中第 9 个记录的内容复制到一维数组 A 中。

```
DIMENSION A(8)
GO 9
SCATTER TO A
LIST MEMORY LIKE A
```

屏幕上将显示"学生成绩表.dbf"中第 9 个记录的内容。

4.3 表数据的排序与索引

在向新建的表输入数据时，表中记录的顺序是按照输入的先后次序排列的。在 Visual FoxPro 中可以用两种方法重新排列记录的顺序，一种是排序，另一种是索引。

排序就是从物理上重新组织指定记录排列的先后顺序并生成新的表文件；索引不从物理上重新组织表文件，而是按照表中某关键字值来建立原数据文件的索引文件，从而达到在使用中将记录按顺序排列的目的。表索引是索引表达式的值与记录号的一种对应关系，索引中不包括表记录的内容，因此不占用过多的磁盘空间。每一个索引代表一种处理记录的顺序。

4.3.1 排序

排序又称为分类，即按照表中某些字段值的大小将记录的顺序重新排列，这些字段被称为关键字。Visual FoxPro 有两种排序方式：升序和降序。升序是按关键字值由小到大排列记录的顺序，而降序是按关键字值由大到小排列记录的顺序。用户可以对除逻辑型、通用型和备注型以外的字段进行排序。排序后将产生一个新表，其记录按新的顺序排列，而原表的顺序不变。排序的命令格式如下：

```
SORT TO TableName ON FieldName1 [/A | /D] [/C][, FieldName2 [/A | /D] [/C] ...]
[ASCENDING | DESCENDING][Scope] [FOR lExpression1] [WHILE lExpression2]
[FIELDS FieldNameList]
```

TableName ——指定排序后生成的表名。

ON FieldName1 [/A | /D] [/C][, FieldName2 [/A | /D] [/C] ...] ——依次指定排序关键字段。/A 为字段指定升序（默认情况按升序排序），/D 指定降序。默认情况下，字符型字段的排序顺序区分大小写，/C 则忽略大小写。/C 可与/A 或/D 组合使用，如/AC 或/DC。

ASCENDING | DESCENDING ——全部字段按升序或降序排列。

Scope ——指定需要排序的范围，默认值为 ALL。

FIELDS FieldNameList ——指定排序后生成的表中应包括的字段。

排序可以指定一个关键字，也可以指定多个关键字。在指定多个关键字时，首先按第 1 关键字排序，如果多个值相同则按第 2 关键字值排序，依此类推。

【例 4-32】 将"学生成绩表.dbf"中的记录按照"平均分"降序排列。如果平均分相同则按学号降序排列，并将结果存放在"学生成绩表排序.dbf"中。

SET DEFAULT TO E:\教学管理
USE E:\教学管理\学生成绩表.dbf EXCLUSIVE
LIST　姓名, 学号, 数学, 英语, 计算机, 平均成绩

主窗口中显示:

记录号	姓名	学号	数学	英语	计算机	平均成绩
1	王刚	20020110102	70	89	90	83.0
2	李琴	20020110104	78	80	87	81.7
3	方芳	20020110205	67	79	66	70.7
4	潭新	20020110206	63	59	60	60.7
5	刘江	20020110207	69	66	65	66.7
6	王长江	20020110208	90	88	89	89.0
7	张强	20020210108	80	89	90	86.3
8	江海	20020210109	79	60	78	72.3
9	明天	20020210110	88	78	80	82.0
10	希望	20020210111	64	60	58	60.7
11	昭辉	20020110103	67	60	62	63.0
12	李晓红	20020110101	95	89	92	92.0

在命令窗口中继续输入:
SORT TO　学生成绩表排序　ON　平均成绩/D, 学号/D
USE　E:\教学管理\学生成绩表排序.dbf EXCLUSIVE
LIST 姓名, 学号, 数学, 英语, 计算机, 平均成绩

主窗口中显示:

记录号	姓名	学号	数学	英语	计算机	平均成绩
1	李晓红	20020110101	95	89	92	92.0
2	王长江	20020110208	90	88	89	89.0
3	张强	20020210108	80	89	90	86.3
4	王刚	20020110102	70	89	90	83.0
5	明天	20020210110	88	78	80	82.0
6	李琴	20020110104	78	80	87	81.7
7	江海	20020210109	79	60	78	72.3
8	方芳	20020110205	67	79	66	70.7
9	刘江	20020110207	69	66	65	66.7
10	昭辉	20020110103	67	60	62	63.0
11	希望	20020210111	64	60	58	60.7
12	潭新	20020110206	63	59	60	60.7

4.3.2　索引

由前述可知, 排序将产生新的排序文件。有时, 一个数据记录的变化, 也要因此重新对其进行排序, 从而造成大量的数据冗余。表索引与书的索引相类似, 它是一个记录号的列表, 它指向待处理的记录, 并确定记录的处理顺序, 表索引存储一组记录指针。索引不改变表中存储数据的顺序, 只改变 Visual FoxPro 读取记录的顺序。利用索引进行排序, 既加快了查找速度, 还减少了数据冗余。

1. 索引文件的类型

索引文件是一个只包含两列的简单表：被索引字段表达式的值及含有该值的每个记录在原表中的位置。索引文件按其含有的索引条目的多少分成两类：独立索引文件和复合索引文件。独立索引文件的扩展名是 .idx，这种索引文件只有一个索引关键字表达式，即只有一个索引条目；复合索引文件的扩展名是 .cdx，复合索引文件包含多个索引关键字，这些索引关键字用不同的索引标识加以区分。复合索引文件也有两种：结构复合索引文件，非结构复合索引文件。

注意：独立索引文件的主文件名不能和相关表同名，而且该文件不随表的打开而自动打开。

如果在建立复合索引文件时省略索引文件名，系统将自动取表名为其索引文件名，而其扩展名为 .cdx，这种复合索引文件称为结构复合索引文件。它建成后随与它同名（文件扩展名不同）的表打开时自动打开，关闭时自动关闭。当在表中进行添加、修改和删除时，系统会自动对该索引文件中的全部索引序列进行维护。在 Visual FoxPro 中，使用表设计器建立索引时，其所建的索引都是复合索引文件。

非结构复合索引文件包含多个索引序列，扩展名为 .cdx。它是另行建立的，必须用命令打开，只有在该索引文件打开时，系统才能维护其中的索引序列。非结构复合索引文件可以看做是多个 .idx 文件的组合，实际上 .idx 文件是可以加入到该类文件中的。

2. 索引的类型

在 Visual FoxPro 中共有 4 种索引类型：主索引、候选索引、普通索引和唯一索引。

（1）主索引

主索引可确保字段中输入值的唯一性，并决定了处理记录的顺序。可以为数据库中的每一个表建立一个主索引。一个表只能建立一个主索引，如果某个表已经有了一个主索引，可以继续添加候选索引。

如果在任何已含有重复数据的字段中指定主索引，则 Visual FoxPro 将产生出错信息。

（2）候选索引

候选索引像主索引一样要求字段值的唯一性，并决定了处理记录的顺序。在数据库表和自由表中均可为每个表建立多个候选索引。因为候选索引禁止重复值，因此它们在表中有资格被选做主索引，即主索引的"候选项"。

（3）普通索引

普通索引也可以决定记录的处理顺序，但是允许字段中出现重复值。在一个表中可以加入多个普通索引。可用普通索引进行表中记录的排序或搜索。

（4）唯一索引

为了保持同早期版本的兼容性，还可以建立一个唯一索引，以指定字段的首次出现值为基础，选定一组记录，并对记录进行排序。如果想用这种方法选定字段，也许建立一个查询或视图会更好些。

唯一索引无法防止重复值记录的建立。但在唯一索引中，系统只在索引序列中保存第 1 次出现的索引值，即只能找到同一个索引关键值第 1 次出现时的记录。对于重复值的其他记录，尽管它们仍然保留在表中，但在唯一索引文件中却没有包括它们。

4.3.3 建立索引

通过建立和使用索引，可以提高完成某些重复性任务的工作效率，例如对表中的记录排序，以及建立表之间的关系等。根据所建索引类型的不同，可以完成不同的任务。

建立索引可以使用"表设计器"的"索引"选项卡，也可以使用命令。

1．使用"表设计器"建立索引

（1）建立单字段索引

使用"表设计器"建立索引的步骤如下。

❶ 从"文件"菜单中执行"打开"命令，在"打开"对话框中选定要打开的表，例如，打开"学生信息.dbf"表。

❷ 执行"显示 | 表设计器"命令，打开"表设计器"，表结构显示在其中。

❸ 选择"索引"选项卡。在"索引"选项卡中输入"索引名"、选择索引"类型"、设置索引"表达式"以及改变排序的方式（"升序"或"降序"），如图 4-37 所示。

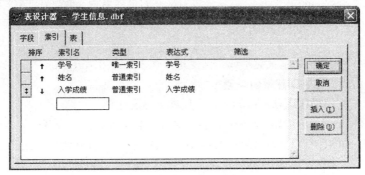

图 4-37　"索引"选项卡

在图 4-37 的"索引"选项卡中，将"学号"字段作为唯一索引的关键字，"姓名"、"入学成绩"分别为普通索引的关键字，"学号"和"姓名"的排序方式为"升序"，"入学成绩"的排序方式为"降序"。

在这里，进行的设置是索引关键字的标识和索引字段的名称相同。索引标识也可以与字段名不相同，只要在"索引"选项卡中的"索引名"框中输入不同的名称即可。索引名只能是以字母或汉字开头且不超过 10 个字符的字符串。

❹ 创建完索引之后，单击"确定"按钮，并在询问"是否保存对表的修改"的消息框中单击"是"按钮。这时 Visual FoxPro 保存对表所建的索引并关闭"表设计器"窗口。

（2）建立多字段索引

图 4-37 中建立的是单字段索引，若要建立多字段索引，就要在图 4-37"索引"选项卡的"表达式"框中输入包含多个字段的表达式，或单击表达式右侧的"　"按钮打开"表达式生成器"来建立索引表达式。

计算字段的顺序与它们在表达式中出现的顺序相同。如果用多个 N 型字段建立索引表达式，索引将按照字段值的和，而不是按字段值本身对记录进行排序。

字段表达式中的字段必须具有相同类型。若组成表达式的字段具有不同类型，则必须使用函数对字段进行类型转换。一般是将相应的字段转换成 C 型表达式，即在非 C 型字段前加上 STR()，将其转换为 C 型字段。用"+"号建立 C 型字段的索引表达式。例如，要按照专业、出生年月、入学成绩的顺序对记录进行排序，可以用下面的索引表达式：

专业+DTOC(出生年月)+STR(入学成绩,3)

注意：STR()函数可将 N 型数据转换为 C 型数据，DTOC()函数可以把 D 型数据转换为 C 型数据。

2．使用 INDEX 命令建立索引

功能：创建一个索引文件，利用该文件可以按照某种逻辑顺序显示和访问表记录。

语法：

> INDEX ON eExpression TO IDXFileName | TAG TagName [OF CDXFileName]
> [FOR lExpression][COMPACT][ASCENDING | DESCENDING]
> [UNIQUE][ADDITIVE]

eExpression ——指定一个索引表达式，该表达式中可以包含当前表中的字段名。它是记录排序的主要依据。

TO IDXFileName ——指定生成单索引文件，索引文件的默认扩展名为 .idx。

TAG TagName [OF CDXFiieName] ——指定生成复合索引文件。在复合索引文件中可包含多个索引条目，需用 TagName 识别它们。复合索引文件的扩展名为 .cdx。在 TAG TagName 参数中不包含可选的 OF CDXFileName 子句，便可创建结构复合索引文件。结构复合索引文件的索引名与表名相同，并且自动与表同时打开。

FOR lExpression ——指定只显示或访问满足条件表达式 lExpression 的记录，索引文件只为那些满足条件表达式的记录创建索引关键字。

COMPACT ——使用该选项可以创建一个压缩的 .idx 文件。

ASCENDING | DESCENDING ——指定 .cdx 或 .idx 文件为升序或降序。在创建 .idx 文件时不能包含 DESCENDING 参数，但可以用 SET INDEX 或 SET ORDER 命令将 .idx 文件指定为降序。

UNIQUE ——用于只将索引表达式值相同的首记录放入索引文件。

ADDITIVE ——使所有先前已打开的索引文件保持打开状态。省略该选项，在用 INDEX 命令创建索引文件或表时，将关闭所有先前已打开的索引文件。

【例 4-33】 以"平均成绩"作为索引表达式，建立"学生成绩表.dbf"文件的压缩独立索引文件，并显示排序记录。

```
SET DEFAULT TO E:\教学管理
USE 学生成绩表
INDEX ON 平均成绩 TO 学生成绩表 COMPACT      &&建立"平均成绩"升序排列的索引文件
LIST  姓名，学号，数学，英语，计算机，平均成绩    &&记录已按"平均成绩"升序排列
```

记录号	姓名	学号	数学	英语	计算机	平均成绩
4	潭新	20020110206	63	59	60	60.7
10	希望	20020210111	64	60	58	60.7
11	昭辉	20020110103	67	60	62	63.0
5	刘江	20020110207	69	66	65	66.7
3	方芳	20020110205	67	79	66	70.7
8	江海	20020210109	79	60	78	72.3
2	李琴	20020110104	78	80	87	81.7
9	明天	20020210110	88	78	80	82.0
1	王刚	20020110102	70	89	90	83.0
7	张强	20020210108	80	89	90	86.3
6	王长江	20020110208	90	88	89	89.0
12	李晓红	20020110101	95	89	92	92.0

4.3.4 使用索引

1. 用索引对记录排序

表的索引建好后，就可以用来为记录排序。用索引对记录排序的步骤为：

❶ 执行"文件｜打开"命令，从"打开"对话框中选择已建好索引的表。

❷ 执行"显示｜浏览"命令，打开"浏览"窗口。

❸ 执行"表｜属性"命令，打开"工作区属性"对话框。

❹ 在对话框中的"索引顺序"下拉列表框中选择要用的索引，如图 4-38 所示。图中选择按"入学成绩"的索引顺序排序。

❺ 单击"确定"按钮。这时，显示在"浏览"窗口中的表将按照索引指定的"入学成绩"降序排列记录。

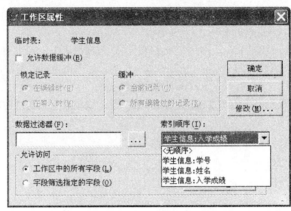

图 4-38　"工作区属性"对话框

2．打开和关闭索引文件

索引文件和表文件一样，必须打开后才能使用。打开索引文件有两种方法：用 INDEX 命令在建立索引文件的同时打开该索引文件，或者用 USE 或 SET INDEX TO 命令打开索引文件。

（1）用 USE 命令打开索引文件

功能： 打开一个表及其相关索引文件，或打开一个 SQL 视图。

语法：

> USE [TableName｜SQLViewName｜?][IN nWorkArea｜cTableAlias][AGAIN]
>
> [INDEX IndexFileList｜?[ORDER [nIndexNumber｜IDXFileName[TAG]
>
> TagName [OF CDXFileName][ASCENDING｜DESCENDING]]]]
>
> [ALIAS cTableAlias][EXCLUSIVE][SHARED][NOUPDATE]

TableName｜SQLViewName｜? ——指定表文件名或位于当前数据库内要打开的 SQL 视图的名称，"?"通过打开对话框选择表文件。

IN nWorkArea｜cTableAlias ——指定要打开表所在的工作区或以表别名指定工作区。

AGAIN ——指同一个表可在不同的工作区再次打开，并且在新工作区中的表继承了原工作区中表的属性。当一个工作区中表的数据被改变时，另一个工作区中的表数据也将随着改变。

INDEX IndexFileList ——指定一组和表一起打开的索引。结构复合索引文件将自动与表一起打开。IndexFileList 可以包含任何 .idx 单索引文件和 .cdx 复合索引文件。

ORDER [nIndexNumber] ——指定一个主控的 .idx 单索引文件或 .cdx 复合索引文件标识。

ORDER [IDXFileName] ——指定一个 .idx 单索引文件作为主控索引文件。

ORDER TAG TagName [OF CDXFileName] ——指定 .cdx 复合索引文件中的主控标识。如果在已打开的各复合索引文件中存在相同的标识名，则应包含 OF CDXFileName，并且指定复合索引文件名。

ASCENDING｜DESCENDING ——指定表中的记录按升序或降序访问和显示。

ALIAS cTableAlias ——创建表的别名。

EXCLUSIVE ——在网络上以独占方式打开表。

SHARED ——在网络上以共享方式打开表。

NOUPDATE ——禁止更改表及其结构。

命令"USE TableName INDEX IndexFileList"可以在打开表的同时打开索引文件，并确定 IndexFileList 中的第 1 个索引文件为主控索引文件。

【例 4-34】 打开"学生成绩表.dbf"文件及其以索引表达式为"平均成绩"字段建立的结构 复合索引文件，显示姓名、学号、数学、英语、计算机、平均成绩的排序记录。

```
SET DEFAULT TO E:\教学管理
USE 学生成绩表                &&打开"学生成绩表"
INDEX ON 平均成绩 TAG pjcj     &&以"平均成绩"作为索引表达式建立结构复合索引文件
USE                          &&关闭表文件
USE 学生成绩表 ORDER TAG pjcj   &&打开"学生成绩表"及其结构复合索引文件
LIST 姓名, 学号, 数学, 英语, 计算机, 平均成绩
```

主窗口中显示的结果与例 4-32 的结果相同。

（2）用 SET INDEX TO 命令打开索引文件

功能：对于一个已经打开的表文件，补充打开其相关的索引文件。

语法：

SET INDEX TO [IndexFileList｜?] [ORDER nIndexNumber｜IDXIndexFileName
　　　　　　　｜[TAG] TagName [OF CDXFileName] [ASCENDING｜DESCENDING]] [ADDITIVE]

IndexFileList ——指定要打开的与表相关的各类索引文件。其中的第 1 个索引文件为主控索 引文件。

ADDITIVE ——指明不关闭此前已经打开的结构复合索引文件。

其他参数与 USE 的参数类似。

若当前只有一个索引文件被打开，它就成为主控索引文件。索引刚建立时，索引文件呈打开 状态并成为主控索引文件。若当前已经打开了多个索引文件，可通过该命令来确定主控索引文件。

（3）关闭索引文件

结构复合索引文件随表文件的打开和关闭自动打开和关闭。也可用下面的命令关闭索引文件：

CLOSE INDEX

该命令只关闭索引文件，而不关闭与之有关的表文件。

3. 确定主控索引命令 SET ORDER

功能：指定表的主控索引文件或标识。

语法：

SET ORDER TO[nIndexNumber｜IDXIndexFileName｜[TAG] TagName
　　　　　　[OF CDXFileName][IN nWorkArea｜cTableAlias] [ASCENDING｜DESCENDING]]

nIndexNumber ——指定主控索引文件或标识的编号，是指在 USE 或 SET INDEX 中列出索 引文件的顺序号。

IDXIndexFileName ——指定作为主控索引文件的 .idx 文件。

[TAG] TagName[OF CDXFileName] ——指定 .cdx 文件中的一个标识作为主控索引标识。

IN nWorkArea｜cTableAlias ——用工作区号或别名指定相关表。

对于一个表，允许打开两种类型的多个索引文件。但在某一时刻，只能有一个索引或标记指 定为主索引或主标识，它确定了记录的显示和访问顺序。

以索引序号指定主索引时，其序号的编排是：先按它们在 USE 或 SET INDEX 中出现的顺序为打开的 .idx 文件编号，再按创建顺序为结构 .cdx 文件中的索引标识编号，最后按创建顺序为所有打开的独立的 .cdx 文件中的索引标识编号。

【例 4-35】 在例 4-34 中"学生成绩表.dbf"文件已经按"平均成绩"为标识建立了结构复合索引文件，指定主标识并显示姓名、学号、数学、英语、计算机、平均成绩的排序记录。

   USE 学生成绩表　　　　　　　　&&打开"学生成绩表"和结构复合索引文件
   SET ORDER TO pjcj　　　　　　　&&指定 pjcj(平均成绩)作为主标识
   LIST　姓名, 学号, 数学, 英语, 计算机, 平均成绩

主窗口中显示的结果与例 4-32 的结果相同。

4．维护索引

在"表设计器"的"索引"选项卡中可以对表中的索引进行修改、删除或插入操作。

（1）修改索引

在"表设计器"的"索引"选项卡中用鼠标单击欲修改的索引，然后加以修改。

（2）删除索引

在"表设计器"的"索引"选项卡中选择欲删除的索引，单击"删除"按钮。也可以用下面的命令来删除索引：

语法：

  DELETE TAG TagName1 [OF CDXFileName1] [, TagName2 [OF CDXFileName2]] ...

或

  DELETE TAG ALL [OF CDXFileName]

TagName1 [OF CDXFileName1][, TagName2 [OF CDXFileName2]] ... ——指定要从复合索引文件中删除的标识。

ALL [OF CDXFileName] ——从复合索引文件中删除所有标识。如果表中有结构复合索引文件，就从该索引文件中删除所有标识，并从磁盘上删除该索引文件。

（3）插入索引

在"表设计器"的"索引"选项卡中选择欲插入索引所在的位置，单击"插入"按钮，然后输入或选择索引名、类型和索引表达式。

（4）重建索引

如果表文件中的数据在打开索引文件后发生了变化，则所有打开的与其相关的索引文件也将随之自动改变记录的逻辑顺序，实现索引文件的自动更新。由于结构复合索引文件总是与表文件一起打开的，因此它总是与表文件保持一致。对于其他没有打开的索引文件，可用下面的命令重建索引。

语法：

  REINDEX [COMPACT]

COMPACT ——将普通的单索引文件 .idx 转换为压缩的 .idx 文件。

当打开表而不打开相应的索引文件，并对表中数据进行修改时，索引文件就不会自动更新，此时可以用该命令重建索引来更新这些索引文件。

注意： 如果打开的表文件带有索引，并且索引条目中包括某字段，这时不要使用 REPLACE 命令对其做替换操作，否则可能只完成部分替换。通常是先关闭索引文件，再执行替换操作，最后再打开索引文件执行 REINDEX 命令进行重建索引。

4.3.5 索引查找

前面已经介绍了顺序查找命令 LACATE，对表的记录没有任何要求，查找速度较慢，仅适用于记录较少的表。建立索引文件的目的是为了实现快速查找。索引查找要求表的记录是有序的，即需要事先对表进行索引，其查找速度快。这里介绍 Visual FoxPro 提供的 2 条快速查找命令。

1．FIND 命令

功能：使用索引文件查找与指定字符串相匹配的第 1 个记录，并把记录指针指向该记录。
语法：

　　FIND cExpression

FIND 命令用于已经建立索引且索引文件已经随表打开的情况。如果指定字符串无前导空格，则不必使用引号，否则要用引号将包括前导空格在内的字符串括起来。若指定字符串为变量，则需使用宏函数。

FIND 命令是为了与旧版本兼容而保留的，完全可以用 SEEK 命令代替。SEEK 的用法更灵活。

2．SEEK 命令

功能：在表中搜索首次出现的一个记录，该记录的索引关键字必须与指定的表达式相匹配。
语法：

　　SEEK eExpression[ORDER nIndexNumber | IDXIndexFileName | [TAG] TagName
　　　　　　[OF CDXFileName][ASCENDING | DESCENDING]][IN nWorkArea | cTableAlias]

eExpression ——指定 SEEK 搜索的索引关键字，它可以是空字符串。eExpression 的数据类型可以是字符型、数字型、日期型和逻辑型。如果是字符常量必须用引号括起来，变量可以直接引用而不需通过宏函数。

ORDER nIndexNumber ——指定用来搜索关键字的索引文件或索引标识编号。

IN nWorkArea | cTableAlias ——指定要搜索的表所在的工作区编号或别名。

如果 SEEK 找到了与索引关键字相匹配的记录，则函数 FOUND() 的值为.T.，否则为.F.；RECNO() 返回匹配记录的记录号，否则返回表中记录的个数加 1。

【例 4-36】 按"姓名"和"数学"字段建立"学生成绩表.dbf"文件的结构复合索引文件，然后使用 SEEK 命令进行查询，显示姓名、班级、学号、数学等的排序记录。

　　SET DEFAULT TO E:\教学管理　&&设置默认路径
　　USE 学生成绩表　　　　　　　&&打开"学生成绩表"，此前已经删除"学生成绩表.cdx"
　　INDEX ON 姓名 TAG XM　　　&&按"姓名"建立"学生成绩表.dbf"的结构复合索引文件
　　INDEX ON 数学 TAG SX　　　&&按"数学"建立"学生成绩表.dbf"的结构复合索引文件
　　USE &&关闭表文件及其索引文件
　　USE 学生成绩表 ORDER 1　　&&重新打开表文件，并指定"XM"为主标识
　　SEEK "李晓红" &&查找"姓名"为"李晓红"的记录
　　?RECNO() &&主窗口中显示 12
　　DISPLAY &&显示满足条件的记录

记录号	姓名	班级	学号	数学	英语	计算机	平均成绩
12	李晓红	200201101	20020110101	95	89	92	92.0

　　SET ORDER TO 2　　&&重新指定"SX"为主标识
　　SEEK 90 &&查找"数学"为 90 的记录
　　?RECNO() &&主窗口中显示 6
　　DISPLAY &&显示满足条件的记录

记录号	姓名	班级	学号	数学	英语	计算机	平均成绩
6	王长江	200201102	20020110208	90	88	89	89.0

4.4 计数、求和与汇总

在处理数据时，对数值型数据进行计数、求和与汇总是很重要的操作。

1. 计数命令 COUNT

功能：统计表中的记录个数。

语法：

　　　COUNT[Scope] [FOR lExpression1] [WHILE lExpression2][TO VarName]

Scope ——指定需要统计的记录范围。默认值为 ALL，即表中的全部记录。

FOR lExpression1 ——指定只有满足逻辑条件 lExpression1 的记录才进行计数。

WHILE lExpression2 ——指定对记录进行计数的条件。只要逻辑表达式 lExpression2 的值为真，就进行计数，直至遇到该表达式的值为假的记录为止。

TO VarName ——指定用于存储记录数目的变量或数组。

使用该命令时，如果 SET TALK 是 ON，则显示记录的数目。如果 SET DELETE 是 OFF，则带有删除标记的记录也包括在计数中。

【例 4-37】 统计"学生成绩表.dbf"中数学成绩大于 85 分的人数。

```
SET DEFAULT TO E:\教学管理
USE  学生成绩表
COUNT                              && 状态栏中显示：12
COUNT FOR  数学>85 TO TJ           && 状态栏中显示：3
?TJ                               && 主窗口中显示：3
```

2. 求和命令 SUM

功能：对当前选定表的指定数值字段或全部数值字段进行求和。

语法：

　　　SUM [eExpressionList][Scope] [FOR lExpression1] [WHILE lExpression2]
　　　[TO MemVarNameList ｜ TO ARRAY ArrayName]

eExpressionList ——指定要求和的一个或多个字段或者字段表达式。如果省略字段表达式列表，则对所有数值型字段求和。

Scope ——指定要求和的记录范围。默认值为 ALL。

TO MemVarNameList ｜ TO ARRAY ArrayName ——将每个求和结果存入一个变量或变量数组中，列表的变量名用逗号分隔。

若有 TO 子句，则命令要求数值表达式的个数和变量的个数要一致。

【例 4-38】 统计"学生成绩表.dbf"中所有学生的"数学"平均成绩，以及"李晓红"的平均成绩。

```
SET DEFAULT TO E:\教学管理
USE  学生成绩表
SUM  数学  TO SX
   数学
  910.00
?SX/(RECNO()-1)                              && 主窗口中显示 75.8333
```

SUM (数学+英语+计算机)/3 TO SX FOR 姓名="李晓红"

(数学+英语+计算机)/3

92.0000

3. 求平均命令 AVERAGE

功能：计算数值表达式或字段的算术平均值。

语法：

AVERAGE [eExpressionList][Scope] [FOR lExpression1] [WHILE lExpression2]

[TO VarList | TO ARRAY ArrayName]

eExpressionList ——指定求平均值的表达式。它可以是用逗号分隔的表字段或者包含表字段的数值表达式。

Scope ——指定求平均的记录或记录范围。默认值为 ALL。

TO VarList | TO ARRAY ArrayName ——指定保存平均值结果的变量或数组元素或一维数组。该命令的用法与 SUM 命令相同。

【例 4-39】 统计"学生成绩表.dbf"中所有学生的"数学"、"英语"、"计算机"的平均成绩。

SET DEFAULT TO E:\教学管理

USE 学生成绩表

AVERAGE 数学, 英语, 计算机 TO SX,YY,JSJ

数学	英语	计算机
75.83	74.75	76.42

4. 汇总命令 TOTAL

功能：计算当前选定表中数值字段的总和。

语法：

TOTAL TO TableName ON FieldName[FIELDS FieldNameList][Scope]

[FOR lExpression1][WHILE lExpression2]

TableName ——指定存放计算结果的表的名称。

FieldName ——指定求和时作为分组依据的字段，即索引关键字或排序所依据的字段。

FIELDS FieldNameList ——指定要求和的字段，列表中的字段名用逗号分隔。如果省略该子句，则默认对所有的数值型字段求和。

Scope ——指定求和的记录范围。默认范围是表中所有记录。

使用此命令，当前工作区中的表必须经过排序或索引。对于具有相同字段值或索引关键字值的各组记录，将分别计算其总和。总计结果存入一个新表的记录中，同时还将在此表中为这些字段值或索引关键字创建一个记录。对于非数值型字段，只将关键字值相同的第 1 个记录的字段值存入该记录。

【例 4-40】 建立"学生成绩表.dbf"中"班级"的独立索引文件，按"班级"分类汇总"平均成绩"，并将其结果存入 FLHZ.dbf 文件中。

SET DEFAULT TO E:\教学管理

USE 学生成绩表

LIST 姓名, 班级, 学号, 数学, 英语, 计算机, 平均成绩

记录号	姓名	班级	学号	数学	英语	计算机	平均成绩
1	王刚	200201101	20020110102	70	89	90	83.0
2	李琴	200201101	20020110104	78	80	87	81.7
3	方芳	200201102	20020110205	67	79	66	70.7

4	潭新	200201102	20020110206	63	59	60	60.7
5	刘江	200201102	20020110207	69	66	65	66.7
6	王长江	200201102	20020110208	90	88	89	89.0
7	张强	200202101	20020210108	80	89	90	86.3
8	江海	200202101	20020210109	79	60	78	72.3
9	明天	200202101	20020210110	88	78	80	82.0
10	希望	200202101	20020210111	64	60	58	60.7
11	昭辉	200201101	20020110103	67	60	62	63.0
12	李晓红	200201101	20020110101	95	89	92	92.0

INDEX ON 班级 TO BJ
TOTAL ON 班级 TO FLHZ FIELDS 平均成绩
USE FLHZ
LIST 姓名，班级，学号，数学，英语，计算机，平均成绩

记录号	姓名	班级	学号	数学	英语	计算机	平均成绩
1	王刚	200201101	20020110102	70	89	90	319.7
2	方芳	200201102	20020110205	67	79	66	287.1
3	张强	200202101	20020210108	80	89	90	301.3

从上面的结果可以看到，以"班级"为索引建立的独立索引文件中，只有 3 个索引值，即 200201101、200201102 和 200202101。分类汇总就是按这 3 个班进行的，因而在 FLHZ.dbf 文件中生成了相应的 3 个记录。在每个记录中，将"班级"相同的"平均成绩"字段分类进行了汇总，其他字段内容则取自各班级在索引中的首个记录相应字段的内容。所以，在分类汇总之后，可以选择有意义的字段显示。例如：

LIST 班级，平均成绩

记录号	班级	平均成绩
1	200201101	319.7
2	200201102	287.1
3	200202101	301.3

4.5 多个表的同时使用

在 Visual FoxPro 中，一次可以打开多个数据库，在每个数据库中都可以打开多个表。前面讲解了在使用 USE 命令打开一个新的表文件时，已经打开的表文件就自动关闭了，这种情况是在单工作区中对表文件的操作。当操作需要在多个表文件之间同时进行，需要同时使用多个表时，这种单工作区的操作方式就不能满足需要了。为此，Visual FoxPro 提供了多工作区操作的方式。

4.5.1 多工作区的概念

为了能够同时使用多个表，Visual FoxPro 引入了工作区的概念。如果在同一时刻需要打开多个表，则需要在不同的工作区中打开。工作区是一个有编号的内存区域，在每个工作区中，同一时刻只能打开一个表，当要打开其他表时，原来在该工作区中打开的表将自动关闭。反之，一个表只能在一个工作区打开，当其未关闭时就要在其他工作区打开它，Visual FoxPro 会显示信息框，提示出错信息"文件正在使用"。

若要同时使用多个表，就要使用多个工作区，在 Visual FoxPro 中，最多可以有 32767 个工作区。用户可以使用 SELECT 命令去选择工作区。当前被选用的工作区称为当前工作区，任何时刻只能有一个工作区成为当前工作区。对当前工作区中的表的操作，不会影响其他工作区中的表。

每个工作区可使用该工作区的表的别名（即表的另一个名称）来标识。工作区除了可以用其编号表示外，对其中前 10 个工作区还可以用别名 A～J 标识。当一个工作区中打开了一个表名以字母开头的表后，则以表别名来标识该工作区。若打开表的表名以数字开头，则该工作区以其编号来表示。若未指定表的别名，则默认表主名为表别名，

4.5.2 工作区的选择

1. 用命令 SELECT 选择工作区

功能：激活指定工作区。

语法：

```
SELECT nWorkArea | cTableAlias
```

nWorkArea | cTableAlias ——指定要激活的工作区或要打开表的别名。如果 nWorkArea 为 0，则激活尚未使用的工作区中编号最小的那一个。

Visual FoxPro 默认 1 号工作区为当前工作区。函数 SELECT()能够返回当前工作区的区号。允许在一个工作区中使用另外一个工作区中的表。从当前工作区访问另一个工作区表的字段时，要对该字段名加以别名限定。别名可以用工作区的别名标识（A～J），也可以用 USE 命令中规定的表别名。别名和字段名之间用符号“.”或“→”连接。

【例 4-41】 利用“学生信息.dbf”和“学生成绩表.dbf”文件，列出姓名为“张强”的如下数据内容：姓名、学号、性别、入学成绩、平均成绩。

```
SET DEFAULT TO E:\教学管理
SELECT 1
USE 学生信息
BROWSE                          &&显示图 4-39 的内容
SELECT 2
USE 学生成绩表
BROWSE                          &&显示图 4-40 的内容
GO 7
SELECT 1
GO 7
SELECT 2
DISPLAY 姓名, A->性别, 学号, A->入学成绩, 平均成绩
```

记录号	姓名	A->性别	学号	A->入学成绩	平均成绩
7	张强	男	20020210108	595	86.3

学生信息

姓名	性别	班级	学号	籍贯	出生年月	入学成绩	专业	简历	相片
王刚	男	200201101	20020110102	四川	10/23/84	560	应用数学	Memo	gen
李琴	女	200201101	20020110104	江苏	12/11/84	589	应用数学	Memo	Gen
方芳	女	200201101	20020110105	湖南	06/15/85	610	应用数学	Memo	gen
潭新	女	200201101	20020110106	北京	06/23/85	605	应用数学	Memo	gen
刘江	男	200202101	20020210107	河南	02/08/85	578	应用化学	Memo	gen
王长江	男	200202101	20020210106	山西	03/09/84	588	应用化学	Memo	gen
张强	男	200202101	20020210108	江苏	12/01/83	595	应用化学	Memo	gen
江海	男	200202101	20020210109	江苏	10/23/84	598	应用化学	Memo	gen
明天	男	200207101	20020710110	河南	07/08/84	613	计算机应用	Memo	gen
希望	男	200207101	20020710111	北京	07/08/83	620	计算机应用	Memo	gen
昭辉	女	200207101	20020710103	四川	10/11/85	621	计算机应用	Memo	gen
李晓红	女	200207101	20020710101	四川	12/11/84	620	计算机应用	Memo	gen
刘玲	女	200202102	20020210201	江西	09/09/86	605	化学工程	memo	gen
流星	女	200202102	20020210202	广西	11/09/85	600	化学工程	memo	gen
刘宏	男	200202102	20020210203	湖北	07/05/85	601	化学工程	Memo	Gen

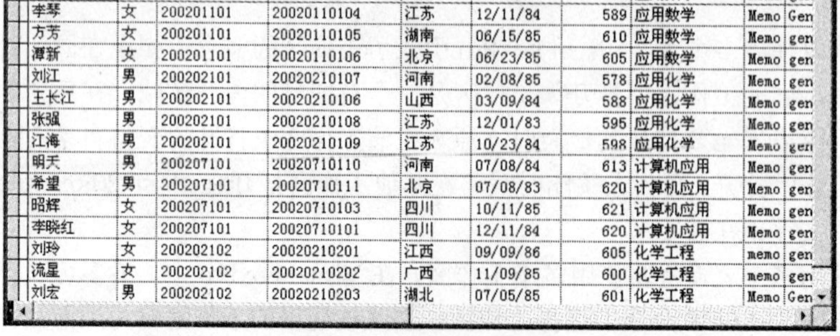

图 4-39 学生信息.dbf

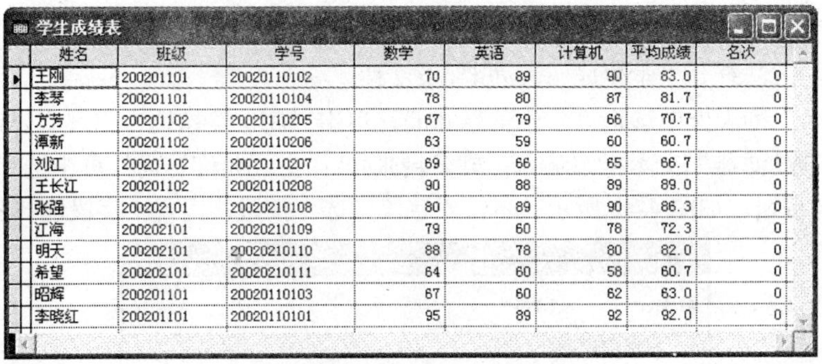

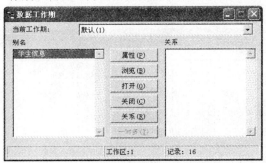

图 4-40 学生成绩表

注意：这里在各工作区中打开的表，其记录指针的移动是相互独立的；若欲使其记录指针的移动互相影响，则应在它们之间建立关联（详见 4.5.3 节）。

2. 使用"数据工作期"

"数据工作期"是当前动态工作环境的一种表示。每个"数据工作期"包含有自己的一组工作区。这些工作区含有打开的表、表索引和关系。

执行"窗口 | 数据工作期"命令或在命令窗口中输入 SET 或 SET VIEW ON 命令，就会打开如图 4-41 所示的"数据工作期"窗口，并显示在当前数据工作期中的所有工作区。

图 4-41 "数据工作期"窗口

执行"文件 | 关闭"命令或在命令窗口中输入 SET VIEW OFF 命令就可以关闭"数据工作期"窗口。

"数据工作期"窗口包括 3 部分。左边的"别名"列表框用于显示迄今已经打开的表，并可从多个表中选定一个当前表。右边的"关系"列表框用于显示表之间的关联情况。中间的 6 个功能按钮的功能分别如下。

- ⊙ "属性"按钮：用于打开工作区的"属性"对话框。
- ⊙ "浏览"按钮：为当前表打开"浏览"窗口。
- ⊙ "打开"按钮：通过"打开"对话框打开表文件。
- ⊙ "关闭"按钮：关闭当前表。
- ⊙ "关系"按钮：以当前表为父表建立关联。
- ⊙ "一对多"按钮：系统默认表之间以多一关系关联，单击该按钮，可以建立一多关系。

【例 4-42】 利用"数据工作期"窗口打开"学生信息.dbf"和"学生成绩表.dbf"文件，列出姓名为"张强"的如下数据内容：姓名、学号、性别、入学成绩。

操作步骤如下：

❶ 打开"数据工作期"窗口，单击"打开"按钮，出现"打开"对话框。

❷ 在"打开"对话框中选定表文件"学生信息.dbf",单击"确定"按钮。

❸ 用同样的方法打开"学生成绩表.dbf"表文件。

❹ 在"别名"列表框中选定"学生信息.dbf",单击"属性"按钮,出现"属性"对话框。

❺ 在"数据过滤器"文本框中输入:姓名="张强";在"允许访问"框中选择"字段筛选指定的字段"单选按钮,如图4-42所示。单击"字段筛选"按钮,出现"字段选择器"对话框。

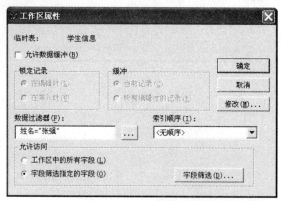

图4-42 "工作区属性"对话框

❻ 在"字段选择器"对话框的"所有字段"列表框中选择:姓名、性别、学号和入学成绩,单击"添加"按钮,将选择的字段移到"选定字段"列表框中,如图4-43所示。

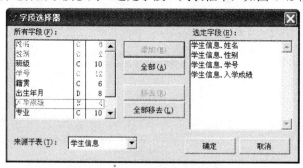

图4-43 "字段选择器"对话框

❼ 单击"确定"按钮,回到"工作区属性"对话框,再单击"确定"按钮,回到"数据工作期"窗口。

❽ 单击"浏览"按钮,在"浏览"窗口中就会出现"张强"的如下字段内容:姓名、学号、性别、入学成绩。

在"数据工作期"窗口中选定要关闭的表别名后,单击"关闭"按钮,就可关闭该表。

4.5.3 建立表的关联

在不同工作区中打开的表,如果没有建立关联关系,它们就是独立的,即当前表记录指针的移动不影响其他工作区表的记录指针。要查询多个表中的数据时,就要在表之间建立某种关联。

在使用多个表时,经常希望在移动一个表中记录指针的同时,其他相关表中的记录指针能够自动调整到相应的位置上。这种因一个表中记录指针的移动而导致其他相关表中记录指针移动的表称为父表,与该表相关联的表称为子表。关联是表之间的一种链接,它使用户不仅能从当前选定表中访问数据,而且可以访问其他表中的数据。

关联条件通常要求比较不同表的两个字段表达式的值是否相等,因此,除了要在关联命令中指明这两个字段表达式外，还必须先为子表的字段表达式建立索引。

1. 建立表之间的关系

表之间存在一对一、一对多、多对一和多对多的关系。

① 一对一的关系：在两个数据表中选一个相同的索引字段作为关键字段，把其中一个表称为父表，其关键字段的值是唯一的，而把另一个表称为子表，其关键字段的值也是唯一的。

② 一对多的关系：在两个表中选一个相同的索引字段作为关键字段，把其中一个表称为父表，其关键字段的值是唯一的；而把另一个表称为子表，其关键字段的值是重复的。

③ 多对一的关系：与一对多的关系类似，选择一个表中的关键字段，该字段值是可重复的，把这个表称为父表，在另一个表中的关键字段的值是唯一的，该表称为子表。

④ 多对多的关系：在两个表中选一个相同字段作为关键字段，其中一个表中的关键字段的值是可重复的，而另一个表中的关键字段的值也是可重复的，这样两个表间就有了多对多的关系。Visual FoxPro 不处理多对多的关系，若出现多对多的关系，可拆分为多对一或一对多的关系进行相关的处理。

为了实现父表记录指针的移动导致子表记录指针的自动调整，Visual FoxPro 提供了父表与子表间建立关联的两种方法：建立表间临时关联和表间的连接。

2. 建立表间临时关联

（1）用"数据工作期"窗口建立关联

在"数据工作期"窗口建立关联的一般步骤为：

❶ 执行"窗口 | 数据工作期"命令，打开"数据工作期"窗口。

❷ 在"数据工作期"窗口中打开需要建立关联的两个表。

❸ 选择进行关联的父表，单击"关系"按钮。

❹ 选择被关联的子表，并建立关联条件。

❺ 如果是一对多的关联，则单击"一对多"按钮进行设置。

【例 4-43】 对"学生信息.dbf"表和"学生成绩表.dbf"之间建立一对多的临时关联。

❶ 执行"窗口 | 数据工作期"命令，打开"数据工作期"窗口。

❷ 在"数据工作期"窗口中分别打开"学生信息.dbf"和"学生成绩表.dbf"两个表。

❸ 选定"学生成绩表.dbf"为当前表，单击"数据工作期"窗口中的"属性"按钮，在打开的"工作区属性"窗口中设置"索引顺序"项为"学生成绩表.学号"。

❹ 选定"学生信息.dbf"为当前表，然后单击"关系"按钮，此时"学生信息.dbf"表出现在"关系"栏中，它将作为关系中的父表。

❺ 选定"学生成绩表.dbf"表，将弹出"表达式生成器"窗口，在此窗口中设置关联表达式为"学号"后，单击"确定"按钮，此时"数据工作期"窗口的"关系"栏中显示"学生信息.dbf"和"学生成绩表.dbf"之间的一对一的父子关系，如图 4-44 所示。

❻ 单击"一对多"按钮，在打开的"创建一对多关系"窗口中将子表"学生成绩表.dbf"的别名移动到"选定别名"栏中，单击"确定"按钮返回"数据工作期"窗口，此时已建好"学生信息.dbf"表和"学生成绩表.dbf"之间的一对多关联关系，如图 4-45 所示（注意：图 4-45 中"学生信息"表和"学生成绩表"的连线与图 4-44 不同，以示它们之间的不同关联关系）。

❼ 分别打开表"学生信息.dbf"和"学生成绩表.dbf"的"浏览"窗口，当其将父表的当前记录置为学号"20020110208"时，子表的"浏览"窗口中只显示与父表中该记录"学号"字段值相同的记录，结果如图 4-46 所示。

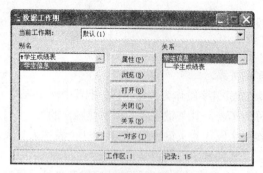

数据工作期
当前工作期:
默认(1)
别名
学生成绩表
学生信息
属性(P)
浏览(B)
打开(O)
关闭(C)
关系(R)
一对多(T)
关系
学生信息
学生成绩表
工作区:1
记录: 15

图 4-44　两表之间的一对一关系

数据工作期
当前工作期:
默认(1)
别名
学生成绩表
学生信息
属性(P)
浏览(B)
打开(O)
关闭(C)
关系(R)
一对多(T)
关系
学生信息
学生成绩表
工作区:1
记录: 15

图 4-45　两表之间的一对多关系

学生信息
姓名 性别 班级 学号 籍贯 出生年月 入学成绩 专业 简历 相片
王刚 男 200201101 20020110102 四川 10/23/84 560 应用数学 Memo gen
李琴 女 200201101 20020110104 江苏 12/11/84 589 应用数学 Memo Gen
方芳 女 200201101 20020110105 湖南 06/15/85 610 应用数学 Memo gen
学生成绩表
姓名 班级 学号 数学 英语 计算机 平均成绩
方芳 200201101 20020110105 67 79 66 70.7

图 4-46　父表与子表“学号”字段相同的记录

❽ 关闭浏览窗口和“数据工作期”窗口。

注意：临时关联没有被保存在文件中，每次打开表时都需要重建。

（2）用 SET RELATION 命令建立关联

功能：以当前表为父表与其他一个或多个子表建立关联。建立关联后，当父表记录指针移动时，子表指针也会自动移动到满足关联条件的记录上。

语法：

```
SET RELATION TO [eExpression1 INTO nWorkArea1 | cTableAlias1
        [, eExpression2 INTO nWorkArea2 | cTableAlias2 ...][IN nWorkArea | cTableAlias][ADDITIVE]]
```

eExpression1 ——指定在父表和子表之间建立关联的关系表达式，通常是子表主控索引的索引表达式。除非关系表达式是数值型的，否则子表必须建立索引。

INTO nWorkArea1 | cTableAlias1 ——指定子表的工作区编号或子表的表别名。

eExpression2 INTO nWorkArea2 | cTableAlias2 ... ——指定其他关系表达式（eExpression2）和子表，建立另一个父表与子表之间的关系。

IN nWorkArea | cTableAlias ——指定父表的工作区和别名。

ADDITIVE ——若有此项，则不解除先前已经建立的关联，否则将解除此前已经建立的关联。

【例 4-44】　正确显示“学生信息.dbf”和“学生成绩表.dbf”两个表中的姓名、学号、入学成绩、专业、英语和计算机的信息。

```
SELECT 1
USE E:\教学管理\学生成绩.DBF EXCLUSIVE
SELECT 2
USE E:\教学管理\学生信息.DBF EXCLUSIVE
LIST 学号,姓名,入学成绩,专业,a->英语,a->计算机
```

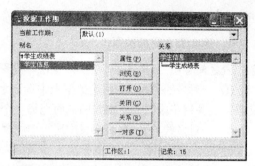

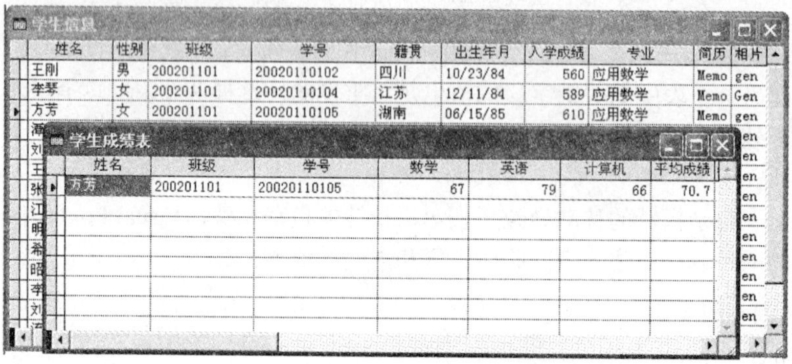

记录号	学号	姓名	入学成绩	专业	A->英语	A->计算机
1	20020110101	李晓红	587	应用数学	89	92
2	20020110102	王刚	560	应用数学	89	92
3	20020110103	昭辉	597	应用数学	89	92
4	20020110104	李琴	589	应用数学	89	92
5	20020110205	方芳	610	计算机	89	92
6	20020110206	潭新	605	计算机	89	92
7	20020110207	刘江	578	计算机	89	92
8	20020110208	王长江	588	计算机	89	92
9	20020110108	张强	595	应用化学	89	92
10	20020110109	江海	598	应用化学	89	92
11	20020110110	明天	613	应用化学	89	92
12	20020110111	希望	600	应用化学	89	92

因为在两个表之间没有建立关联，子表记录的指针不移动，始终指向第 1 个记录。正确的操作是先对子表的学号建立索引，再建立父表与子表的关联。

```
SELECT 1
USE E:\教学管理\学生成绩.DBF EXCLUSIVE
INDEX ON  学号  TO XH
SELECT 2
USE E:\教学管理\学生信息.DBF EXCLUSIVE
SET RELATION TO  学号  INTO A
LIST  学号,姓名,入学成绩,专业,a->英语,a->计算机
```

记录号	学号	姓名	入学成绩	专业	A->英语	A->计算机
1	20020110101	李晓红	587	应用数学	89	92
2	20020110102	王刚	560	应用数学	89	90
3	20020110103	昭辉	597	应用数学	60	62
4	20020110104	李琴	589	应用数学	80	87
5	20020110205	方芳	610	计算机	79	66
6	20020110206	潭新	605	计算机	59	60
7	20020110207	刘江	578	计算机	66	65
8	20020110208	王长江	588	计算机	88	89
9	20020110108	张强	595	应用化学	89	90
10	20020110109	江海	598	应用化学	60	78
11	20020110110	明天	613	应用化学	78	80
12	20020110111	希望	600	应用化学	60	58

（3）用 SET SKIP 命令建立关联

功能：创建表与表之间的一对多关联。

语法：

SET SKIP TO [TableAlias1 [, TableAlias2] ...]

TableAlias1 [,TableAlias2] ... ——指定多个子表的别名，用来与父表创建一对多关系。

【例 4-45】 用命令实现例 4-43。

```
SELECT 2
USE E:\教学管理\学生成绩.DBF EXCLUSIVE
SET ORDER TO TAG  学号  OF E:\教学管理\学生成绩表.CDX
SELECT 1
```

```
USE E:\教学管理\学生信息.DBF EXCLUSIVE
SET RELATION TO  学号  INTO  学生成绩表  ADDITIVE
SET SKIP TO  学生成绩表
```

3．删除表间临时关联

删除表间临时关联，一般使用两种方法：一是关闭建立关联的数据表，二是执行命令"SET RELATION TO"或"SET RELATION OFF INTO nWorkArea｜cTableAlias"。"SET RELATION TO"命令取消当前工作区与其他工作区中表间建立的所有关联；"SET RELATION OFF INTO nWorkArea｜cTableAlias"命令只取消当前工作表与由工作区号或别名 nWorkArea｜cTableAlias 指定的工作区中表间的关联。

4．建立表间的连接

当要将不同表的内容根据某种条件重新组成一个新表时，可以用表的连接命令 JOIN。该命令可实现由当前表和由别名指定的另一工作区中的表，根据指定的条件和字段建立一个新表。命令的格式为：

```
JOIN WITH nWorkArea1｜WITH cTableAlias1 TO FileName FOR lExpression
[FIELDS FieldList]
```

nWorkArea1｜WITH cTableAlias1 ——用工作区号或别名指定被连接的表。

TO FileName ——连接后生成的新表名。

FOR lExpression ——指定记录连接条件。

FIELDS FieldList ——指定连接后生成新表所包含的字段。

如果命令中省略 FIELDS FieldList 选项，则连接后生成的新表中将包括两表中的全部字段，当总数超过 255 时，多余的字段就会丢失。

该命令的连接过程是：从当前工作区中的表文件的第 1 个记录开始，与别名工作区中打开的表文件的第 1 个记录做比较，如果满足连接条件，则把两个记录连接产生的一个记录写入新的表文件；如果不满足连接条件，则别名工作区的表文件记录指针移到下一个记录。重复上述比较过程，直到别名工作区的所有记录比较完毕，当前工作区的表文件记录指针移到下一个记录，再与别名工作区的每一个记录比较，直到当前工作区的记录全部比较完毕。

【例 4-46】 将"学生信息.dbf"和"学生成绩表.dbf"两个表中的姓名、学号、入学成绩、和平均成绩连接成一个新表。

```
SET DEFAULT TO E:\教学管理
SELECT 2
USE 学生成绩表  ALIAS XSCJ
SELECT 1
USE 学生信息
JOIN WITH XSCJ TO XSJBXX
FOR 学号=XSCJ.学号 FIELDS 姓名, 学号, 入学成绩, XSCJ.平均成绩
SELECT 3
USE XSJBXX
LIST
```

记录号	姓名	学号	入学成绩	平均成绩
1	王刚	20020110102	560	83.0
2	李琴	20020110104	589	81.7
3	方芳	20020110205	610	70.7

4	潭新	20020110206	605	60.7
5	刘江	20020110207	578	66.7
6	王长江	20020110208	588	89.0
7	张强	20020210108	595	86.3
8	江海	20020210109	598	72.3
9	明天	20020210110	613	82.0
10	希望	20020210111	600	60.7
11	昭辉	20020110103	597	63.0
12	李晓红	20020110101	587	92.0

习 题 4

4.1 思考题

1. 如何用命令方式打开表文件？

2. 如何用命令方式浏览和编辑表中的记录数据？

3. 如何用命令方式在表中插入、删除和追加数据？

4. 备注型字段保存在什么文件中？

5. 索引有哪几种类型？索引文件有哪几种类型？

6. 显示记录时，有几种范围选择？

7. GO 1 和 GO TOP 的作用是否相同？

8. 什么是工作区？如何选择工作区？

9. 表的物理排序和逻辑排序有何不同？

10. LOCATE 命令和 SEEK 命令有什么不同？

4.2 选择题

1. 不能对记录进行编辑修改的命令是(　　　)。

(A) BROWSE　　　　(B) MODIFY STRUCTURE　　　　(C) CHANGE　　　　(D) EDIT

2. 已打开的表文件的当前记录号为 150，要将记录指针移向记录号为 100 的命令是(　　　)。

(A) SKIP 100　　(B) SKIP 50　　　(C) GO −50　　　(D) GO 100

3. 假定学生数据表 STUD.DBF 中前 6 个记录均为男生的记录，执行以下命令序列后，记录指针定位在(　　　)。

  USE STUD

  GOTO 3

  LOCATE NEXT 3　FOR 性别="男"

(A) 第 5 个记录上　　　(B) 第 6 个记录上　　　(C) 第 4 个记录上　　　(D) 第 3 个记录上

4. 要想对一个打开的数据表增加新字段，应当使用命令(　　　)。

(A) APPEND　　　(B) MODIFY STRUCTURE　　　(C) INSERT　　　(D) CHANGE

5. 要想在一个打开的数据表中删除某些记录，应先后选用的两个命令是(　　　)。

(A) DELETE、RECALL　　(B) DELETE、PACK　　(C) DELETE、ZAP　　(D) PACK、DELETE

6. 执行 LIST NEXT1 命令之后，记录指针的位置指向(　　　)。

(A) 下一个记录　　(B) 首记录　　(C) 尾记录　　(D) 原来记录

7. 执行 DISPLAY 姓名，出生日期 FOR 性别="女"命令之后，屏幕显示的是所有性别字段值为"女"的记录，这时记录指针指向(　　　)。

(A) 文件尾　　　　　　　　　　(B) 最后一个性别为"女"的记录的下一个记录

(C) 最后一个性别为"女"的记录　　(D) 状态视表文件中数据记录的实际情况而定

8. TOTAL 命令的功能是(   )。

(A) 对数据表的某些数值型字段按指定关键字进行分类汇总

(B) 对数据表的字段个数进行统计

(C) 对两个数据表的内容进行合并

(D) 对数据表的记录个数进行统计

9. 执行命令 DISPLAY WHILE 性别="女"时，屏幕上显示了若干记录，但执行命令 DISPLAY WHILE 性别="男"时，屏幕上没有显示任何记录，这说明(   )。

(A) 表文件是空文件

(B) 表文件中没有性别字段值为"男"的记录

(C) 表文件中的第 1 个记录的性别字段值不是"男"

(D) 表文件中当前记录的性别字段值不是"男"

10. 当前数据表中有基本工资、职务工资、津贴和工资总额字段，都是 N 型。要将每个职工的全部收入汇总后写入其工资总额字段中，应当使用命令(   )。

(A) REPLACE ALL 工资总额 WITH 基本工资+职务工资+津贴

(B) TOTAL ON 工资总额 FIELDS 基本工资,职务工资,津贴

(C) REPLACE 工资总额 WITH 基本工资+职务工资+津贴

(D) SUM 基本工资+职务工资+津贴 TO 工资总额

11. 在 Visual FoxPro 中，能够进行条件定位的命令是(   )。

(A) SKIP   (B) SEEK   (C) LOCATE   (D) GO

12. 用 REPLACE 命令修改记录的特点是可以(   )。

(A) 边查阅边修改   (B) 在数据表之间自动更新

(C) 成批自动替换   (D) 按给定条件顺序修改更新

13. 学生数据表中有 D 型字段"出生日期"，若要显示学生生日的月份和日期，应当使用命令(   )。

(A) ?姓名+MONTH(出生日期)+"月"+DAY(出生日期)+"日"

(B) ?姓名+STR(MONTH(出生日期)+"月"+DAY(出生日期))+"日"

(C) ?姓名+STR(MONTH(出生日期),2)+"月"+STR(DAY(出生日期),2)+"日"

(D) ?姓名+SUBSTR(MONTH(出生日期))+"月"+SUBSTR(DAY(出生日期))+"日"

14. 在 Visual FoxPro6.0 的表结构中，逻辑型、日期型和备注型字段的宽度分别为(   )。

(A) 1、8、4   (B) 1、8、10   (C) 3、8、10   (D) 3、8、任意

15. 对于一个数据表文件，可以同时打开的索引文件的个数为(   )。

(A) 7   (B) 6   (C) 5   (D) 8

16. 在 Visual FoxPro 6.0 数据表中，记录是由字段值构成的数据序列，但数据长度要比各字段宽度之和多一字节，这个字节是用来存放(   )。

(A) 记录分隔标记的   (B) 记录序号的   (C) 记录指针定位标记的   (D) 删除标记的

17. 在以下各命令序列中，总能实现插入一个空记录并使其成为第 8 个记录的是(   )。

(A) SKIP 7   (B) GOTO 7

    INSERT BLANK   INSERT BLANK

(C) LOCATE FOR RECNO()=8   (D) GOTO 7

    INSERT BLANK   INSERT BLANK BEFORE

18. 下列是数据表复制命令 COPY TO 的功能说明，其中错误的是(   )。

(A) 可以进行数据表部分字段的复制   (B) 可以进行数据表部分记录的复制

(C) 可以进行数据表记录的排序复制   (D) 若数据表有 MEMO 字段，则自动复制同名的备注文件

19. SORT 命令和 INDEX 命令的区别是(   )。

(A) 前者按指定关键字排序，后者按指定记录排序

(B) 前者按指定记录排序，后者按指定关键字排序

(C) 前者改变了记录的物理位置，后者却不改变

(D) 后者改变了记录的物理位置，前者却不改变

20. 顺序执行下面命令后，屏幕所显示的记录号顺序是(　　　)。

　　USE XYZ

　　GO 6

　　LIST NEXT 4

(A) 1～4　　　　(B) 4～7　　　　(C) 6～9　　　　(D) 7～10

21. 设当前数据表文件含有字段 salary，命令 REPLACE salary WITH 1500 的功能是(　　　)。

(A) 将数据表中所有记录的 salary 字段的值都改为 1500

(B) 只将数据表中当前记录的 salary 字段的值改为 1500

(C) 由于没有指定条件，所以不能确定

(D) 将数据表中以前未更改过的 salary 字段的值改为 1500

22. 要求一个数据表文件的数值型字段具有 5 位小数，那么该字段的宽度最少应当定义成(　　　)。

(A) 5 位　　　　(B) 6 位　　　　(C) 7 位　　　　(D) 8 位

23. "学生成绩.dbf"表文件中有数学、英语、计算机和总分 4 个数值型字段，要将当前记录的 3 科成绩汇总后存入总分字段中，应使用命令(　　　)。

(A) TOTAL 数学+英语+计算机 TO 总分　　　(B) REPLACE 总分 WITH 数学+英语+计算机

(C) SUM 数学,英语,计算机 TO 总分　　　(D) REPLACE ALL 数学+英语+计算机 WITH 总分

24. 数据表文件共有 30 个记录，当前记录号是 10，执行命令 LIST NEXT 5 以后，当前记录号是(　　　)。

(A) 10　　　　(B) 15　　　　(C) 14　　　　(D) 20

25. 工资数据表文件共有 10 个记录，当前记录号是 5，若用 SUM 命令计算工资而没有给出范围短语，那么该命令将(　　　)。

(A) 只计算当前记录工资值　　　　　　　(B) 计算全部记录工资值之和

(C) 计算后 5 个记录工资值之和　　　　　(D) 计算后 6 个记录工资值之和

26. ZAP 命令可以删除当前数据表文件的(　　　)。

(A) 全部记录　　　(B) 满足条件的记录　　　(C) 结构　　　(D) 有删除标记的记录

27. 要删除当前数据表文件的"性别"字段，应当使用命令(　　　)。

(A) MODIFY STRUCTURE　　　　　　　(B) DELETE 性别

(C) REPLACE 性别 WITH " "　　　　　　(D) ZAP

28. 要显示"学生成绩.dbf"表文件中平均分超过 90 分和平均分不及格的全部女生记录，应当使用命令(　　　)。

(A) LIST FOR 性别='女',平均分>=90,平均分<=60

(B) LIST FOR 性别='女'.AND.平均分>90.AND.平均分<60

(C) LIST FOR 性别='女'.AND.平均分>90.OR.平均分<60

(D) LIST FOR 性别='女'.AND.(平均分>90.OR.平均分<60)

29. 数据表有 10 个记录，当前记录号是 3，使用 APPEND BLANK 命令增加一个空记录后，则当前记录的序号是(　　　)。

(A) 4　　　　(B) 3　　　　(C) 1　　　　(D) 11

30. 当前数据表文件有 25 个记录，当前记录号是 10。执行命令 LIST REST 以后，当前记录号是(　　　)。

(A) 10　　　　(B) 26　　　　(C) 11　　　　(D) 1

31. 在 Visual FoxPro 中，对数据表文件分别用 COPY 命令和 COPY FILE 命令进行复制时，下面错误的叙述是(   )。

    (A) 使用 COPY 命令时必须先打开数据表   (B) 使用 COPY FILE 命令时数据表必须关闭

    (C) COPY FILE 命令可以自动复制备注文件   (D) COPY 命令可以自动复制备注文件

32. 在"图书"表文件中，"书号"字段为字符型，要求将书号以字母 D 开头的所有图书记录打上删除标记，应使用命令(   )。

    (A) DELETE FOR D$书号   (B) DELETE FOR SUBSTR(书号,1,1)="D"

    (C) DELETEF FOR 书号=D   (D) DELETE FOR RIGHT(书号,1)="D"

33. 在"学生成绩.dbf"表文件中，"平均分"字段为数值型，假定表文件及按"姓名"字段建立的索引文件均已打开，为统计各位学生平均分的总和，应使用命令(   )。

    (A) SUM 平均分 TO ZH   (B) COUNT 平均分 TO ZH

    (C) AVERAGE 平均分 TO ZH   (D) TOTAL ON 姓名 TO ZH FIELDS 平均分

34. 使用 USE 命令打开表文件时，能够同时自动打开一个相关的(   )。

    (A) 备注文件   (B) 文本文件   (C) 内存变量文件   (D) 屏幕格式文件

35. 使用 TOTAL 命令生成的分类汇总表文件的扩展名是(   )。

    (A) DBT   (B) DBF   (C) BAS   (D) BAK

36. 设某数值型字段宽度为 8，小数位数为 2，则该字段整数部分的最大取值为(   )。

    (A) 99999   (B) 999999   (C) 9999999   (D) 99999999

37. 若使用 REPLACE 命令时，其范围子句为 ALL 或 REST，则执行该命令后记录指针指向(   )。

    (A) 首记录   (B) 末记录   (C) 首记录的前面   (D) 末记录的后面

38. 在"教师档案.dbf"表文件中，"婚否"是 L 型字段(已婚为.T.，未婚为.F.)，"性别"是 C 型字段，若要显示已婚的女职工，应该用(   )。

    (A) LIST FOR 婚否.OR.性别="女"   (B) LIST FOR 已婚.AND.性别="女"

    (C) LIST FOR 已婚.OR.性别="女"   (D) LIST FOR 婚否.AND.性别="女"

39. 计算所有职称为正、副教授的工资总额，并将结果赋给变量 GZ，可使用的命令是(   )。

    (A) SUM 工资 TO GZ FOR 职称="副教授".AND."教授"

    (B) SUM 工资 TO GZ FOR 职称="副教授".OR."教授"

    (C) SUM 工资 TO GZ FOR 职称="副教授".AND.职称="教授"

    (D) SUM 工资 TO GZ FOR 职称="副教授".OR.职称="教授"

40. 下面命令中的哪一条不能关闭数据表(   )。

    (A) USE   (B) CLOSE DATABASE   (C) CLEAR   (D) CLOSE ALL

41. 在打开的数据表文件中有"工资"字段(数值型)，如果把所有记录的"工资"增加 10%，应使用的命令是(   )。

    (A) SUM ALL 工资*1.1 TO 工资   (B) 工资=工资*1.1

    (C) STORE 工资*1.1 TO 工资   (D) REPLACE ALL 工资 WITH 工资*1.1

42. 当前数据表共有 20 个记录，且无索引文件处于打开状态，若执行命令 GO 15 后接着执行 INSERT BLANK BEFORE 命令，则此时记录指针指向第(   )个记录。

    (A) 14   (B) 21   (C) 16   (D) 15

43. 假设 STUDENT.DBF 中共有 100 个记录，执行下列命令序列后 X1、X2、X3 的值分别是(   )。

    SET DELETED OFF

    USE STUDENT

    DELETE

    COUNT TO X1

```
    PACK
    COUNT TO X2
    ZAP
    COUNT TO X3
    USE
```

(A) 100,99,0 　　　(B) 99,99,0 　　　(C) 100,100,0 　　　(D) 100,99,99

44. 设有数据表 FILE.dbf，执行如下命令序列后，变量 S 的值应该是(　　　)。

```
    SET DELETED OFF
    USE FILE
    LIST
```

记录号	商品名	金额
1	洗衣机	2200.00
2	电冰箱	3500.00
3	电视机	3800.00
4	空调机	2300.0

```
    GO 3
    DELETE
    GO BOTTOM
    INSERT BLANK
    REPLACE 商品名 WITH "34 寸彩电",金额 WITH 6000
    SUM 金额 TO S
```

(A) 17800 　　　(B) 17300 　　　(C) 15400 　　　(D) 15500

45. 学生数据表的性别字段为逻辑型（男为逻辑真、女为逻辑假），执行以下命令序列后，最后一条命令的显示结果是(　　　)。

```
    USE STUDENT
    APPEND   BLANK
    REPLACE 姓名 WITH "李理", 性别 WITH   .F.
    ?IIF(性别,"男","女")
```

(A) 女 　　　(B) 男 　　　(C) .T. 　　　(D) .F.

46. 执行以下命令序列，最后显示的值是(　　　)。

```
    USE ZGGZ
    SUM 工资 FOR 工资>=500 TO QWE
    COPY TO QAZ FIELDS 职工号,姓名 FOR 工资>=500
    USE QAZ
    NUM=RECCOUNT()
    AVER=QWE/NUM
    ?AVER
```

(A) 所有工资在 500 元以上的职工人数　　(B) 所有工资在 500 元以上的职工平均工资数

(C) 所有职工的平均工资数　　　　　　　(D) 出错信息

47. 学生数据表文件 STUDENT.DBF 中各记录的"姓名"字段值均为学生全名，执行如下命令序列后，最后 EOF()函数的显示值是(　　　)。

```
    USE STUDENT
    INDEX ON 姓名 TO NAME
    SET EXACT OFF
    FIND 李
```

DISPLAY 姓名,年龄

记录号	姓名	年龄
1	李明	28

SET EXACT ON

FIND 李

?EOF()

(A) 1 　　　　(B) 0 　　　　(C) .T. 　　　　(D) .F.

48. 执行如下命令序列后，最后一条 LIST 命令显示的姓名顺序是(　　　)。

USE STUDENT

LIST

记录号	姓名	性别	入学成绩
1	丁向红	男	460.0
2	李琴	女	424.0
3	刘红军	男	480.0
4	张晓华	男	390.0
5	赵亚军	男	570.0
6	肖天天	女	446.0

SORT TO ST ON 性别/D, 入学成绩

USE ST

LIST 姓名

(A) 李琴，肖天天，张晓华，丁向红，刘红军，赵亚军

(B) 丁向红，刘红军，张晓华，赵亚军，李琴，肖天天

(C) 李琴，肖天天，丁向红，刘红军，张晓华，赵亚军

(D) 肖天天，李琴，赵亚军，刘红军，丁向红，张晓华

49. 可以使用 FOUND()函数来检测查询是否成功的命令包括(　　　)。

(A) LIST、FIND、SEEK 　　　　(B) FIND、SEEK、LOCATE

(C) FIND、DISPLAY、SEEK 　　　　(D) LIST、SEEK、LOCATE

50. 设职工数据表文件已经打开，其中有工资字段，要把指针定位在第 1 个工资大于 620 元的记录上，应使用命令(　　　)。

(A) FIND FOR 工资>620 　　　　(B) SEEK 工资>620

(C) LOCATE FOR 工资>620 　　　　(D) LIST FOR 工资>620

51. 设数据表文件已经打开，有关索引文件已经建立，要打开该数据表文件的某索引文件，应该使用命令(　　　)。

(A) SET INDEX TO <索引文件名> 　　　　(B) OPEN INDEX <索引文件名>

(C) USE INDEX <索引文件名> 　　　　(D) 必须与数据表文件一起打开

52. 设职工数据表和按工作日期(D 型字段)索引的索引文件已经打开，要把记录指针定位到工作刚好满 30 天的职工，应当使用命令(　　　)。

(A) FIND DATE()-30 　　　　(B) SEEK DATE()-30

(C) FIND DATE()+30 　　　　(D) SEEK DATE()+30

53. 设数据表文件"成绩.DBF"已经打开，共有 30 个记录，按关键字"姓名"排序，执行命令 SORT ON 姓名 TO 成绩后，屏幕将显示(　　　)。

(A) 30 个记录排序完成 　　　　(B) 成绩.DBF 已存在，覆盖它吗(Y/N)

(C) 文件正在使用 　　　　(D) 出错信息

54. 设数据表与相应索引文件已经打开，且有内存变量 XM="李春"，则执行时可能会产生错误的命令

是(   )。

    (A) LOCATE FOR 姓名=XM   (B) LOCATE FOR 姓名=&XM

    (C) SEEK XM   (D) FIND '&XM'

55．在 Visual FoxPro 中，索引文件有两种扩展名，即.IDX 和.CDX。下列对这两种扩展名描述正确的

是(   )。

    (A) 两者无区别

    (B) .IDX 是 FoxBASE 建立的索引文件，.CDX 是 Visual FoxPro 建立的索引文件

    (C) .IDX 只含一个索引元的索引文件，.CDX 含多个索引元的复合索引文件

    (D) .IDX 是含多个索引元的复合索引文件，.CDX 是只含一个索引元的索引文件

56．下列关于 SEEK 命令和 LOCATE 命令的叙述，正确的是(   )。

    (A) SEEK 命令可以一次找到全部记录，LOCATE 命令一次只能找到一个记录

    (B) SEEK 命令必须打开索引文件才能使用，LOCATE 命令不需要索引文件

    (C) SEEK 命令只能查找字符串，LOCATE 命令可以查找任何字段

    (D) SEEK 命令可以和 CONTINUE 连用，LOCATE 命令则不能

57．命令 SELECT 0 的功能是(   )。

    (A) 选择区号最小的空闲工作区   (B) 选择区号最大的空闲工作区

    (C) 选择当前工作区的区号加 1 的工作区   (D) 随机选择一个工作区的区号

58．用 JOIN 命令对两个数据表进行物理连接时，对它们的要求是(   )。

    (A) 两数据表都不能打开   (B) 两数据表必须打开

    (C) 一个表打开，一个表关闭   (D) 两数据表必须结构相同

59．Visual FoxPro 中的 SET RELATION 关联操作是一种(   )。

    (A) 逻辑连接   (B) 物理连接   (C) 逻辑排序   (D) 物理排序

60．建立两个数据表关联，要求(   )。

    (A) 两个数据表都必须排序   (B) 关联的数据表必须排序

    (C) 两个数据表都必须索引   (D) 被关联的数据表必须索引

61．下列叙述正确的是(   )。

    (A) 一个数据表被更新时，它所有的索引文件会被自动更新

    (B) 一个数据表被更新时，它所有的索引文件不会被自动更新

    (C) 一个数据表被更新时，处于打开状态下的索引文件会被自动更新

    (D) 当两个数据表用 SET RELATION TO 命令建立关联后，调节任何一个数据表的指针时，另一个

数据表的指针将会同步移动

62．在 Visual FoxPro 中，下列概念中正确的是(   )。

    (A) UPDATE 命令中的两个表必须按相同关键字建立索引

    (B) 一个表文件可以在不同的工作区中同时打开

    (C) 在同一个工作区中，某一时刻只能有一个表文件处于打开状态

    (D) JOIN 命令生成的表文件可以与被连接的表文件在一个工作区内同时打开

63．有以下两个数据表文件：

    ST1.dbf 文件的内容   ST2.dbf 文件的内容

姓名	年龄	性别	姓名	年龄	性别
欧阳惠	25	女	李明	28	男
李明	28	男	吴友	23	男
杨霞	25	女	杨霞	25	女
吴友	23	男	欧阳惠	25	女

郭吴　　26　男　　郭吴　　26　　　男

```
SELECT 1
USE ST1
SELECT 2
USE ST2
LOCATE FOR  姓名=A->姓名
?RECNO()
```

执行以上命令序列后，所显示的记录号是(　　　)。

(A) 2　　　　　(B) 3　　　　　(C) 4　　　　　(D) 5

64. 有以下命令序列:

```
USE TEACHER
LIST
```

记录号	姓　名	性别	年龄	职称代码
1	李洋洋	女	25	1
2	刘涛	男	37	3
3	杨青	女	46	4
4	吴星	男	32	3
5	王田田	男	27	2

```
SELECT 2
USE TITLE ALIAS Q
LIST
```

记录号	职称代码	职称
1	1	助教
2	2	讲师
3	3	副教授
4	4	教授

```
INDEX ON  职称代码  TO ZC
SELECT 1
SET RELATION TO  职称代码  INTO Q
GOTO 2
?RECNO(2)
```

执行该命令序列后，函数 RECNO(2) 的显示值是(　　　)。

(A) 1　　　　(B) 2　　　　(C) 3　　　　(D) 4

65. 有以下两个数据表文件:

B1.dbf 文件的内容

姓名	性别	职称	工资
张三	男	讲师	600
李四	女	教授	900
王二	男	讲师	600

B2.dbf 文件的内容

编号	姓名	工资	补贴
1001	李四	900	300
1002	张三	600	200
1003	王二	600	200

```
SELE B
USE B2
SELE A
USE B1
JOIN WITH B TO BA FOR  姓名=B.姓名  FIELDS B->编号, 姓名,;
职称, B.补贴
```

```
SELE C
USE BA
LIST 姓名
```

执行以上命令序列后，最后一条 LIST 命令显示的姓名依次是(　　　)。

  (A) 李四、王二、张三   (B) 张三、李四、王二

  (C) 李四、张三   (D) 张三、李四

66. 在 Visual FoxPro 中说明数组的命令是(　　　)。

  (A) DEMENSION 和 ARRAY   (B) DEMENSION 和 AEERY

  (C) DEMENSION 和 DECLARE   (D) 只有 DEMENSION

67. Visual FoxPro 内存变量的数据类型不包括(　　　)。

  (A) 数值型   (B) 货币型   (C) 逻辑型   (D) 备注型

68. 打开一个空表文件（无任何记录），未做记录指针移动操作时，RECNO()、BOF()和 EOF()函数的值分别是(　　　)。

  (A) 0，.T.，和.T.   (B) 0，.T.，和.F.   (C) 1，.T.，和.T.   (D) 1，.T.，和.F.

69. 在一个人事档案的表文件中，婚否是逻辑型字段，那么"已婚的女性"，下面的正确逻辑表达式为(　　　)。

  (A) 婚否="已婚".AND.性别="女"   (B) 婚否="是".AND.性别="女

  (C) .NOT.婚否.AND.性别="女"   (D) 婚否.AND.性别="女"

70. 函数 SELECT(0)的返回值为(　　　)。

  (A) 当前工作区号   (B) 当前未被使用的最小工作区号

  (C) 当前未被使用的最大工作区号   (D) 当前已被使用的最小工作区号

71. 设当前表未建立索引，执行 LOCATE　FOR 职称="讲师"，则(　　　)。

  (A) 从当前记录开始往后找   (B) 从当前记录的下一个开始往后找

  (C) 从最后一个记录开始向前找   (D) 从第一个记录开始往后找

72. ABC.dbf 是一个具有两个备注型字段的数据表文件，若使用 COPY TO TEMP 命令进行复制操作，其结果是(　　　)。

  (A) 得到一个新的数据表文件

  (B) 得到一个新的数据表文件和一个新的备注文件

  (C) 得到一个新的数据表文件和两个新的备注文件

  (D) 错误信息，不能复制带有备注型字段的数据表文件

73. 下列关系表达式中，运算结果为逻辑真.T.的是(　　　)。

  (A) "副教授" $ "教授"   (B) 2+5=2*4

  (C) "计算机世界"="计算机"   (D) 2009/05/01==CTOD("04/01/09")

74. 假设表中共有 10 个记录，执行下列命令后，屏幕所显示的记录号顺序(　　　)。

```
USE ABC.dbf
GOTO 6
LIST NEXT 5
```

  (A) 1～5   (B) 1～6   (C) 5～10   (D) 6～10

75. 表文件"学生.dbf"中有 10 个记录，执行下列命令后将显示(　　　)。

```
USE 学生
COPY TO XS
USE XS
COUNT TO a
GO TOP
```

```
DELETE NEXT 5
COUNT TO b
SET DELETE ON
COUNT TO c
PACK
COUNT TO d
SET DELETE OFF
COUNT TO e
COPY TO XS_1
ZAP
COUNT TO f
?a,b,c,d,e,f
```

(A) 10 10 5 5 5 5   (B) 10 5 0 0 0 0

(C) 10 10 10 10 10 10   (D) 10 10 5 5 5 0

4.3 填空题

1. 浏览窗口显示表记录有两种格式：_____、_____。

2. 在一对多关联中，父表中的索引是_____，子表中的索引是_____。

3. Visual FoxPro 支持两类索引文件，即独立索引文件和_____。

4. 使用 SORT 命令将记录按关键字段值升序排序时可以省略参数_____，将记录按关键字段值降序排序时可以省略参数_____。

5. 在 Visual FoxPro 中，自由表字段名的长度不超过_____个字符。

6. 使用 LOCATE、FIND 或 SEEK 进行查找时，检测是否找到记录应使用_____，检测是否到达文件尾部应使用_____。

7. 在 DELETE 和 RECALL 命令中，若省略所有子句，则只对_____记录进行操作。

8. Visual FoxPro 中的索引分为主索引、候选索引、普通索引和_____ 4 种，其中_____每个表只能有一个。

9. 使用 LOCATE 命令查找失败时，若命令中无范围子句，则记录指针指向_____，若命令中有范围子句，则记录指针指向_____。

10. 要想逐条显示当前表中的所有记录，可以根据_____函数值来判断是否已经显示完毕。

11. 将当前表中所有的学生年龄加 1，可使用命令：

        _____ 年龄 WITH 年龄+1

12. 使用命令在结构复合索引添加一个对"姓名"字段的索引项，索引名为"xm"。请将语句填写完整。

        INDEX _____ 姓名 _____ xm

本章实验

【实验目的和要求】

- ⊙ 熟悉并掌握操作表结构和表文件的基本命令。
- ⊙ 通过实验进一步理解有关表的一些基本概念：字段、记录、记录指针、当前记录、当前表、独占方式、共享方式、结构描述文件、排序等。
- ⊙ 掌握命令窗口、编辑窗口和浏览窗口的使用方法。
- ⊙ 掌握系统菜单中"显示菜单"和"表菜单"的使用方法。
- ⊙ 掌握对表进行分类排序的方法以及索引的建立和使用方法。
- ⊙ 掌握数据查询和统计的基本方法。

⊙ 通过实验进一步理解工作区、多工作区、当前工作区等概念。掌握选择当前工作区的方法和掌握多工作区操作的基本方法和常用命令。

【实验内容】

⊙ 建立并显示表结构。

⊙ 表的复制。

⊙ 查看表中的数据。

⊙ 记录指针的定位。

⊙ 表记录的修改和追加。

⊙ 表记录的删除与恢复。

⊙ 表数据的编辑与替换。

⊙ 表数据的分类排序。

⊙ 索引的建立和使用。

⊙ 数据的查询和统计。

⊙ 多表的同时使用。

【实验指导】

1．建立并显示表结构

（1）建立如表 4-3 和表 4-4 所示的表结构。

<table>
<tr><td colspan="4">表 4-3 "学生档案.dbf"表结构</td></tr>
<tr><td>字段名</td><td>类 型</td><td>宽 度</td><td>小数位数</td></tr>
<tr><td>姓名</td><td>字符型</td><td>8</td><td></td></tr>
<tr><td>性别</td><td>字符型</td><td>2</td><td></td></tr>
<tr><td>班级</td><td>字符型</td><td>10</td><td></td></tr>
<tr><td>学号</td><td>字符型</td><td>12</td><td></td></tr>
<tr><td>籍贯</td><td>字符型</td><td>6</td><td></td></tr>
<tr><td>出生年月</td><td>日期型</td><td>8</td><td></td></tr>
<tr><td>政治面貌</td><td>字符型</td><td>8</td><td></td></tr>
<tr><td>民族</td><td>字符型</td><td>4</td><td></td></tr>
<tr><td>专业</td><td>字符型</td><td>10</td><td></td></tr>
<tr><td>备注</td><td>备注型</td><td>4</td><td></td></tr>
<tr><td>相片</td><td>通用型</td><td>4</td><td></td></tr>
</table>

<table>
<tr><td colspan="4">表 4-4 "学生成绩.dbf"表结构</td></tr>
<tr><td>字段名</td><td>类 型</td><td>宽 度</td><td>小数位数</td></tr>
<tr><td>姓名</td><td>字符型</td><td>8</td><td></td></tr>
<tr><td>班级</td><td>字符型</td><td>10</td><td></td></tr>
<tr><td>学号</td><td>字符型</td><td>12</td><td></td></tr>
<tr><td>数学</td><td>整型</td><td>4</td><td></td></tr>
<tr><td>英语</td><td>整型</td><td>4</td><td></td></tr>
<tr><td>计算机</td><td>整型</td><td>4</td><td></td></tr>
<tr><td>平均分</td><td>数值型</td><td>5</td><td>1</td></tr>
</table>

（2）显示和修改"学生档案.dbf"和"学生成绩.dbf"表结构。

练习使用 DISPLAY STRUCTURE 和 MODIFY STRUCTURE 命令。

按表 4-5 和 4-6 分别给"学生档案.dbf"和"学生成绩.dbf"表输入数据。

2．表的复制

如果没有设置默认路径，在实际操作中为了简化命令，避免在命令中的文件前面总是要带上路径，可以用 SET DEFAULT TO 命令指定默认驱动器、路径和文件夹，以后对文件的操作就是对该指定默认驱动器、路径和文件夹中文件的操作了。

假设下面操作的文件路径均为：E:\vfp\data。

（1）表结构的整体复制

将"学生档案.dbf"表结构的整体复制到"学生资料.dbf"。

```
SET DEFAULT TO E:\vfp\data        &&指定默认驱动器、路径和文件夹
USE 学生档案.dbf EXCLUSIVE        &&打开"学生档案.dbf"表
```

表 4-5　"学生档案.dbf"表数据

姓名	性别	班级	学号	籍贯	出生年月	政治面貌	民族	专业	备注	相片
李西	男	2003020101	200302010101	四川	08/03/88	团员	汉	应用化学		
张扬	男	2003020101	200302010105	北京	12/07/89	团员	汉	应用化学		
赵宇	男	2003020101	200302010103	重庆	11/08/88	团员	汉	应用化学		
刘寅	女	2003070101	200307010102	江苏	10/09/89	党员	汉	应用数学		
江山	男	2003070101	200307010104	湖南	08/03/89	团员	汉	应用数学		
姜洋	女	2003070101	200307010101	湖北	10/10/88	团员	汉	应用数学		
王新	女	2003080301	200308030101	江西	12/10/89	团员	汉	会计学		
田力	男	2003080301	200308030102	河北	12/12/88	团员	汉	会计学		

表 4-6　"学生成绩.dbf"表数据

姓名	班级	学号	数学	英语	计算机	平均分
李西	2003020101	200302010101	90	92	89	
张扬	2003020101	200302010105	86	69	78	
赵宇	2003020101	200302010103	89	90	95	
刘寅	2003070101	200307010102	57	60	76	
江山	2003070101	200307010104	76	80	84	
姜洋	2003070101	200307010101	94	89	94	
王新	2003080301	200308030101	78	67	80	
田力	2003080301	200308030102	80	90	92	

```
COPY STRUCTURE TO 学生资料        &&将"学生档案.DBF"表结构复制到"学生资料.dbf"表
USE 学生资料.dbf EXCLUSIVE        &&打开"学生资料.dbf"表
DISPLAY STRUCTURE               &&显示"学生资料.dbf"表结构
LIST                           &&显示"学生资料.dbf"表的内容
                  *屏幕上无显示,说明上述操作只复制了表结构,而没有复制表中的记录
USE                            &&关闭表
```

（2）表结构的部分复制

将"学生档案.dbf"表中的"姓名"、"学号"两个字段复制到"学生成绩.dbf"表结构中。

```
SET DEFAULT TO d:\vfp\data          &&指定默认驱动器、路径和文件夹
USE 学生档案                        &&打开"学生档案.dbf"
COPY STRUCTURE TO 学生成绩 fields 姓名,学号
            *将"学生档案.dbf"表中的"姓名"和"学号"字段复制到"学生成绩.dbf"表中
USE 学生成绩                        &&打开"学生成绩.dbf"
dispLAY struCTURE                  &&显示"学生成绩.dbf"表结构
LIST                              &&显示"学生成绩.dbf"表的内容
                  *屏幕上无显示,说明上述操作只复制了表结构,而没有复制表中的记录
USE                              &&关闭表
```

（3）表结构的部分字段及其记录的复制

将"学生档案.dbf"表中的"姓名"、"学号"两个字段及其 8 个记录复制到"学生成绩.dbf"表结构中。

```
SET DEFAULT TO E:\vfp\data          &&指定默认驱动器、路径和文件夹
USE 学生档案.dbf EXCLUSIVE          &&打开"学生档案.dbf"
COPY TO 学生成绩 FIELD 姓名,学号
```

*将"学生档案.dbf"表中的"姓名"、"学号"字段及其记录复制到"学生成绩.dbf"表中

　　　　USE 学生成绩.dbf EXCLUSIVE　　　　　　&&打开"学生成绩.dbf"

　　　　LIST　　　　　　　　　　　　　　　　　&&显示"学生成绩.dbf"表的内容

　　　　USE　　　　　　　　　　　　　　　　　&&关闭表

（4）结构文件的复制

前面的操作是对表结构及其字段或表中的记录进行复制。除此之外，还有一种操作是对结构文件进行复制。

首先打开要对其生成结构文件的"学生成绩.dbf"，然后用 copy to 成绩结构 structure extended 命令生成结构文件"成绩结构.dbf"。

　　　　USE 学生成绩.dbf EXCLUSIVE　　　　　　&&打开"学生成绩.dbf"

　　　　COPY TO 成绩结构 STRUCTURE EXTENDED

　　　　　　　　　　　　　　　　&&为"学生成绩.dbf"建立一个结构文件"成绩结构.dbf"

　　　　LIST STRUCTURE　　　　　　　　　　　&&显示"成绩结构.dbf"

结构文件"成绩结构.dbf"是用来存储"学生成绩.dbf"文件结构的一种文件，由字段名、字段类型、字段宽度、小数位数等 16 个结构参数组成。

3．查看表中的数据

练习使用 BROWSE、LIST、DISPLAY 命令浏览和显示表的内容。

注意：在浏览和显示表之前，首先要用 use 命令打开指定的表。

① 浏览"学生档案.dbf"表中所有性别为"女"的数据记录。

② 显示"学生档案.dbf"表中所有性别为"男"的数据记录。

③ 显示"学生档案.dbf"表中所有性别为"男"的"姓名"、"性别"、"学号"、"专业"数据记录。

4．记录指针的定位

练习使用指针移动命令：GO，SKIP，LOCATE，CONTINUE。

① 打开"学生档案.dbf"表文件，将记录指针定位在 3 号记录并显示 3 号记录。

② 使用 SKIP 命令，继续显示 4 号记录。

③ 用 LOCATE/CONTINUE 命令搜索"学生档案.dbf"表中"专业"为应用数学的记录。

5．表记录的修改和追加

练习使用表记录的修改和追加命令：INSERT，APPEND，APPEND FROM 等。

（1）使用 INSERT、APPEND 命令给"学生档案.dbf"表中追加记录

① 在表尾追加记录。

　　　　SET DEFAULT TO E:\vfp\data　　　　　　&&指定默认驱动器、路径和文件夹

　　　　USE 学生档案.dbf EXCLUSIVE　　　　　　&&打开"学生档案.dbf"

　　　　APPEND

② 在记录号为 5 的记录后面插入一个空白记录。

　　　　GO 5

　　　　INSERT BLANK

③ 在记录号为 5 的记录前面插入一个空白记录。

　　　　GO 5

　　　　INSERT BEFORE

（2）将一维数组 C 中的内容添加到"学生档案.dbf"中

　　　　DIMENSION C(11)

　　　　C(1)='王放'

　　　　C(2)=.T.

　　　　C(3)='2003080301'

```
C(4)='200308030105'
C(5)='广东'
C(6)={^1983-07-05}
C(7)='党员'
C(8)='回'
C(9)='会计学'
SET DEFAULT TO E:\VFP\DATA          &&设置路径
USE 学生档案.DBF EXCLUSIVE           &&打开"学生档案.dbf"
APPEND FROM ARRAY C                 &&将数组C中的内容添加到"学生档案.dbf"中
BROWSE                              &&打开浏览窗口，显示"学生档案.dbf"
```

（3）将"学生档案.dbf"中的第6个记录读到数组C中

```
SET DEFAULT TO E:\VFP\DATA
USE 学生档案.dbf EXCLUSIVE
GO 6
DIMENSION C(11)
SCATTER TO C
LIST MEMORY LIKE C*                 &&屏幕上显示读到数组C中的记录内容
```

（4）将"学生档案.dbf"中的全部记录读到数组D中

```
USE 学生档案.DBF EXCLUSIVE
DIMENSION D(10,11)                  &&如果这里没有定义数组D，VFP会自动建立
COPY TO ARRAY D                     &&将"学生档案.dbf"中的数据复制到数组D中
LIST MEMORY LIKE d*                 &&屏幕上将依次显示"学生档案.dbf"中的记录
```

（5）通用型和备注型字段的复制

参照例4-24，练习 APPEND GENERAL 命令，将图像文件复制到相片字段中；参照例4-25，练习 APPEND MEMO 命令，将文本文件复制到备注型字段中。

（6）追加成批记录

首先在 Microsoft Excel 中输入如图4-47所示的2个记录，文件名为"学生.xls"。

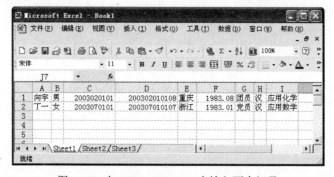

图4-47　在 Microsoft Excel 中输入两个记录

```
USE 学生档案.DBF EXCLUSIVE
APPEND FROM 学生 TYPE xls           &&将Excel中的两个记录追加到"学生档案.dbf"中
```

按图4-47的内容建立一个"学生.DBF"文件，用如下命令将其记录追加到"学生档案.dbf"中。

```
USE 学生档案.dbf EXCLUSIVE          &&打开"学生档案.dbf"
APPEND FROM 学生                    &&将"学生.dbf"中的记录追加到"学生档案.dbf"中
BROWSE                             &&浏览追加记录后的结果
```

6．表记录的删除与恢复

练习使用 DELETE、RECALL、PACK、ZAP 命令。

① 给"学生档案.dbf"中的"女生"记录做删除标记。

② 恢复"学生档案.dbf"中带有删除标记的记录。

③ 给"学生档案.dbf"中的"男生"记录做删除标记。

④ 物理删除标有删除标记的记录。

⑤ 从表中删除所有记录，只留下表的结构。

注意：要保留数据，在删除前不要忘了先做一备份。

7．表数据的编辑与替换

练习使用 EDIT、REPLACE 命令。

（1）练习 REPLACE 命令

用 REPLACE 命令将"学生成绩.dbf"表中的"平均成绩"字段用(数学+英语+计算机)/3 替换。

（2）编辑与修改表数据

① 练习编辑"学生成绩.dbf"表中的所有字段。

```
USE 学生成绩                    &&打开"学生成绩.dbf"
EDIT                          &&显示要编辑的记录
```

编辑的方法和输入方法相同，编辑简历（备注型字段）时，双击该字段，然后在出现的窗口中进行编辑。编辑结束后，按 Ctrl+W 组合键保存。

② 编辑与修改指定字段。

```
BROWSE FREEZE 数学              &&冻结数学字段，只能对数学字段进行修改
```

或

```
EDIT FREEZE 数学                &&冻结数学字段，只能对数学字段进行修改
```

这时，在"浏览"窗口中将显示所有记录，但光标只能在"数学"字段上移动，只允许对"数学"字段进行编辑修改。

8．表数据的分类排序

① 将"学生档案.dbf"中的记录按照"学号"降序排列。

② 将"学生档案.dbf"中的记录按照"专业"降序排列；如果"专业"相同则按学号升序排列，并将结果存放在"STUD.dbf"中

9．索引的建立和使用

练习索引的建立、索引的使用等命令(INDEX, SET ORDER TO)。

① 对于"学生档案.dbf"表，以"学号"作为索引表达式，建立"学号"文件的压缩独立索引文件，并显示排序记录。

② 打开"学生档案.dbf"文件，以"学号"作为索引表达式建立复合索引文件，显示排序结果。

③ 参照 4.3.4 节，练习索引的维护。

10．数据的查询和统计

练习查询、快速查询和数据统计命令：LOCATE，FIND，SEEK，COUNT，SUM，AVERAGE。

① 查找"学生成绩.dbf"表中数学成绩大于或等于 90 分的学生记录，并显示查找到的记录内容。

```
USE 学生成绩                    &&打开"学生成绩.dbf"
LOCATE ALL FOR 数学>=90         &&查找第 1 个数学成绩大于或等于 90 的学生记录
? RECNO()                      &&显示当前记录号：1
DISPLAY                        &&显示该记录的内容
CONTINUE                       &&查找下一个数学成绩大于或等于 90 的学生记录
? RECNO()                      &&显示当前记录号：6
DISPLAY                        &&显示该记录的内容
```

② 对"学生档案.dbf"表，按"姓名"和"学号"字段建立"学生档案.dbf"文件的结构复合索引文件，然后使用 SEEK 命令进行查询，显示姓名、班级、学号、专业的排序记录。

③ 用 COUNT 命令统计"学生档案.dbf"中女生的人数。

④ 统计"学生成绩.dbf"表中所有学生"数学"的平均成绩。

⑤ 建立"学生成绩.dbf"中"班级"的独立索引文件，按"班级"分类汇总"平均成绩"，并将其结果存入 BJHZ.DBF 文件中。

11．多表的同时使用

练习选择当前工作区的命令：SELECT；练习使用关联两个表的命令和连接命令：SET RELATION TO、JION；练习多表的操作。

① 利用"学生档案.dbf"和"学生成绩.dbf"文件，列出姓名为"丁一"的如下数据内容：姓名、学号、性别、专业、平均成绩。

② 利用"数据工作期"窗口打开"学生档案.dbf"和"学生成绩.dbf"文件，列出姓名为"丁一"的如下数据内容：姓名、学号、性别、平均成绩。

③ 利用"数据工作期"窗口和 SET RELATION 命令，建立"学生档案.dbf"表和"学生成绩.dbf"表之间一对多的临时关联；然后删除表间临时关联。

④ 将"学生档案.dbf"和"学生成绩.dbf"两个表中的姓名、学号、专业和平均成绩连接成一个新表。

第 5 章　数据库的基本操作

本章要点：

☞　数据库的创建

☞　数据库表属性的设置

☞　数据库的操作

在 Visual FoxPro 中，可以使用数据库来组织和建立表和视图间的关系。数据库不但提供了存储数据的结构，而且有很多其他好处。使用数据库，可以在表一级进行功能扩展，还可以创建存储过程和表之间的永久关系。此外，使用数据库还能访问远程数据源，并可创建本地表和远程表的视图。

5.1　数据库的创建

5.1.1　创建数据库文件

在 Visual FoxPro 中，"数据库"和"表"不是同义词。"数据库"创建后将保存在一个扩展名为 .dbc 的文件中，它是一个或多个表（.dbf 文件）或视图信息的容器。

创建数据库的常用方法有 3 种：在"项目管理器"中建立，通过"新建"对话框建立，使用命令交互式建立。

1. 通过"项目管理器"建立数据库

在"项目管理器"中建立数据库的步骤如下。

❶ 打开"项目管理器"，单击"数据"选项卡。

❷ 在"数据"选项卡中选择"数据库"，如图 5-1 所示。单击"新建"按钮，弹出如图 5-2 所示的"新建数据库"对话框。

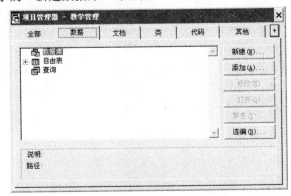

图 5-1　"项目管理器"中的"数据"选项卡

图 5-2　"新建数据库"对话框

❸ 在"新建数据库"对话框中，单击"数据库向导"按钮，将通过"数据库向导"完成数据

库的建立；单击"新建数据库"按钮，将弹出如图 5-3 所示的"创建"对话框。

❹ 在"保存在"框中选择工作目录；在"保存类型"框中选择"数据库(*.dbc)"；在"数据库名"框中输入数据库文件名：教学管理。

❺ 单击"保存"按钮，进入如图 5-4 所示的"数据库设计器"窗口。

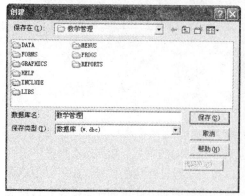

图 5-3 "创建"对话框

图 5-4 "数据库设计器"窗口

❻ 单击窗口右上角的"关闭"按钮，在"项目管理器"的窗口中的"数据库"下，就可看到建立好的"教学管理"文件了，如图 5-5 所示。

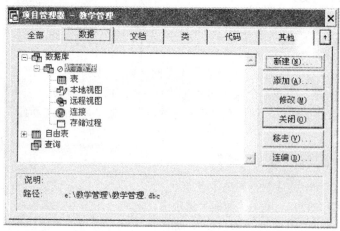

图 5-5 创建的"教学管理"数据库

由图 5-5 可知，在创建数据库的同时，系统也建立了表、本地视图、远程视图、连接和存储过程等 5 种不同格式的文件类型。但是，由于还没有添加任何表和其他对象，所以"教学管理"还只是一个空的数据库。

2. 通过 CREATE DATABASE 命令建立数据库

功能：创建一个数据库，并打开它。

语法：

　　　CREATE DATABASE [DatabaseName | ?]

DatabaseName ——指定要创建的数据库名称。

数据库文件的扩展名为.dbc，关联的数据库备注文件扩展名为.dct，关联的索引文件名为.dcx。

由于该命令创建并打开数据库，因此不必再用 OPEN DATABASE 命令打开数据库。如果该命令不带任何参数，将显示"创建"对话框，提示用户指定数据库的名称。

数据库建好后，可以用 CREATE TABLE 命令（见第 9 章）在数据库中建立表。

5.1.2 数据库的打开和关闭

数据库可以单独使用，也可以将它们合并成一个项目，用"项目管理器"进行管理。数据库必须在打开后才能访问它内部的表。

打开数据库常用的方法有 3 种：在"项目管理器"中打开，通过"文件 | 打开"命令打开，使用命令打开。

1．通过"项目管理器"打开数据库

在"项目管理器"中打开数据库的步骤如下。

❶ 打开数据库所在的项目。

❷ 在"项目管理器"中单击"数据"选项卡。

❸ 在"数据"选项卡中单击要打开的数据库。

2．使用命令 OPEN DATABASE 打开数据库

功能：打开一个数据库。

语法：

OPEN DATABASE [FileName | ?][EXCLUSIVE | SHARED][NOUPDATE]

FileName ——指定要打开的数据库的名称，扩展名为 .dbc。

EXCLUSIVE | SHARED ——以独占或共享方式打开数据库。

NOUPDATE ——以只读方式打开数据库。

数据库打开后，其中包含的所有的表均可用 USE 命令打开。

3．使用"文件 | 打开"命令打开数据库

执行"文件 | 打开"命令，在打开对话框中的"文件类型"列表框中选择"数据库(*.dbc)"，选择要打开的数据库，如教学管理.dbc。单击"确定"按钮，就可打开选择的数据库。

打开数据库后，就会显示出"数据库设计器"，它将向用户展示组成数据库的若干表以及它们之间的关系。

数据库打开后，可以用下面的命令显示数据库的有关信息和环境命令。

DISPLAY DATABASE[TO PRINTER [PROMPT] | TO FILE FileName]

4．使用命令关闭数据库

使用下面的命令可以关闭各种类型的文件。

CLOSE [ALL | DATABASES [ALL] | INDEXES | PROCEDURE | TABLES [ALL]]

CLOSE ALL 可以关闭所有工作区中打开的数据库、表和索引。

5．使用命令删除数据库

使用下面的命令可以从磁盘上删除数据库。

DELETE DATABASE DatabaseName | ?[DELETETABLES] [RECYCLE]

DatabaseName ——指定要从磁盘上删除数据库的名称，可以包含数据库的路径和数据库名。指定的数据库不能打开。

DELETETABLES ——从磁盘上删除包含在数据库中的表和包含表的数据库。

RECYCLE ——指定不将数据库从磁盘中立即删除，而将其放入 Windows 回收站。

5.1.3 在数据库中操作表

每个 Visual FoxPro 的表可以有两种存在状态：自由表（即没有和任何数据库关联的.dbf 文件）或者数据库表（即与数据库关联的.dbf 文件）。和数据库关联的表可以具有自由表所没有的属性，例如字段级规则和记录级规则、触发器和永久关系等。

可以在一个打开的数据库中创建表，或向数据库中添加已有的表，把表和数据库联系起来。

数据库表和自由表可以相互转换，当用户将一个自由表加入到某一个数据库时，自由表便成了数据库表；反之，若将数据库表从数据库中移出，则数据库表便成了自由表。另外，数据库表只能属于一个数据库，如果想将一个数据库中的表移到其他数据库，必须先将该数据库表变成为自由表，然后再将其加入到另一数据库中。自由表可以为多个数据库共享。

1. 在数据库中添加一个自由表

将自由表添加到数据库中，使其成为数据库表的方法如下。

❶ 在"项目管理器"中，从"全部"或"数据"选项卡中选择要添加自由表的数据库，如"教学管理"数据库，如图 5-5 所示。单击"修改"按钮，打开"数据库设计器"，如图 5-6 所示。

❷ 从"数据库"菜单中选择"添加表"命令，或单击"数据库设计器"工具栏上的"添加表"按钮，在"打开"对话框中选定"学生信息.dbf"表，然后单击"确定"按钮。这时"学生信息"表就添加到"数据库设计器"中了，如图 5-7 所示。

也可以用下面的命令将"学生信息"表添加到"教学管理"数据库中：

OPEN DATABASE E:\教学管理\教学管理.DBC SHARED &&打开"教学管理"数据库

ADD TABLE E:\教学管理\学生信息 &&向数据库中添加"学生信息.dbf"表

只有明确地把一个已有的自由表添加到数据库中，才能使它成为数据库的一部分。即使在打开数据库后，执行MODIFY STRUCTURE命令修改自由表的结构，也不能让 Visual FoxPro 把自由表添加到数据库中。

 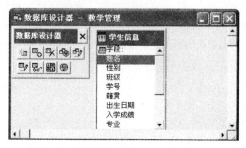

图 5-6　数据库设计器-"教学管理"　　图 5-7　添加到"数据库设计器"中的"学生信息"表

2. 从数据库中移去表

从数据库中移去一个表的步骤如下。

❶ 在"项目管理器"中，从"数据"选项卡中选择要移去的表所在的数据库，如"教学管理"数据库，单击"修改"按钮，打开"数据库设计器"。

❷ 在"数据库设计器"中单击要移去的表，如"学生信息.dbf"表，此时要移去的表的标题栏变为深色，表明该表已被选中。

❸ 执行系统菜单中的"数据库 | 移去"命令，或单击"数据库设计器"工具栏上的"移去表"按钮，出现"把表从数据库中移去还是从磁盘上删除"的询问对话框。

❹ 在出现的询问对话框中单击"移去"按钮，就可从数据库中移去所选的表，使其成为一个

自由表。例如，上面的操作使"学生信息.dbf"表从"教学管理"数据库中移去成为一个自由表。如果选择"删除"，则可从当前数据库中移去该表的同时将其从磁盘上删除。

⑤ 单击"确定"按钮。

3．建立表间关联

通过连接不同表的索引，"数据库设计器"可以很方便地建立表之间的关联。因为这种在数据库中建立的关系被作为数据库的一部分保存起来，所以称为永久关系。每当在"查询设计器"或"视图设计器"中使用表，或者在创建表单时在"数据环境设计器"中使用表时，这些永久关系将作为表间的默认连接。

在表之间创建关系之前，想要关联的表需要有一些公共的字段和索引。这样的字段称为"主关键字"字段和"外部关键字"字段。"主关键字"字段标识了表中的特定记录。"外部关键字"字段标识了存于数据库里其他表中的相关记录。此外，需要对"主关键字"字段做一个主索引，对"外部关键字"字段做普通索引。

两个索引要用相同的表达式。例如，如果在主关键字字段的表达式中使用一个函数，在"外部关键字"字段表达式中也要使用同一个函数。

定义完关键字段和索引后，即可创建关联。如果表中还没有索引，需要在"表设计器"中打开表，并且向表中添加索引。

若要在表间建立关联，则将一个表的索引拖到另一个表匹配的索引上。设置完关联之后，在"数据库设计器"中可看到一条连接了两表的线。

注意：只有在"数据库属性"对话框中的"关系"选项打开时，才能看到这些表示关系的连线。从"数据库设计器"的快捷菜单中选择"属性"命令，就可打开"数据库属性"对话框。

【例5-1】 将"学生信息"表和"学生成绩表"加入到"教学管理"数据库中，并按"学号"字段建立关联。

❶ 将"学生信息"表和"学生成绩表"加入到"教学管理"数据库中，成为数据库表。

❷ 对"学生信息"表和"学生成绩表"中的"学号"字段分别建立"主索引"和"普通索引"。

❸ 在"项目管理器"窗口中，选择要建立关联的"教学管理"数据库，单击"修改"按钮，进入"数据库设计器"窗口。

❹ 在"数据库设计器"窗口中，把"学生信息"表中"学号"主索引拖到"学生成绩表"的"学号"普通索引上，此时 Visual FoxPro 就在"学生信息"表和"学生成绩表"间建立起了关联，并用关联线示意，如图 5-8 所示。

图 5-8 "学生信息"表和"学生成绩表"间一对多关联示意

所建立关联的类型是由子表中所用索引类型决定的。如果子表的索引为"主索引"或"候选索引"，则所建关联是一对一的；如果子表的索引类型是"唯一索引"和"普通索引"，则所建关联类型是一对多的关联。

4．编辑表间关联

对已经建好的关联可以进行修改或删除。

（1）修改关联

❶ 打开要修改关联的"数据库设计器"，双击要修改的关联线，进入如图 5-9 所示的"编辑关系"对话框。

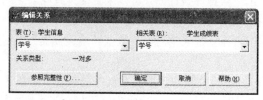

图 5-9　"编辑关系"对话框

❷ 在"编辑关系"对话框中，重新选择用于建立关联的"主索引"和"普通索引"，即从"表(T)"下拉列表框中选出一个"主索引"，再从"相关表(R)"的下拉列表框中选出一个"普通索引"。

❸ 单击"确定"按钮。

（2）删除关联

对不需要的关联可以删除，其方法是：

❶ 打开要删除关联的"数据库设计器"，单击要删除关联的关联线，此时关联线变粗。

❷ 按 Delete 键删除该关联，关联线消失。

5.2　数据库表属性的设置

将表添加到数据库后，便可以立即获得许多在自由表中得不到的属性。例如长字段名和长表名、掩码、默认值、字段级和记录级的有效性规则、触发器等。这些属性被作为数据库的一部分保存起来，并且一直为表所拥有，直到表从这个数据库中移去为止。

通过设置数据库表的字段属性，可以为字段设置标题、输入注释、设置默认值、设置字段的输入掩码和显示格式、设置字段的控件类和库、设置有效性规则对输入字段的数据加以限制。

数据库表的"表设计器"与自由表的"表设计器"有所不同。从如图 5-10 所示的数据库表的"表设计器"可以看到，在数据库表的"表设计器"下方有"显示"、"字段有效性"、"字段注释"和"匹配字段类型到类"4 个输入区域，这是自由表的"表设计器"所没有的。

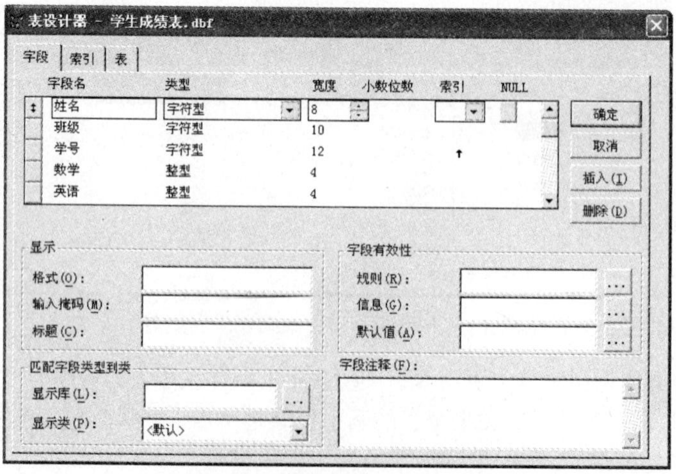

图 5-10　数据库表的"表设计器"

数据库可以单独使用，也可以将它们合并成一个项目，用"项目管理器"进行管理。数据库必须在打开后才能访问它内部的表。

5.2.1 设置字段显示属性

字段的显示属性包括显示格式、输入掩码、标题及注释。

1. 显示格式

显示格式规定字段显示时的大小、字体或样式。格式实际上是字段的输出掩码，它决定了字段的显示风格。常用的格式码有：

⊙ A ——表示只允许输出文字字符（禁止输出数字、空格和标点符号）。

⊙ D ——表示使用当前系统设置的日期格式。

⊙ L ——表示在数值前显示填充的前导零，而不是用空格字符。

⊙ T ——表示禁止输入字段的前导空格字符和结尾空格字符。

⊙ ! ——表示把输入的小写字母转换为大写字母。

2. 输入掩码

输入掩码指定字段输入值的格式。使用输入掩码可屏蔽非法输入，减少人为的数据输入错误，提高输入工作效率，保证输入的字段数据格式统一和有效。常用的输入掩码如下：

⊙ X ——表示可输入任何字符。

⊙ 9 ——表示可输入数字和正负符号。

⊙ # ——表示可输入数字、空格和正负符号。

⊙ $ ——表示在固定的位置上显示当前货币符号。

⊙ $$ ——表示显示当前货币符号。

⊙ * ——表示在值的左侧显示星号。

⊙ . ——表示用点分隔符指定数值的小数点位置。

⊙ , ——表示用逗号分割小数点左边的整数部分，一般用来分隔千分位。

设置"格式"和"输入掩码"，其作用是限制显示输出和限制输入。

3. 标题

标题指定显示代表字段的标题。Visual FoxPro 中数据库表允许长字段名和长表名，最多可包含 128 个字符。

在定义数据表的字段名时，一般都使用字母、缩写等，因此难于理解字段的含义。Visual FoxPro 提供的"标题"属性，可以给字段添加一个说明性标题（可以为数据库表中的每个字段创建一个标题），Visual FoxPro 将显示字段的标题文字，并以此作为该字段在浏览窗口中的列标题，这样可以增强字段的可读性。

4. 字段的注释

在定义数据库表的字段时，除了给字段设置标题外，还可以在"表设计器"中的"字段注释"文本框中给字段输入一些注释信息，来说明表中的字段所代表的意思。

当在"项目管理器"中选择了这个字段时，会显示该字段的注释。

【例 5-2】 设置"学生信息.dbf"表的字段显示属性。

❶ 打开"学生信息.dbf"表，执行系统菜单的"数据库|修改"命令或单击"数据库设计器"工具栏中的"修改表"按钮，打开"表设计器"对话框。

❷ 选择"表设计器"的字段选项卡，选择"姓名"字段，在"格式"编辑框内输入"AT"。

❸ 选择"学号"字段，在"显示"区内的"输入掩码"编辑框内输入"999999999999"。

❹ 选择"出生年月"字段，在"标题"编辑框内输入"出生日期"。

❺ 选择"入学成绩"字段，在"标题"编辑框内输入"高考成绩"。

❻ 选择"简历"字段，在"字段注释"编辑框内输入"入学前的学校"。

❼ 单击"确定"按钮，关闭"表设计器"对话框。

❽ 从"数据库"菜单中选择"浏览"命令或单击"数据库设计器"工具栏中的"浏览表"按钮，就可以看到"浏览"窗口中原来的"出生年月"字段名被替换为"出生日期"；原来的"入学成绩"字段名被替换为"高考成绩"。

❾ 关闭"浏览"窗口和"数据库设计器"，返回"项目管理器"窗口。

❿ 在"项目管理器"中选择"学生信息"表的"简历"字段，可以看到在"项目管理器"底部的"说明"后面显示出了字段的注释。

5.2.2 设置字段输入默认值

当用户向表中输入记录时，可能会遇到这种情况：某一字段中有大量相同的内容，或多个记录的某个字段值相同。对于这种情况，利用 Visual FoxPro 提供的字段默认值，可以提高输入效率和数据的可靠性。字段默认值是指当向数据库表中添加一个新记录时，为某一字段所指定的一个数值或字符串。除非输入新值，否则默认值一直保留在该字段中。若要在创建新记录时自动输入一些字段值，可以在"表设计器"中用字段属性为该字段设置默认值。使其避免了反复输入同一数据的麻烦，而且还可以提示输入格式，减少输入错误。

设置字段的默认值的方法如下：

❶ 在"数据库设计器"中选定表。

❷ 从"数据库"菜单中选择"修改"。

❸ 在"表设计器"中选定要赋予默认值的字段。

❹ 在"默认值"框中键入要显示在所有新记录中的字段值（字符型字段应该用引号括起来）。

❺ 单击"确定"按钮。

【例 5-3】 将"学生信息.dbf"表中的"性别"字段的默认值设置为"女"。

❶ 打开"学生信息.dbf"表的"表设计器"，在"字段"选项卡中选定"性别"字段。

❷ 在"字段有效性"区内的"默认值"框中输入："女"。

❸ 单击"确定"按钮，关闭"表设计器"。

❹ 在"项目管理器"窗口中选择"学生信息.dbf"表，单击"浏览"按钮，打开浏览窗口，执行"显示|追加方式"命令，可以看到这时的"性别"字段出现了默认值"女"。

5.2.3 设置有效性规则

Visual FoxPro 提供了两种有效性规则：字段级有效性规则和记录级有效性规则。字段级有效性规则是对一个字段的约束，该规则检查一个字段中输入的数据是否有效。如果在定义表的结构时输入字段的有效性规则，就可以控制输入该字段的数据类型。当字段数据输入完成后，才激活用户设定的字段级有效性规则，校验录入数据的正确性。记录级有效性规则是对一个记录的约束，当所有记录输入完成后，才激活记录级有效性规则，检查记录数据的有效性。

字段级和记录级有效性规则将把所输入的值与所定义的规则表达式进行比较，如果输入的值不满足规则要求，系统就会发出警告信息，要求用户改正，直到符合要求为止。

若从数据库中移去或删除一个表，则所有属于该表的字段级和记录级规则都会从数据库中删除。

1. 设置字段有效性规则

设置字段有效性规则的步骤如下。

❶ 在"项目管理器"窗口中选定要设置字段有效性规则的表，单击"修改"按钮，打开"表设计器"。

❷ 单击"字段"选项卡，选定要建立规则的字段名。

❸ 在"规则"框中建立规则的有效性表达式，可以直接输入，也可以单击"规则"框右边的"生成表达式"按钮，然后在出现的"表达式生成器"对话框中输入复杂的表达式。

❹ 单击"确定"按钮，返回"表设计器"。

❺ 在"信息"框中输入违背规则的警告信息，输入的信息要用半角引号括起来。

❻ 单击"确定"按钮。

【例 5-4】 将"学生信息.dbf"表中的"入学成绩"字段的有效性规则设置为："500<入学成绩<650"。

❶ 在"项目管理器"窗口中选定"学生信息"表，单击"修改"按钮，打开"表设计器"。

❷ 单击"字段"选项卡，选定"入学成绩"字段。

❸ 单击"规则"框右边的"生成表达式"按钮，然后在出现的"表达式生成器"对话框的"有效性规则"框中输入"入学成绩>500.AND.入学成绩<650"。

❹ 单击"确定"按钮，返回"表设计器"。在"信息"框中输入违背规则的警告信息："500<入学成绩<650"，如图 5-11 所示。

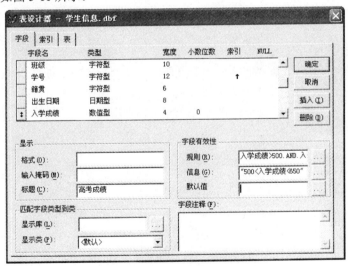

图 5-11　字段有效性规则的设置

❺ 单击"确定"按钮。

2. 设置记录有效性规则

记录有效性规则是一种与记录相关的有效性规则，当插入或修改记录时激活，常用来检验数据输入的正确性。记录被删除时不使用有效性规则。记录级规则在字段级规则之后和触发器之前激活，在缓冲更新时工作。

记录级有效性规则用于记录更新时对整个记录进行检验，通常比较同一记录中的两个或多个字段值，或查看记录是否满足一定的条件。

设置记录有效性规则的方法与设置字段有效性规则基本类似，不同之处仅在于后者是在"表设计器"的"字段"选项卡中进行设置，而前者是在"表设计器"的"表"选项卡中进行设置。

【例 5-5】 给"学生成绩表.dbf"设置有效性规则和有效性说明。

❶ 在"项目管理器"窗口中选定"学生成绩表.dbf"，单击"修改"按钮，打开"表设计器"。

❷ 单击"表"选项卡，单击"规则"框右边的"生成表达式"按钮，然后在出现的"表达式生成器"对话框中 "有效性规则"框中输入"平均成绩<MAX(数学, 英语, 计算机)"。

❸ 单击"确定"按钮，返回"表设计器"。在"信息"框中输入违背规则的警告信息："平均分<MAX(数学, 英语, 计算机)"，如图 5-12 所示。

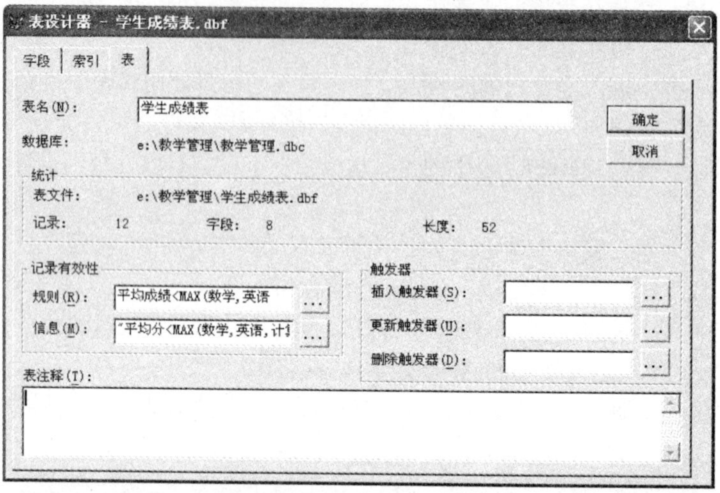

图 5-12 记录有效性规则的设置

❹ 单击"确定"按钮。

这时，当用户修改一个记录或输入一个记录后，系统将激活记录级有效性规则，判断是否出现不符合规则的记录。如果记录不符合上述规则，系统就会出现一个消息框把"信息"框中的信息"平均分<MAX(数学, 英语, 计算机)"显示出来，用户必须进行修改，直至满足有效性规则。

5.2.4 设置触发器

触发器是一个在输入、删除或更新表中的记录时被激活的表达式。通常，触发器需要输入一个程序或存储过程，在修改表时，它们被激活。

字段级有效性和记录级有效性规则主要限制非法数据的输入，而数据输入后还要进行修改、删除等操作。若要控制对已经存在的记录所做的非法操作，则应使用数据库表的记录及触发器。触发器是在某些事件发生时触发执行的一个表达式或一个过程。对于每个表，可以为下面 3 个事件各创建一个触发器：插入、更新及删除。在任何情况下，一个表最多只能有 3 个触发器。触发器必须返回"真"（.T.）或"假"（.F.）。

可以使用"表设计器"或 CREATE TRIGGER 命令来创建触发器。可以在如图 5-12 所示的"插入触发器"、"更新触发器"和"删除触发器"文本框中，分别设置相应触发器的触发规则。触发规则可以是一个表达式、一个过程或函数。当它们返回假（.F.）时，显示"触发器失败"信息，以阻止插入、更新或删除操作。触发器在进行了其他所有检查（如有效性规则、主关键字）之后被激活。

插入触发器：用于指定一个规则，每次向表中插入或追加记录时该规则被触发，根据指定的规则去检查插入的记录是否满足规则。

更新触发器：用于指定一个规则，每次更新表中记录时该规则被触发，根据指定的规则去检查更新的记录是否满足规则。

删除触发器：用于指定一个规则，每次删除表中记录（逻辑删除）时该规则被触发，根据指定的规则去检查删除的记录是否满足规则。

5.2.5 建立参照完整性

1. 参照完整性的概念

参照完整性是控制数据一致性，尤其是不同表的"主关键字"和"外部关键字"之间关系的规则。Visual FoxPro 使用用户自定义的字段级和记录级规则完成参照完整性规则。"参照完整性生成器"可以帮助用户建立规则，控制记录如何在相关表中被插入、更新或删除。

设置参照完整性规则的目的是在插入、删除、更新记录时，确保已定义的表间关系（表必须属于同一个数据库）。参照完整性应满足如下 3 条规则。

① 在关联的数据表间，子表中的每一个记录在对应的父表中都必须有一个父记录。

② 对子表做插入记录操作时，必须确保父表中存在一个父记录。

③ 对父表做删除记录操作时，其对应的子表中必须没有子记录存在。

2. 参照完整性规则

在"参照完整性生成器"对话框中（如图 5-13 所示），用户可以设置更新规则、删除规则和插入规则。

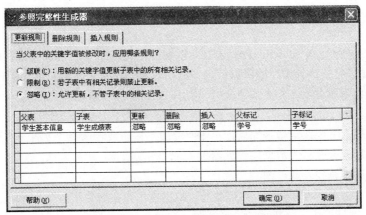

图 5-13 "参照完整性生成器"对话框

（1）更新规则

在这个窗口中可以设置关联的两个表间的更新规则。该窗口中 3 种规则的功能分别是：

⊙ 级联 ——当修改父表中的主关键字值时，关联表的关键字值也随主表做相同的更新。

⊙ 限制 ——当修改父表中的某一记录时，若子表中有相关记录，则禁止更新。

⊙ 忽略 ——可以更新父表关键字，关联表的关键字值不受影响。

（2）删除规则

该窗口中可以设置关联的两个表间的删除规则，其 3 种规则的功能分别是：

⊙ 级联 ——当删除父表中的某一记录时，关联表的相关记录也随之删除。

⊙ 限制 ——不允许删除父表记录，以免在相关表中形成孤立记录。

⊙ 忽略 ——两表删除操作将互不影响。

（3）插入规则

⊙ 限制 ——不允许在父表中插入记录。

⊙ 忽略 ——两表插入操作将互不影响。

3．建立参照完整性

建立参照完整性的步骤如下。

❶ 打开拟建立参照完整性的"数据库设计器"，双击表间关联线，打开如图 5-9 所示的"编辑关系"对话框。

❷ 单击"编辑关系"对话框中的"参照完整性"按钮，打开如图 5-13 所示的"参照完整性生成器"对话框。其中列出了表间的全部关联，每个关联都列出了父表和子表的名称。通过 3 个选项卡就可以建立各关联表间的更新、删除和插入的完整性规则。

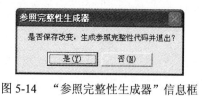

❸ 在"参照完整性生成器"对话框中，单击指定关联行中的更新列、删除列或插入列，从下拉列表中选择级联、限制或忽略。

❹ 单击"确定"按钮，系统将显示如图 5-14 所示的信息框。

图 5-14 "参照完整性生成器"信息框

❺ 单击"是"按钮，回到"编辑关系"对话框，完成参照完整性设置。

5.3 数据库的操作

1．数据库表的查看

创建一个数据库时，Visual FoxPro 建立并以独占方式打开一个 .dbc（数据库容器）文件，此 .dbc 文件存储了有关该数据库的所有信息（包括与它关联的文件名和对象名）。.dbc 文件并不在物理上包含任何附属对象（如表或字段），相反，Visual FoxPro 仅在 .dbc 文件中存储指向表文件的路径指针。

在"项目管理器"中选定数据库后，单击"修改"按钮或者选择"文件｜打开"菜单项，打开相应的数据库后就会显示"数据库设计器"。

（1）在数据库中查找表或视图

如果数据库中有多个表和视图，可以执行"数据库｜查找对象"命令，再从如图 5-15 所示的"查找表或视图"对话框中选择需要的表或视图。这时，在"数据库设计器"中，标题加亮显示的就是被选中的表。

（2）展开或折叠表

在"数据库设计器"中可调整表的显示区域大小，也可以折叠只显示表的名称。

右键单击"数据库设计器"中的某个表，在出现的快捷菜单中选择"展开"或"折叠"项，就可以展开或折叠该表；若要展开或折叠所有的表，就在"数据库设计器"窗口的空白处单击右键，然后在出现的快捷菜单中选择"全部展开"或"全部折叠"项。

（3）重排数据库的表

执行系统菜单的"数据库｜重排"命令，打开如图 5-16 所示的"重排表和视图"对话框，根据需要选择适当的选项，就可以在"数据库设计器"中按不同的要求重新排列表，也可以将表恢复为默认的高度和宽度。

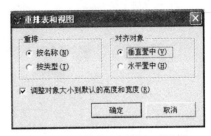

图 5-15 "查找表或视图"对话框 　　　　图 5-16 "重排表和视图"对话框

2．数据库结构的查看与修改

使用"数据库设计器"工具栏或"数据库"菜单中的相关命令可以创建新表、把已有的表添加到数据库中、从数据库中移去表、修改表的结构，还可以编辑存储过程。在数据库文件中，系统为每个与数据库关联的表、视图、索引、标识、永久关系以及连接保存了一个记录，也保存了每个具有附加属性的表字段或视图字段的记录。它还包含一条单独的记录，保存数据库的所有存储过程。

要了解数据库的组织结构，可以浏览数据库文件，查看规划，浏览数据库对象，检查数据库有效性，甚至可以扩展 .dbc 数据库文件。

数据库规划是在数据库中所建立的表结构和永久关系的可视化表示形式。"数据库设计器"窗口可显示已打开数据库的分层结构。若要显示数据库分层结构，可使用MODIFY DATABASE命令。例如：

> MODIFY DATABASE E:\教学管理

3．在项目中添加数据库

数据库创建后，若还不是项目的一部分，可以把它加入到项目中；若该数据库已是项目的一部分，可将它从项目中移走；若不再需要此数据库，也可将它从磁盘上删除。

使用CREATE DATABASE命令创建数据库时，即使"项目管理器"是打开的，该数据库也不会自动成为项目的一部分。可以把数据库添加到一个项目中，这样就能通过交互式用户界面更方便地组织、查看和操作数据库对象，同时能简化连编应用程序的过程。要把数据库添加到项目中，只能通过"项目管理器"来实现。

把数据库添加到项目中的操作步骤如下：

❶ 在"项目管理器"的"数据"选项卡中选择"数据库"项。

❷ 单击"添加"按钮，在"打开"对话框中选择要添加的数据库。

❸ 单击"确定"按钮，所选的数据库便被添加到"项目管理器"中。

4．从项目中移去和删除数据库

要从项目中移去数据库，只能通过"项目管理器"来实现，要从磁盘上删除数据库则可使用"项目管理器"或DELETE DATABASE命令。

从项目中移去数据库或从磁盘上删除数据库的操作步骤如下：

❶ 在"项目管理器"中选择要移去的数据库，单击"移去"按钮，弹出如图 5-17 所示的对

图 5-17 移去数据库

话框。

❷ 如果要移去数据库，则在打开的对话框中单击"移去"按钮；如果要从磁盘中删除文件，则选择"删除"。

5. 使用多个数据库

为符合多用户环境的数据组织需要，可以同时使用多个数据库。通过同时打开多个数据库，或引用关闭的数据库中的文件，来使用多个数据库。一旦打开了多个数据库，就可设置当前数据库，并选择其中的表。

（1）打开多个数据库

打开一个数据库后，表和表之间的关系就由存储在该数据库中的信息来控制。用户可以同时打开多个数据库。例如，在运行多个应用程序时，可以使用多个打开的数据库，每个应用程序都以不同的数据库为基础。也可能用户想打开多个数据库，从而能使用应用程序数据库之外的另一数据库中的存储信息，如自定义控件。

要打开多个数据库，可以通过"项目管理器"或选择"文件"菜单的"打开"命令，打开多个数据库，也可使用OPEN DATABASE命令打开数据库。选定一个数据库后，单击"修改"按钮或"打开"按钮。

注意：打开新的数据库并不关闭其他已经打开的数据库，这些已打开的数据库仍然保持打开状态，但是，只有新打开的数据库才是当前数据库。

（2）设置当前数据库

打开多个数据库时，Visual FoxPro 将最后打开的数据库设置为当前数据库。所创建或添加到该数据库中的任何表或其他对象，均默认为当前数据库的一部分，处理打开数据库的命令和函数（如 ADD TABLE 命令和 DBC()函数）也是对当前数据库进行操作。

可以通过交互方式或使用 SET DATABASE 命令选择另外一个数据库作为当前数据库。

若要设置当前数据库，可在"常用工具栏"中，从"数据库"框中选择一个数据库，或者使用SET DATABASE命令设置一个数据库为当前数据库。例如，下面的代码打开两个数据库，设置第 1 个数据库为当前数据库，然后使用 DBC()函数显示当前数据库的名称：

```
OPEN DATABASE  教学管理
OPEN DATABASE  教师管理              &&打开"教师管理"数据库
SET DATABASE TO  教学管理            &&设置"教学管理"数据库为当前数据库
? DBC()                             &&显示 E:\教学管理\教学管理.dbc
```

可以使用 USE 命令，在当前数据库的一系列表中选择要用的表。

关闭一个已打开的数据库可以选择"项目管理器"中的"关闭"按钮，也可以使用 CLOSE DATABASE 命令。

（3）作用域

Visual FoxPro 把当前数据库作为命名对象（例如表）的主作用域。当打开一个数据库时，Visual FoxPro 首先在已打开的数据库中搜索所需的任何对象（例如表、视图、连接等）。只有在当前数据库中没有找到所需对象时，Visual FoxPro 才在默认的搜索路径上查找。

习 题 5

5.1 思考题

1. 如何在指定的项目中创建一个数据库？

2. 字段级规则和记录级规则有何不同？

3. 数据库表之间有哪几种关联？

4. 触发器有几种？每一种触发器的作用是什么？

5. 试说明参照完整性以及设置参照完整性规则的目的。

5.2 选择题

1. 一个数据库表最多能设置的触发器个数是(   )。

    (A) 1   (B) 2   (C) 3   (D) 4

2. 数据库表的索引共有(   )种。

    (A) 1   (B) 2   (C) 3   (D) 4

3. 要限制数据库表中字段的重复值，可以使用(   )。

    (A) 主索引或候选索引   (B) 主索引或唯一索引

    (C) 主索引或普通索引   (D) 唯一索引或普通索引

4. 参照完整性规则不包括(   )。

    (A) 插入规则   (B) 查询规则   (C) 更新规则   (D) 删除规则

5. 定义参照完整性的目的是(   )。

    (A) 定义表的临时联接   (B) 定义表的永久联接

    (C) 定义表的外部联接   (D) 在插入、删除、更新记录时，确保已定义的表间关系

6. 默认的表间联接类型是(   )。

    (A) 内部联接   (B) 左联接   (C) 右联接   (D) 完全联接

7. 在"表设计器"的字段有效性验证中可以设置(   )、信息和默认值3项内容。

    (A) 格式   (B) 标题   (C) 规则   (D) 输入掩码

8. 在"参照完整性生成器"中选择"删除规则"选项卡，当按下"限制"按钮时完成的功能是(   )。

    (A) 删除子表中的所有相关记录   (B) 允许删除、不管子表中的相关记录

    (C) 对所有记录均限制删除   (D) 若子表中有相关记录，则禁止删除

9. 控制两个表中数据的完整性和一致性可以通过设置"参照完整性"规则，要求这两个表(   )。

    (A) 是同一数据库中的表   (B) 不同数据库中的两个表

    (C) 两个自由表   (D) 一个是自由表，一个是数据库表

10. 在数据库设计器中，建立两个表间的一对多关系是通过以下(   )实现的。

    (A) "一方"表为主索引或候选索引，"多方"表为普通索引

    (B) "一方"表为主索引，"多方"表为普通索引或候选索引

    (C) "一方"表为普通索引，"多方"表为主索引或候选索引

    (D) "一方"表为普通索引，"多方"表为普通索引或候选索引

11. 进行"参照完整性"设置时，要想设置成：当更改父表中的主关键字段或候选字段时，自动更改所有相关子表记录中的记录值，应选择(   )。

    (A) 限制   (B) 忽略   (C) 级联   (D) 级联或限制

12. 多表操作的实质是(   )。

    (A) 把多个表物理地连接在一起   (B) 临时建立一个虚拟表

    (C) 反映多表之间的关系   (D) 建立一个新的表

13. 在数据库中设置了参照完整性规则的删除为级联，则(   )。

    (A) 删除子表的记录，主表的相关记录自动删除

    (B) 删除主表的记录，子表的相关记录自动删除

    (C) 能够删除主表的记录，不能够删除子表的记录

    (D) 主表和子表都不能删除任何删除

14. 关于数据库表和自由表的候选索引，正确的是( )。

    (A) 1 个数据库表只能建立 1 个候选索引，自由表不能建立候选索引

    (B) 1 个数据库表只能建立 1 个候选索引，1 个自由表能够建立多个候选索引

    (C) 数据库表不能建立候选索引，1 个自由表只能够建立 1 个候选索引

    (D) 数据库表和自由表都可以建立多个候选索引

15. 在 Visual FoxPro 中，建立数据库文件时，把年龄字段值限定在 18~28 岁之间的约束属于( )。

    (A) 实体完整性约束　　　　　　　　(B) 参照完整性约束

    (C) 域完整性约束　　　　　　　　　(D) 视图完整性约束

16. 要使学生数据库表中不出现同名的学生的记录，需对学生字段建立( )。

    (A) 字段有效性限制　　　　　　　　(B) 主索引或候选索引

    (C) 记录有效性限制　　　　　　　　(D) 设置触发器

17. 要对数据库中的两个表建立永久关系，下列叙述中不正确的是( )。

    (A) 主表必须建立主索引或候选索引

    (B) 子表必须建立主索引或候选索引或普通索引

    (C) 两个表必须有同名字段

    (D) 子表中的记录数不一定多于主表

18. 在关系模型中，为了实现"关系中不允许出现相同元组"的约束，应使用( )。

    (A) 临时关键字　　　(B) 主关键字　　　(C) 外部关键字　　　(D) 索引关键字

19. 在 Visual FoxPro 中，可以对字段设置默认值的表是( )。

    (A) 自由表　　　(B) 数据库表　　　(C) 自由表或数据库表　　　(D) 都不能设置

20. 下列关于自由表的说法中，错误的是( )。

    (A) 在没有打开数据库的情况下所建立的数据表，就是自由表

    (B) 自由表不属于任何一个数据库

    (C) 自由表不能转换为数据库表

    (D) 数据库表可以转换为自由表

21. 要将数据库表从数据库中移出成为自由表，可使用命令( )。

    (A) DELETE TABLE <数据表名>　　　　(B) REMOVE TABLE <数据表名>

    (C) DROP TABLE <数据表名>　　　　　(D) RELEASE TABLE <数据表名>

5.3 填空题

1. Visual FoxPro 中有两种表：_____和_____。

2. Visual FoxPro 中数据库文件的扩展名是_____。

3. 字段或记录的有效性规则的设置是在_____中进行的。

4. 要删除"项目管理器"包含的文件，需要使用"项目管理器"的_____按钮。

5. 删除数据库表中的记录有_____方式。

6. 将工资表中总金额字段的默认值设置为 0.00，这属于定义数据_____完整性。

7. 在数据库设计器中设计表之间的联系时，要在父表中建立_____，在子表中建立_____。

本章实验

【实验目的和要求】

   ⊙ 掌握创建数据库和创建数据库表的方法。

   ⊙ 掌握表间关联和编辑的方法。

   ⊙ 掌握设置字段显示属性和字段输入默认值的方法。

⊙ 掌握设置字段有效性规则和记录有效性规则。

⊙ 掌握数据库表和数据库的操作。

【实验内容】

⊙ 创建数据库。

⊙ 创建数据库表。

⊙ 数据库表属性的设置。

⊙ 数据库的操作。

【实验指导】

1. 创建数据库

（1）建立一个"学生管理"项目。

（2）建立一个"学生管理"数据库。

（3）将"学生管理"数据库添加到"学生管理"项目中。

（4）关闭数据库。

2. 创建数据库表

（1）将自由表"学生档案.dbf"添加到"学生管理"数据库中。

（2）将自由表"学生成绩.dbf"添加到"学生管理"数据库中。

（3）将"学生档案.dbf"和"学生成绩.dbf"数据库表按"学号"字段建立关联。

3. 数据库表属性的设置

（1）将"学生档案.dbf"表中的"性别"字段的默认值设置为"男"，在"浏览"窗口中显示并执行"显示|追加方式"命令，观察会有什么现象。

（2）将"学生成绩.dbf"表中的"平均分"字段的有效性规则设置为"平均分>85"；设置表的"记录有效性"规则为：平均成绩<MAX(数学，英语，计算机)，然后输入一个不符合规则的记录，观察会有什么现象。

4. 数据库的操作

（1）在数据库中查找"学生成绩.dbf"表。

（2）在"学生管理"项目中再建立一个"课程管理"数据库。

（3）练习用命令OPEN DATABASE打开数据库；用命令 SET DATABASE 设置当前数据库；用命令 CLOSE DATABASE 关闭数据库。

第6章 结构化程序设计

本章要点：
- ☞ 程序的建立和运行
- ☞ 程序设计中常用的输入、输出语句
- ☞ 程序的基本控制结构：顺序、分支和循环
- ☞ 过程与用户自定义函数

当我们要完成一些复杂的任务，或者要重复执行某些操作时，用前面所讲的交互式方法来实现可能会做一些重复的操作。如果将这些需重复操作或经常用到的操作命令预先写好，存放在一个文件中，以便随时调用，这就是程序或函数。

在"命令"窗口中能够立即执行输入的命令，不需要将其保存为文件并用程序方式执行。程序与交互操作相比，具有如下特点：程序可保存、修改、多次运行；程序可通过菜单、表单和工具栏多种方式启动；一个程序可调用其他程序。

6.1 程序的建立和运行

Visual FoxPro 程序由代码组成，代码包括命令语句和编程语句、函数或 Visual FoxPro 可以理解的任何操作。

Visual FoxPro 程序和其他高级语言编写的程序一样，是一个文本文件，称为源程序。程序由若干行命令语句组成，只有建立了程序文件才能执行该程序。

1．源程序的建立和保存

（1）源程序文件的建立

Visual FoxPro 建立源程序文件有多种方法，最常用的方法有如下几种：

- ◉ 执行"文件 | 新建"命令，在"新建"对话框中选择"程序"文件类型，单击"新建文件"按钮。
- ◉ 在"项目管理器"中，选定"代码"选项卡中的"程序"项，单击"新建"按钮。
- ◉ 在"命令"窗口中执行命令：

  MODIFY COMMAND FileName

Visual FoxPro 打开了一个称为"程序 1"的新窗口，这时就可以键入应用程序了。与命令窗口不同的是，输入完一条命令回车后，并不直接执行该命令，而是输入完所有命令并将命令序列保存为一个程序文件后，执行该程序文件时，文件中的命令才被一一执行。

Visual FoxPro 的源程序文件名是由字母开头，其后可以是字母、下画线或数字的 1～8 个字符组成，扩展名为 .prg，汉字也可以作为文件名。

程序输入完后，按 Ctrl+W 组合键保存，按 Ctrl+Q 组合键将放弃本次编辑。

（2）源程序文件的修改

源程序文件保存后可以修改。首先，按以下方式打开想要修改的程序。

❶ 若程序包含在一项目中，则在"项目管理器"中选定它并选择"修改"命令。

❷ 执行"文件 | 打开"命令，弹出"打开"对话框。在"文件类型"列表框中选择"程序"，然后在文件列表中选定要修改的程序，单击"确定"按钮。

❸ 在"命令"窗口中输入：

  MODIFY COMMAND FileName

打开程序文件后便可对程序进行修改，修改完后注意保存。

（3）源程序文件的保存

保存程序文件的方法是：执行"文件 | 保存"命令，或按 Ctrl+W 组合键。

若用户要关闭一个没有保存的程序，则会弹出相应对话框，提示用户是保存还是放弃已做的修改。若用户保存了一个由"项目管理器"创建的程序，则该程序被加入到项目中。若用户要保存一个尚未命名的程序，则会打开"另存为..."对话框，提示用户可以在其中为程序指定程序名。

程序保存后，用户可以运行或修改它。

2．程序的运行

在 Visual FoxPro 中，可选择如下方法之一运行程序。

⊙ 若程序包含在一个项目中，则在"项目管理器"中选定它并单击"运行"按钮。

⊙ 执行"程序 | 运行"命令，在"运行"对话框的程序列表中，选择想要运行的程序，单击"运行"按钮。

⊙ 在"命令"窗口中，输入 DO 以及要运行的程序名：

  DO FileName

其中，FileName 为要执行的程序文件名。

3．程序的书写规则和编辑技巧

（1）程序的书写规则

正确的程序书写，会使程序具有可读性，将给程序的修改带来方便。

首先，程序中的每条命令都以回车结束，一行只能写一条语句或命令。若命令太长需分行书写，应在要续行的末尾键入续行符"；"，然后回车。

其次，为了提高程序的可读性，可在程序中插入注释。以符号"*"或命令字"NOTE"开始的注释行可以出现在程序的任何地方，它是一条非执行语句行，仅在编辑窗口中显示，程序执行时不会对其进行解释执行。如果要在命令或语句行后面添加注释，则以符号"&&"开头。例如：

  *本程序用于计算 1~100 的和

  SUM=1   &&给求和变量赋初值

注意：不能在命令语句行续行的分号后面加入&&和注释。

（2）命令窗口的使用技巧

在"命令"窗口中执行命令时，经常重复执行以前用过的命令。这时不需重新输入命令，只需将光标移到前面命令出现的位置，按回车键即可重新执行该命令。如果需要修改该命令，可以用一般的编辑技巧对命令进行修改后再按回车键。若要执行前面几条连续的命令行，则选定这几条命令，然后按回车键即可。

（3）程序文件中的使用技巧

程序编写好了，如果要想只运行程序文件中的部分语句，只需选定这些行并单击鼠标右键，执行"运行所选区域"命令。

（4）程序代码中的颜色

程序代码在代码窗口中会以不同的颜色出现。系统默认的颜色设定与含义为：绿色代码代表注释，蓝色代码代表命令关键字，黑色代码代表非命令关键字或用户使用的字符。红色代码则表明有语法错误，以提醒用户改正。执行"工具｜选项｜语法着色"命令，可以改变这些默认值。

（5）过程与函数列表

在程序编辑窗口中单击右键后，执行"过程/函数列表"命令，可以显示当前文件中所采用的过程或函数，从中可快速定位到所需之处。

6.2 程序设计中的常用语句

组成程序的命令很多，输入和输出是两个重要的组成部分，本节介绍一些常用的输入、输出命令。

1．？｜？？输出命令

功能：计算表达式的值，并输出计算结果。

语法：

　　　　？｜？？ Expression1 [AT nColumn] [,Expression2] ...

？ Expression1 ——计算表达式 Expression1 的值，输出一个回车和换行符，再将计算结果输出到 Visual FoxPro 主窗口。若省略表达式，则显示或打印一个空行。当包含多个表达式时，在表达式的结果之间插入一个空格。

？？ Expression1 ——计算表达式 Expression1 的值，并把计算结果输出到 Visual FoxPro 主窗口。

AT nColumn ——指定显示结果的列编号，即屏幕上的绝对列坐标。

该命令可以在指定的屏幕或窗口的列坐标处显示表达式的值。默认显示坐标时，？用于当前光标的下一行行首显示，？？用于在当前光标处显示。

2．WAIT 输入命令

功能：显示信息并暂停 Visual FoxPro 的执行，按某个键或单击鼠标后继续执行。

语法：

　　　　WAIT [cMessageText][TO VarName][WINDOW [AT nRow, nColumn]][TIMEOUT nSeconds]

cMessageText ——指定要显示的提示信息。若省略该参数，则 Visual FoxPro 显示默认的信息：按任一键继续…。

TO VarName ——将按下的键保存到变量或数组元素中。它专用于接受单个字符，且输入单个字符后不需按回车键。

WINDOW [AT nRow, nColumn] ——按指定坐标显示用户提示信息窗口，按 Ctrl 键或 Shift 键可以暂时隐藏该窗口。

TIMEOUT nSeconds ——指定在中断 WAIT 命令之前，等待键盘或鼠标输入的秒数。

执行该命令，可以暂停程序的运行，并在屏幕上或指定位置的提示信息窗口中显示提示信息。如果给定了等待时间，一旦未击键而超时将立即结束等待，去执行其后的命令。

【例 6-1】 用 WAIT 命令在信息提示窗口中显示：谢谢使用 Visual FoxPro!。

　　　　WAIT "谢谢使用 Visual FoxPro!" Windows

执行该命令后，屏幕右上角显示：

3．格式输入/输出命令

功能：在指定的行列位置显示或打印输出结果。

语法：

@<row,column>[SAY Expression1][GET Memvar][DEFAULT Expression2]

row,column ——指定光标放置在屏幕上的位置。

SAY Expression1 ——读取表达式 Expression1 的值，并在 row,column 指定的坐标位置显示。

GET Memvar ——GET 子句中的变量必须具有初值或用 DEFAULT 子句的 Expression2 指定初值。GET 子句的变量必须用 READ 命令来激活。在多个 GET 命令之后，只要使用一个 READ 命令即可；如果只使用 GET 命令而不加入 READ 命令，则不能由键盘输入任何值。因为@...GET 命令之后必须有 READ，才能读取用户的输入。

【例 6-2】 用@...SAY/GET 命令给变量 xuehao 和 xm 输入"学号"和"姓名"。

使用 MODIFY COMMAND 6-2 命令建立如下程序：

```
*程序 6-2.prg
xuehao="12345678901"
xm="123456"
CLEAR
*在第 3 行的第 10 列开始显示提示信息"学号"，空一格后显示变量 xuehao 的内容
@3,10 SAY "学号" GET xuehao
*在第 4 行的第 10 列开始显示提示信息"姓名"，空一格后显示变量 xm 的内容
@4,10 SAY "姓名" GET xm
READ                    &&光标停留在第 6 行第 15 列，等待用户编辑
@6,15 SAY xuehao        &&在第 6 行的第 15 列显示变量 xuehao 的内容
@7,15 SAY xm            &&在第 7 行的第 15 列显示变量 xm 的内容
RETURN
```

编辑完成后使用 Ctrl+W 组合键存盘，再使用 DO 6-2 命令运行程序，其结果如下：

```
学号  12345678901
姓名  123456
学号  20020210103
姓名  刘江涛
```

屏幕上首先显示 xhuehao 和 xm 的初始值，输入"20020210103"和"刘江涛"后，在主窗口中的第 6 行和第 7 行的 15 列分别输出 xhuehao 和 xm 的新值。

4．CLEAR 清屏命令

功能：清除屏幕或窗口中显示的内容。

语法：

CLEAR

5．ACCEPT 内存变量接收命令

功能：从键盘输入字符给内存变量。

语法：

ACCEPT [cPromptText] TO MemVarName

cPromptText ——指定提示信息。

MemVarName ——指定接收所击键值的内存变量。

执行该命令时，屏幕上显示由 cPromptText 给定的提示信息，然后等待用户从键盘上输入数据，并将其值赋给内存变量。

本命令可将字符直接从键盘输入内存变量 MemVarName，不需使用分界符。输入的数据作为字符串存储起来。

【例 6-3】 用 ACCEPT 命令编写程序实例。

```
*程序 6-3.prg
CLEAR
USE  学生成绩表
ACCEPT "请输入待查学生的姓名: " TO XM
LOCATE FOR  姓名=XM
DISPLAY  姓名, 学号, 数学, 英语, 计算机, 平均成绩
USE
RETURN
```

运行程序结果如下：

请输入待查学生的姓名: 李晓红

记录号	姓名	学号	数学	英语	计算机	平均成绩
12	李晓红	20020110101	95	89	92	92.0

6．INPUT 内存变量输入命令

功能： 从键盘输入数据给内存变量。

语法：

```
INPUT [cPromptText] TO MemVarName
```

参数含义同 ACCEPT。

该命令与 ACCEPT 命令都是接收键盘数据赋给内存变量，执行时都会在屏幕上显示提示信息，提示用户应该输入什么数据。不同之处是：INPUT 命令可以接收任何有效的表达式。表达式中可以包含函数、字段变量、内存变量和常数。

当输入字符串常量时，INPUT 命令要求用单引号、双引号或方括号括起来，内存变量的类型也取决于输入数据的类型。

【例 6-4】 用 INPUT 命令编写程序，计算圆的面积。

```
*程序 6-4.prg
CLEAR
INPUT "请输入圆的半径: " TO R
S=3.1415926*R*R
?"圆的面积为:",S
RETURN
```

6.3 程序的控制结构

Visual FoxPro 的程序与其他高级语言类似，其基本控制结构包括：顺序结构、分支（选择）结构和循环结构。

6.3.1 顺序结构

顺序结构是最简单的程序结构，它只能顺序地逐条执行程序中的命令。当一条命令执行完后就会自动开始下一条命令的执行，每条命令按顺序都要执行一次，且只执行一次。

本章前面所举例子都是顺序结构的例子。

6.3.2 分支结构

在很多实际问题中，往往需要根据具体的情况去控制程序的流程。例如，分段函数的求解，查找结果的处理等问题，需要先做判断后做处理。实现这种分支控制的程序，称为分支结构或选择结构程序。这种结构用于控制程序中命令组的执行与否，根据具体的条件去执行不同的命令组。在 Visual FoxPro 中具有这种判断和处理功能的语句有 IF（条件）语句和 DO CASE（分支）语句。

1. 条件语句

功能：根据逻辑表达式的值，有选择地执行一组命令。

语法：
```
IF lExpression [THEN]
    Commands1
[ELSE
    Commands2]
ENDIF
```

lExpression ——指定要计算的逻辑表达式。如果 lExpression 的计算结果为"真"（.T.），则执行 IF 与 ELSE 之间的 Commands1，否则执行 ELSE 与 ENDIF 之间的 Commands2。

如果 lExpression 为"假"（.F.），而且包含 ELSE 语句，则执行 ELSE 语句之后，ENDIF 语句之前的所有命令。如果 lExpression 为"假"（.F.），且不包含 ELSE 语句，则忽略 IF 语句和 ENDIF 之间的所有命令。程序从 ENDIF 语句后面的第 1 条命令开始继续往下执行。

在一个 IF…ENDIF 语句块之中可以嵌套另一个 IF…ENDIF 语句块，称为 IF 语句的嵌套。

注意：IF 与 ENDIF 必须配对出现；ELSE 总是与它最靠近的 IF 相匹配。IF 语句可以嵌套，但不能出现交叉。

IF 语句的执行控制流程如图 6-1、图 6-2 所示。

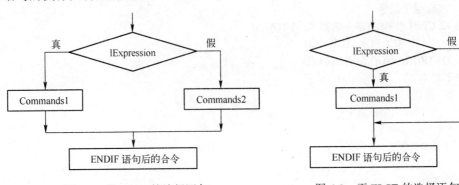

图 6-1　带 ELSE 的选择语句　　　　图 6-2　无 ELSE 的选择语句

【例 6-5】　编写程序 6-5.prg。打开"学生信息.dbf"，输入待查询学生的姓名，若找到，则输出该学生的姓名、学号、性别、入学成绩、专业，否则输出"查无此人"。

```
*程序 6-5.prg
SET DEFAULT TO E:\教学管理
USE 学生信息
CLEAR
ACCEPT "请输入待查学生的姓名: " TO XM
```

```
LOCATE FOR  姓名=XM
IF .NOT. EOF()
    DISPLAY  姓名,学号,性别,入学成绩,专业
ELSE
    ?"查无此人！"
ENDIF
RETURN
```

运行该程序，在命令窗口中输入：DO 6-5，程序的输出结果为：

请输入待查学生的姓名：刘宏

记录号	姓名	学号	性别	入学成绩	专业
15	刘宏	20020210203	男	612	化学工程

【例 6-6】 编写程序 6-6.prg。判断某年是不是闰年（闰年的条件是：年份能被 400 整除，或者年份能被 4 整除但不能同时被 100 整除）。

```
*程序 6-6.prg
CLEAR
INPUT "请输入年份："  TO nYEAR
IF MOD(nYEAR,4)=0.AND.MOD(nYEAR,100)<>0.OR.MOD(nYEAR,400)=0
    ?str(nYEAR,4)+"年是闰年"
ELSE
    ?str(nYEAR,4)+"年不是闰年"
ENDIF
RETURN
```

【例 6-7】 编写程序 6-7.prg。利用无 ELSE 的选择语句，显示表文件给定的相关数据（学生信息表文件中的性别字段为逻辑型数据类型）。

```
*程序 6-7.prg
CLEAR
USE  学生信息
ACCEPT "请输入学生的姓名：" TO XM
LOCATE ALL FOR  姓名=XM
??STR(RECNO(),2)+SPACE(2)
??姓名
IF  性别
    ??"这位学生是男生"
ENDIF
IF .NOT.性别
    ??"这位学生是女生"
ENDIF
USE
RETURN
```

2．分支语句

功能：根据不同的条件表达式结果执行不同的命令。

语法：

```
DO CASE
    CASE lExpression1
        Commands1
```

```
        [CASE lExpression2
        Commands2
        ...
        CASE lExpressionN
            CommandsN]
        [OTHERWISE
            CommandsN+1]
    ENDCASE
```

执行该语句时，先检查语句组中的 CASE 条件，当某个 CASE 后的条件成立时，就执行后面的命令组，直到遇到下一个 CASE 或 ENDCASE，然后从 ENDCASE 后面的第 1 个命令恢复程序的执行。如果所有的 CASE 条件都不成立，则执行 OTHERWISE 后面的命令。若有两个条件都为真，则只有处在前面的条件起作用。

DO CASE- ENDCASE 语句的执行控制流程如图 6-3 所示。

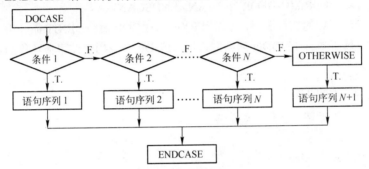

图 6-3   DO CASE-ENDCASE 语句的执行控制流程

【例 6-8】   编写程序 6-8.prg，计算下面的分段函数：

$$f(x) = \begin{cases} x & (-5<x<0) \\ x-1 & (x=0) \\ x+1 & (0<x<10) \end{cases}$$

```
*程序 6-8.prg
INPUT "输入 X 值： " TO X
DO CASE
    CASE X>-5 .AND. X<0
        F=X
    CASE X=0
        F=X-1
    CASE X>0.AND.X<10
        F=X+1
ENDCASE
?"F="+STR(F,2)
RETURN
```

【例 6-9】   编写程序 6-9.prg，判断从键盘输入的字符是属于字母、数字还是其他特殊字符。

```
*程序 6-9.prg
CLEAR
ACCEPT "请输入一个字符： " TO CHAR
DO CASE
```

```
    CASE UPPER(CHAR)<"Z".AND.UPPER(CHAR)>="A"
        ?CHAR,"是字母"
    CASE CHAR<="9".AND.CHAR>="0"
        ?CHAR,"是数字"
    OTHERWISE
        ?CHAR,"是一个特殊字符"
    ENDCASE
    RETURN
```

6.3.3　循环结构

循环结构用于实现有规律性的重复操作，控制程序段的反复执行，直到满足某种条件为止。具有这种控制循环机制的程序就称为循环结构程序。Visual FoxPro 支持循环结构的语句有：DOWHILE...ENDDO、FOR...ENDFOR 和 SCAN...ENDSCAN。

如果要改变循环语句的执行顺序，可以用 EXIT 和 LOOP 命令。EXIT 命令用于结束语句的执行，退出循环体，转去执行 ENDDO 后面的语句；LOOP 命令用于结束循环体的本次执行，重新开始下一次循环。

1．DO WHILE...ENDDO

功能：在一个条件循环里执行一组命令。

语法：

```
    DO WHILE lExpression
        Commands
    [LOOP]
        [EXIT]
    ENDDO
```

根据指定的逻辑表达式 lExpression，控制循环中命令的执行次数。如果条件为真（.T.），则执行 DO WHILE 与 ENDDO 之间的命令序列。当执行到 ENDDO 时，再返回到 DO WHILE，再次判断循环条件是否为真，以确定是否再次执行循环体，只有当 DO WHILE 的条件为假（.F.）时，才结束循环。

如果第 1 次判断条件时，条件为假，则循环体一次都不执行。

DO WHILE 循环语句的执行流程如图 6-4 所示。

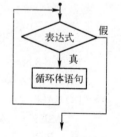

图 6-4　DO WHILE 循环语句
执行流程图

【例 6-10】　编写程序 6-10.prg。计算 1～100 的平方和。

```
    *程序 6-10.prg
    CLEAR
    S=0
    X=1
    DO WHILE X<=100
        S=S+X*X
        X=X+1
    ENDDO
    ?'S='+STR(S,9)
    RETURN
```

【例 6-11】 编写程序 6-11.prg。计算 1~10 的阶乘（10!）。

```
*程序 6-11.prg
CLEAR
n=1
i=1
DO WHILE n<=10
   i=i*n
   n=n+1
ENDDO
?i
RETURN
```

【例 6-12】 编写程序 6-12.prg。求 1+2+3+…+100 的和，并求 1+3+…+100 之间的奇数和。

```
*程序 6-12.prg
CLEAR
STORE 0 TO i,s,t
DO WHILE i<100
    i=i+1
    s=s+i
    IF int(i/2)=i/2
        LOOP
    ENDIF
    t=t+i
ENDDO
?'1+2+3+…+100='+str(s,4)
?'1~100 间奇数和为：'+str(t,4)
RETURN
```

【例 6-13】 编写程序 6-13.prg。显示"学生信息"表中的所有男学生并计算有多少位男学生。

```
*程序 6-13.prg
CLEAR
N=0
USE 学生信息
DO WHILE .T.
  IF 性别<>"男"
    SKIP
  ELSE
    DISPLAY
    N=N+1
 SKIP
  ENDIF
  IF EOF()
    EXIT
  ENDIF
ENDDO
?"男学生有：",STR(N,2)
```

```
        USE
        RETURN
```

2. FOR...ENDFOR

功能：按指定的次数重复执行一组命令。

语法：

```
FOR Var = nInitialValue TO nFinalValue [STEP nIncrement]
    Commands
    [EXIT]
    [LOOP]
ENDFOR | NEXT
```

Var ——循环控制变量。

nInitialValue ——指定循环次数控制变量初值。

nFinalValue ——指定循环次数控制变量终值。

STEP nIncrement ——指定循环次数控制变量增量，其值可正可负。省略此项时，增量值默认为1。

Commands ——循环体命令组。

ENDFOR | NEXT ——循环终止语句。

【例6-14】 编写程序6-14.prg。输出九九乘法表的下三角形式。

```
*程序6-14.prg
?"     1    2    3    4    5    6    7    8    9"
FOR K=1 TO 9
    ?STR(K,2)
    FOR J=1 TO K
        ??STR(K*J,4)
    NEXT
ENDFOR
```

程序运行的结果如下：

```
      1   2   3   4   5   6   7   8   9
1   1
2   2   4
3   3   6   9
4   4   8  12  16
5   5  10  15  20  25
6   6  12  18  24  30  36
7   7  14  21  28  35  42  49
8   8  16  24  32  40  48  56  64
9   9  18  27  36  45  54  63  72  81
```

该程序用到了循环的嵌套。第1条循环语句 FOR K=1 TO 9（外层循环）中的循环变量 K，从1到9取值，每取一次值，第2条循环语句 FOR J=1 TO K（内层循环）的循环变量 J 就要从1到K 循环一遍。即内层循环嵌套在外层循环之中。

不同的循环语句也可以相互嵌套。

【例6-15】 编写程序6-15.prg。输出九九乘法表的矩阵形式。

```
*程序6-15.prg
```

```
CLEAR
FOR A=1 TO 9
  ?
  FOR B=1 TO 9
    ??SPACE(2)+STR(A,1)+"*"+STR(B,1)+"="+STR(A*B,2)
  ENDFOR
ENDFOR
RETURN
```

该程序的运行结果为：

1*1=1	1*2=2	1*3=3	1*4=4	1*5=5	1*6=6	1*7=7	1*8=8	1*9=9
2*1=2	2*2=4	2*3=6	2*4=8	2*5=10	2*6=12	2*7=14	2*8=16	2*9=18
3*1=3	3*2=6	3*3=9	3*4=12	3*5=15	3*6=18	3*7=21	3*8=24	3*9=27
4*1=4	4*2=8	4*3=12	4*4=16	4*5=20	4*6=24	4*7=28	4*8=32	4*9=36
5*1=5	5*2=10	5*3=15	5*4=20	5*5=25	5*6=30	5*7=35	5*8=40	5*9=45
6*1=6	6*2=12	6*3=18	6*4=24	6*5=30	6*6=36	6*7=42	6*8=48	6*9=54
7*1=7	7*2=14	7*3=21	7*4=28	7*5=35	7*6=42	7*7=49	7*8=56	7*9=63
8*1=8	8*2=16	8*3=24	8*4=32	8*5=40	8*6=48	8*7=56	8*8=64	8*9=72
9*1=9	9*2=18	9*3=27	9*4=36	9*5=45	9*6=54	9*7=63	9*8=72	9*9=81

3．SCAN…ENDSCAN

功能：在当前选定表中移动记录指针，并对每一个满足指定条件的记录执行一组命令。

语法：

SCAN [Scope] [FOR lExpression1] [WHILE lExpression2] [Commands][LOOP][EXIT]ENDSCAN

Scope ——指定扫描记录的范围，只有范围之内的记录才能被扫描。SCAN 的默认范围是所有记录（ALL）。

FOR lExpression1 ——指定记录的操作条件。

WHILE lExpression2 ——指定记录的操作条件。

Commands ——指定要执行的 Visual FoxPro 命令。

ENDSCAN ——标志 SCAN 过程的结束。

该命令对当前表指定范围和满足条件的记录执行循环体语句，每执行一次循环，该命令自动将记录指针移到下一条满足指定条件的记录，并执行相应的命令组。当记录指针从头到尾移动通过整个表时，SCAN 循环将对记录指针指向的每一个满足条件的记录执行一遍 SCAN 与 ENDSCAN 之间的命令。

【例 6-16】 编写程序 6-16.prg。输出"学生信息.dbf"中所有女学生的姓名、性别、学号、入学成绩和专业。

```
*程序 6-16.prg
SET DEFAULT TO E:\教学管理
USE 学生信息
SCAN FOR 性别='女'
DISPLAY 姓名, 性别, 学号, 入学成绩, 专业
ENDSCAN
USE
RETURN
```

输出结果如下：

记录号	姓名	性别	学号	入学成绩	专业
2	李琴	女	20020110104	589	应用数学

记录号	姓名	性别	学号	入学成绩	专业
3	方芳	女	20020110205	610	应用数学

记录号	姓名	性别	学号	入学成绩	专业
4	潭新	女	20020110206	605	应用数学

记录号	姓名	性别	学号	入学成绩	专业
11	昭辉	女	20020110103	597	计算机应用

记录号	姓名	性别	学号	入学成绩	专业
12	李晓红	女	20020110101	587	计算机应用

记录号	姓名	性别	学号	入学成绩	专业
13	刘玲	女	20020210201	620	化学工程

记录号	姓名	性别	学号	入学成绩	专业
14	流星	女	20020210202	600	化学工程

【例 6-17】 编写程序 6-17.prg。统计"学生信息.dbf"表中"入学成绩"超过 600 分，并且"性别"为女的人数。

```
*程序 6-17.prg
CLEAR
CLOSE ALL
USE 学生信息 EXCLUSIVE
RS=0
SCAN ALL FOR 入学成绩>=600 and 性别='女'
  RS=RS+1
ENDSCAN
@2,10 SAY "入学成绩在 600 分以上的女学生有："
@2,38 SAY STR(RS,1)+ "人"
USE
```

该程序运行的结果如下：

入学成绩在 600 分以上的女学生有：4 人

6.4 过程与用户自定义函数

程序常常由主程序、子程序和自定义函数组成。本节主要介绍过程的基本概念、过程的调用、自定义函数以及变量的作用域。

6.4.1 过程及过程的调用

1. 过程的基本概念

在程序设计中常常遇到这样的情况，在同一程序的不同处，或者在不同程序中重复出现相同的程序段。这些程序段在进行运算时，可能每次是以不同的参数进行运算的。如果在一个程序中重复编写这些相同的程序段，将会使程序变得很长，而且浪费存储空间。解决的办法是将上述重复出现的程序段单独写成一个可供其他程序调用的子程序，在 Visual FoxPro 中也称为过程。而把调用过程的程序称为主程序或调用程序。

在程序运行过程中，是通过主程序或调用程序去调用子程序或过程的。在调用过程中，当执行完过程后，程序将返回到调用程序的调用处并继续执行下一条语句。

从结构和调用方法上可以将过程分为内部过程和外部过程。

2．外部过程

一个外部过程就是一个程序，它的建立、运行与一般程序相同，并且扩展名也是 .prg。

在一个程序中用 DO 命令运行一个程序，就是过程调用，又称外部过程调用。被调用的程序中必须有一条 RETURN 语句，以返回调用它的主程序。

DO 命令的格式如下：

　　　　DO ProgramName1 | ProcedureName [IN ProgramName2][WITH ParameterList]

ProgramName1 ——指定要执行的程序名。

ProcedureName ——指定要执行的过程名。

IN ProgramName2 ——执行由 ProgramName2 指定的程序文件中的一个过程。

WITH ParameterList ——指定要传给程序或过程的参数。ParameterList 中的参数可以是表达式、变量、字母或数字、字段或用户自定义函数。

DO 命令用于执行一个程序或过程文件（参见"内部过程"）中的 Visual FoxPro 程序或过程。一个程序文件自身又可以包含其他 DO 命令，这种嵌套最多可允许 128 级。

RETURN 命令的格式如下：

　　　　RETURN [eExpression | TO MASTER | TO ProcedureName]

eExpression——指定返回给调用程序的表达式。

TO MASTER ——将控制返回给最高层的调用程序。

TO ProcedureName ——将控制权返回给指定过程。

该命令终止程序、过程或函数的运行，将程序控制权返回给调用程序、最高层调用程序、另一个程序或命令窗口。

【例 6-18】 改写程序 6-4.prg。在外部过程中计算圆的面积，并在主程序中带参数调用外部过程。

主程序：

　　　　*程序 6-18.prg
　　　　CLEAR
　　　　S=0
　　　　@2,5 SAY "请输入圆的半径： " GET R DEFAULT 0
　　　　READ
　　　　DO E:\教学管理\PROGS\SUB6-18 WITH R,S
　　　　@3,5 SAY "圆面积="+STR(S,8,2)
　　　　RETURN

外部过程：

　　　　*SUB6-18.prg
　　　　PARAMETERS R,S
　　　　S=3.1415926*R*R
　　　　RETURN

上面的方法是将主程序和子程序（外部过程）分别放在不同的文件 6-18.prg 和 SUB6-18.prg 中，运行主程序的过程中再打开外部过程 SUB6-18.prg。调用外部过程时，将主程序中 R 和 S 的值传给外部过程 SUB6-18.prg，外部过程计算了面积 S 后，又将 S 的值传给主程序中的 S。

3．内部过程

通过例 6-18 可以看到，在外部过程调用中，过程作为一个文件独立存放在磁盘上，每调用一次过程，都要打开一个磁盘文件，因而会影响程序运行的速度；可以用内部函数来解决这一问题。

在 Visual FoxPro 中，也可以将多个过程存放在一个程序文件中，该文件叫过程文件。过程文件被打开以后一次性将所有的过程调入内存，而不需要频繁地进行磁盘操作，因而大大提高了过程调用的速度。过程文件中的过程不能作为一个程序独立运行，因而称为内部过程。内部过程的另一种常见的使用方法是将过程文件中的过程（内部过程）附在主程序后面，和主程序在一个文件中。

过程的格式如下：

    PROCEDURE ProcedureName
        [PARAMETERS ParameterList]
    Commands
    [RETURN [eExpression]]

ProcedureName ——指定要创建的过程名。

PARAMETERS ParameterList ——参数表，是过程中使用的形式参数，用于接收调用程序中传过来的实参表所对应的数据。

Commands ——过程体语句。

该命令的功能是在程序文件中标识一个过程的开始。过程作为程序的一部分时，通常列在程序的末尾。

Visual FoxPro 规定，调用过程文件中的过程之前，必须先打开过程文件，打开过程文件的命令格式如下：

    SET PROCEDURE TO [FileName1 [, FileName2, ...]][ADDITIVE]

FileName1 [, FileName2, ...] ——指定打开过程文件的顺序。

ADDITIVE ——在不关闭当前已打开的过程文件的情况下，打开其他过程文件。

与程序的调用相同，过程也用 DO 命令调用。

【例 6-19】 用内部过程实现例 6-18。

方法一：用主程序和过程文件实现。

主程序文件 6-19.prg：

    *程序 6-19.prg
    SET PROCEDURE TO SUB6-19
    CLEAR
    S=0
    @2,5 SAY "请输入圆的半径：" GET R DEFAULT 0
    READ
    DO AREA WITH R,S
    @3,5 SAY "圆面积="+STR(S,8,2)
    RETURN

过程文件 SUB6-19.prg：

    *程序 SUB6-19.prg
    PROCEDURE AREA
    PARAMETERS R,S
    S=3.1415926*R*R

RETURN

方法二： 主程序和内部过程放在一个文件 6-19-1.prg 中。

*程序 6-19-1.prg

CLEAR

S=0

@2,5 SAY "请输入圆的半径： " GET R DEFAULT 0

READ

DO AREA WITH R,S

@3,5 SAY "圆面积="+STR(S,8,2)

RETURN

*内部过程

PROCEDURE AREA

PARAMETERS R,S

S=3.1415926*R*R

RETURN

程序的调用还可以嵌套，即通过主程序调用子程序，子程序又调用其他子程序。例如，主程序调用子程序 1，子程序 1 调用子程序 2。子程序 2 可以返回子程序 1，也可以通过 RETURN 命令中的 TO MASTER 选项直接返回主程序。

6.4.2 用户自定义函数

在 Visual FoxPro 中，函数与过程很相似，但函数除了执行一组操作外，还要返回一个值。除了内部函数（系统函数）外，用户还可以自定义函数。自定义函数的一般格式如下：

FUNCTION FunctionName

    [PARAMETERS ParameterList]

    Commands

    [RETURN [eExpression]]

    ENDFUNC

FunctionName ——指定用户自定义函数名，不能与系统函数名或内存变量名相同。

ParameterList ——参数表，是函数中使用的形式参数。

Commands ——函数体语句。

自定义函数可以放入过程文件中存储，也可以放在调用程序中作为程序的一部分。若使用 FUNCTION 命令来指出函数名，表示该函数包含在调用程序中；若省略 FUNCTION FunctionName 行，表示该函数是一个独立的文件，函数名将在建立文件时确定，其扩展名仍然为 .prg。可使用命令 MODIFY COMMAND FunctionName 建立或编辑自定义函数。

自定义函数与系统函数的调用方法相同，其形式为：

    函数名[参数表]

【例 6-20】 用自定义函数改写例 6-18。

*程序 6-20.prg

CLEAR

@2,5 SAY "请输入圆的半径： " GET R DEFAULT 0

READ

S=AREA(R)

@3,5 SAY "圆面积="+STR(S,8,2)

```
RETURN
*自定义函数
FUNCTION AREA
PARAMETERS R
RETURN 3.1415926*R*R
ENDFUNC
```

6.4.3 变量的作用域

在过程或函数的调用过程中，用户定义的变量具有一定的作用域，因此必须对变量进行明确的声明，界定变量的作用范围。

在 Visual FoxPro 中，以变量的作用域来分，内存变量可分为公共变量（全局变量）、私有变量和局部变量。

1. 公共变量

公共变量可用于所有过程和函数，而不局限于定义该变量的过程和函数。公共变量用PUBLIC 关键字定义，其格式如下：

> PUBLIC MemVarList

MemVarList ——指定一个或多个要初始化或指定为公共变量的变量。

全局变量一旦声明，其值就自动初始化为逻辑值.F.。

程序终止运行时，公共变量不会自动清除，只能用如下命令来清除：

- ⊙ RELEASE MemVarList。
- ⊙ CLEAR ALL。
- ⊙ CLEAR MEMORY。

2. 局部变量

局部变量是只能在一个函数或过程中访问的变量，其他过程或函数不能访问此变量的数据。局部变量使用 LOCAL 关键字来说明。其格式如下：

> LOCAL VarList

局部变量一旦声明，其值也自动初始化为逻辑值.F.。

局部变量只能在创建它们的程序中使用，调用它的上层程序和调用它的下层程序都不能使用。当它们所属的程序终止运行时，它们就自动从内存中释放。

注意：LOCAL 和 LOCATE 前 4 个字母相同，故不可缩写。

3. 私有变量

私有变量在 Visual FoxPro 中是默认的，不需要特殊的关键字定义，其作用范围是在本（子）程序及下属的子程序内有效。但是，如果在上级程序中已经有同名变量，可以用PRIVATE命令予以声明，暂时屏蔽上级程序中的同名变量。PRIVATE命令的格式如下：

> PRIVATE VarList

VarList ——要声明为私有的变量或数组。

该命令将高层程序中创建的与私有变量同名的变量隐藏起来。可以在当前程序中操作这些私有变量，而不影响被隐藏变量的值。当定义私有变量的程序结束时，所有声明为私有的变量和数组就可恢复使用。

PRIVATE 不创建变量，它只在当前程序中隐藏在高层程序中声明的变量。

【例 6-21】 使用 PRIVATE 的实例。

```
*程序 6-21.prg
V1=10
V2=20
DO SUB
?"V1="+STR(V1,3),"V2="+STR(V2,3)           &&显示 V1=10,V2=50
PROCEDURE SUB
PRIVATE V1
V1=40
V2=50
?"V1="+STR(V1,3),"V2="+STR(V2,3)           &&显示 V1=40,V2=50
RETURN
```

显示结果如下：

```
V1=40,V2=50
V1=10,V2=50
```

【例 6-22】 使用 PUBLIC 的实例。

```
*程序 6-22.prg
PUBLIC V1,V2
CLEAR
V1=10
V2=20
DO SUB
?"V1="+STR(V1,3),"V2="+STR(V2,3)           &&显示 V1=10,V2=60
RELEASE ALL                                &&只释放私有变量
DISPLAY MEMORY LIKE V?
RELEASE V1,V2                              &&明确释放公共变量
DISPLAY MEMORY LIKE V?
RETURN
PROCEDURE SUB
PRIVATE V1
V1=50
V2=60
?"V1="+STR(V1,3),"V2="+STR(V2,3)           &&显示 V1=50,V2=60
RETURN
```

显示结果如下：

```
V1=50,V2=60
V1=10,V2=60
V1          Pub        N    10      (            10.00000000)
V2          Pub        N    60      (            60.00000000)
```

6.4.4 程序的调试方法

用户编写的程序难免有错，这时可以利用静态或动态的方法去检查错误。静态检查主要通过读程序，找出程序中的错误，这对经验不足的用户是比较困难的；动态检查可以使用 Visual FoxPro 提供的"调试器"进行程序的调试，以便动态监测程序的执行情况，检查并纠正程序中的错误，直到程序正确无误为止。

1. 调试器的打开

执行"工具 | 调试器"命令，或在"命令"窗口中输入 DEBUG 命令，就可以打开如图 6-5 所示的"调试器"窗口。

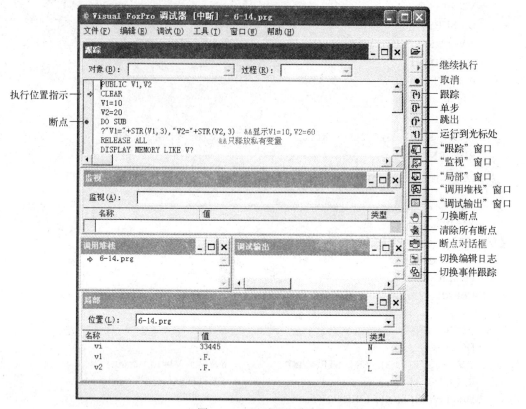

图 6-5　"调试器"窗口

在"调试器"窗口中，单击"打开"按钮或执行"文件 | 打开"命令，从"添加"对话框中选择相应的程序，单击"确定"按钮，该程序就会在跟踪窗口中打开。

2. 调试器窗口的组成和使用

在"调试器"窗口中可以打开 5 个子窗口："跟踪"窗口、"监视"窗口、"调用堆栈"窗口、"调试输出"窗口，以及"局部"窗口。

（1）"跟踪"窗口

在调试中，最有用的方法就是跟踪代码，以此观察每一行代码的运行，同时检查所有的变量、属性和环境设置值。

若要跟踪代码，可以从"调试"菜单中选择"单步"命令，或者单击"单步"工具栏按钮。在代码左边灰色区域中的箭头表示执行位置指示。

在调试程序时，经常希望程序执行到某语句处能暂停运行，以便查看某些变量的中间结果或纠错。该暂停运行处称为"断点"。设置断点可缩小逐步调试代码的范围。

若要在某个特定代码行设置一个断点，则在"跟踪"窗口中找到需要设置断点的那一行，然后进行如下操作。

❶ 将光标放置在该代码行上。

❷ 按 F9 键或者单击"调试器"工具栏上的"切换断点"按钮，或者双击该代码行左边的灰

色区域。

这时，该代码行左边的灰色区域中会显示一个实心红点，表明在该行已经设置了一个断点。

断点将挂起执行程序。停止执行程序以后，就可以检查变量和属性的值，查看环境设置，也可以逐行检查部分代码，而不必遍历所有的代码。

（2）"监视"窗口

从"调试器"窗口的"窗口"菜单中选择"监视"，就可以激活"监视"窗口。"监视"窗口可以显示表达式及其当前值，并能够在表达式上设置断点。"监视"窗口中的元素如图 6-6 所示。

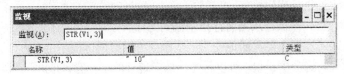

图 6-6　"监视"窗口

监视文本框 ——在此处输入表达式，可以把它们添加到下面的列表框内。

名称 ——用于显示当前监视表达式的名字。

值 ——用于显示当前监视表达式的值。

类型 ——用于显示代表当前监视表达式的数据类型的字符。

也可将 Visual FoxPro 任一窗口中的文本拖至"监视"窗口来创建监视表达式，双击监视表达式就可以对它进行编辑。

（3）"局部"窗口

执行"调试器"窗口中"窗口"菜单上的"局部"命令，就可以激活"局部"窗口。使用"局部"窗口可以显示给定的程序、过程或方法程序中的所有变量、数组、对象以及对象成员。"局部"窗口中的元素如图 6-7 所示。

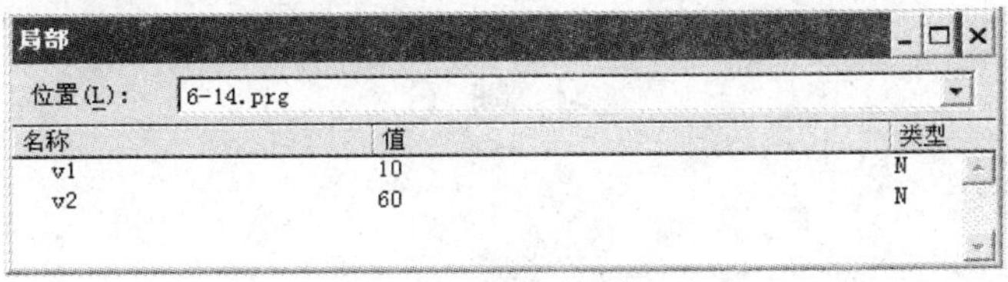

图 6-7　"局部"窗口

位置文本框 ——指明在"局部"窗口显示其变量、数组和对象的过程或程序的名字。

名称 ——显示可视局部变量的名称。

值 ——显示可视局部变量的当前值。

类型 ——显示代表可视局部变量的数据类型的字符。

（4）"调用堆栈"窗口

从"调试器"窗口的"窗口"菜单上选择"调用堆栈"命令，可以激活"调用堆栈"窗口。通过这个窗口可以显示正在执行的过程、程序和方法程序。第 1 个程序运行时，该程序名列在"调用堆栈"窗口中。如果调用了第 1 个程序中的子程序或子过程，同时执行第 2 个程序，则两个程序的名字均显示在"调用堆栈"窗口中，以此类推。

在"选项"对话框的"调试"选项卡中，可以配置"调用堆栈"窗口。

（5）"调试输出"窗口

从"调试器"窗口的"窗口"菜单中选择"输出"命令，可以激活"调试输出"窗口。利用"调试输出"窗口可以显示活动程序、过程或方法程序代码的输出。

在输出窗格中显示由 DEBUGOUT 命令指定的字符串。如果启用事件跟踪，当系统事件发生时，也显示它们的名称。

3. 调试器窗口的常用命令

调试器窗口中的工具栏提供了一些常用的命令按钮，见图 6-5。这里对一些按钮简单介绍。

- ⊙ 继续执行 ——从当前代码行开始执行跟踪窗口中的程序，遇到断点就暂停程序的执行。
- ⊙ 跟踪 ——逐行跟踪执行代码。
- ⊙ 单步 ——逐行执行代码。
- ⊙ 运行到光标处 ——执行从当前行指示器到光标所在行之间的代码。

在进行程序调试的过程中，灵活地使用一些命令可以给调试程序带来方便。

如果知道某行代码将产生错误，可以将光标放在该行的下一行，并执行"调试"菜单中的"设置下一条语句"，就可以跳过有错误的这行代码。

在调试程序或对象代码的时候，如果发现某一行代码有错误，可以马上进行修改。执行"调试"菜单的"定位修改"命令，将停止执行程序，出现如图 6-8 所示的信息框，单击"是"按钮，就可打开代码编辑器，编辑器中的代码定位在"跟踪"窗口中光标所在的代码处，这时就可修改程序。

图 6-8 "取消程序"信息框

习 题 6

6.1 思考题

1. 试说明结构化程序设计的基本思想。
2. 如何建立和使用过程文件？
3. 常用的输入、输出命令有哪些？它们有什么不同？
4. LOOP 语句和 EXIT 语句在循环体中各起什么作用？
5. 根据变量的作用范围，变量可以分成几种？其作用域有什么不同？

6.2 选择题

1. INPUT、ACCEPT、WAIT 3 条命令中，可以接受字符的命令是(   )。

　(A) 只有 ACCEPT 　　　(B) 只有 WAIT 　　　(C) ACCEPT 与 WAIT 　　　(D) 三者均可

2. Visual FoxPro 中的 DOCASE…ENDCASE 语句属于(   )。

　(A) 顺序结构 　　　(B) 循环结构 　　　(C) 分支结构 　　　(D) 模块结构

3. 在 Visual FoxPro 中，用于建立过程文件 PROG1 的命令是(   )。

　(A) CREATE RPOG1 　　　　　　　　(B) MODIFY COMMAND PROG1

　(C) MODIFY PROG1 　　　　　　　　(D) EDIT PROG1

4. 在 Visual FoxPro 程序中使用的内存变量可以分为两大类，它们是(   )。

　(A) 字符变量和数组变量 　　　　　　(B) 简单变量和数值变量

(C) 全局变量和局部变量 (D) 一般变量和下标变量

5. 在 Visual FoxPro 中, 命令文件的扩展名是( )。

(A) .txt (B) .prg (C) .dbf (D) .fmt

6. 在为真条件的 DO WHILE .T.循环中, 为退出循环可以使用( )。

(A) LOOP (B) EXIT (C) CLOSE (D) QUIT

7. 执行命令: INPUT "请输入数据: " TO XYZ 时, 可以通过键盘输入的内容包括( )。

(A) 字符串 (B) 数值和字符串

(C) 数值、字符串和逻辑值 (D) 数值、字符串、逻辑值和表达式

8. 设内存变量 X 是数值型, 要从键盘输入数据给 X 赋值, 应使用命令( )。

(A) INPUT TO X (B) WAIT TO X (C) ACCEPT TO X (D) 以上均可

9. 设某 Visual FoxPro 程序中有 PROGl.prg、PROG2.prg、PROG3.prg 的 3 层程序依次嵌套, 下面叙述中正确的是( )。

(A) 在 PROGl.prg 中用 RUN PROG2.prg 语句可以调用 PROG2.prg 子程序

(B) 在 PROG2.prg 中用 RUN PROG3.prg 语句可以调用 PROG3.prg 子程序

(C) 在 PROG3.prg 中用 RETURN 语句可以返回 PROG1.prg 主程序

(D) 在 PROG3.prg 中用 RETURN TO MASTER 语句可返回 PROG1.prg 主程序

10. 在程序中, 可以终止程序执行并返回到 Visual FoxPro 命令窗口的命令是( )。

(A) EXIT (B) QUIT (C) BYE (D) CANCEL

11. WAIT、ACCEPT 和 INPUT 3 条输入命令中, 必须要以回车键表示输入结束的命令是( )。

(A) WAIT、ACCEPT、INPUT (B) WAIT、ACCEPT

(C) ACCEPT、INPUT (D) INPUT、WAIT

12. 在非嵌套程序结构中, 可以使用 LOOP 和 EXIT 语句的基本程序结构是( )。

(A) TEXT…ENDTEXT (B) DO WHILE…ENDDO

(C) IF…ENDIF (D) DO CASE…ENDCASE

13. 设学生数据表当前记录中"计算机"字段的值是 89, 执行下面程序段之后的屏幕输出是( )。

```
DO CASE
    CASE 计算机<60
        ?"计算机成绩是: "+"不及格"
    CASE 计算机>=60
        ?"计算机成绩是:"+"及格"
    CASE 计算机>=70
        ?"计算机成绩是: "+"中"
    CASE 计算机>=80
        ?"计算机成绩是: "+"良"
    CASE 计算机>=90
        ?"计算机成绩是: "+"优"
ENDCASE
```

(A) 计算机成绩是: 不及格 (B) 计算机成绩是: 及格

(C) 计算机成绩是: 良 (D) 计算机成绩是: 优

14. 设数据表文件 CJ.dbf 中有两个记录, 内容如下:

	XM	ZF
1	李四	500.00
2	张三	600.00

此时, 运行以下程序的结果应当是( )。

```
SET TALK OFF
```

```
USE CJ
M->ZF=0
DO WHILE.NOT.EOF()
M->ZF=M->ZF+ZF
SKIP
ENDDO
?M->ZF
RETURN
```

(A) 1100.00   (B) 1000.00   (C) 1600.00   (D) 1200.00

15. 运行如下程序后，显示的 M 值是(   )。
```
SET TALK OFF
M=0
N=0
DO WHILE N>M
M=M+N
N=N-10
ENDDO
?M
RETURN
```

(A) 0   (B) 10   (C) 100   (D) 99

16. 执行如下程序，如果输入 N 值为 5，则最后 S 的显示值是(   )。
```
SET TALK OFF
S=1
I=1
INPUT "N=" TO N
DO WHILE S<=N
S=S+I
I=I+1
ENDDO
?S
SET TALK ON
```

(A) 2   (B) 4   (C) 6   (D) 7

17. 有如下程序：
```
**主程序 PROG.prg          **子程序 PROG11.prg
SET TALK OFF              N1=N1+'200'
N1='12'                   RETURN
?N1
DO PROG1
?N1
RETURN
```

用命令 DO PROG 运行程序后，屏幕显示的结果为(   )。

(A) 12   (B) 12   (C) 12   (D) 12
    200   212   12200   12

18. 设数据表文件 CJ.dbf 中有 8000 个记录，其文件结构是：姓名(C,8)，成绩(N,5,1)。此时若运行以下
程序，屏幕上将显示(   )。
```
SET TALK OFF
USE CJ
```

```
J=0
DO WHILE.NOT.EOF()
J=J+成绩
SKIP
ENDDO
?'平均分：'+STR(J/8000,5,1)
RETURN
```

(A) 平均分：XXX.X(X 代表数字)　　　　(B) 数据类型不匹配

(C) 平均分：J/8000　　　　(D) 字符串溢出

19. 下面程序的输出结果为(　　　)。

```
CLEAR
STORE 0 TO S1,S2
X=5
DO WHILE X>1
    IF SQRT(X)=3.OR.INT(X/2)=X/2
        S1=S1+X
    ELSE
        S2=S2+X
    ENDIF
X=X-1
ENDDO
?"S1="+STR(S1,2)
??" S2="+STR(S2,2)
```

(A) S1=6 S2=8　　　(B) S1=4 S2=6　　　(C) S1=8 S2=9　　　(D) S1=6 S2=7

20. 执行如下程序，当屏幕上显示"请输入选择："时，输入 4，系统将(　　　)。

```
STORE " " TO K
DO WHILE .T.
CLEAR
@3,10 SAY "1.输入  2.删除  3.编辑 4.退出"
@5,15 SAY "请输入选择："GET K
READ
IF TYPE("K")="C".AND.VAL(K)<=3.AND.VAL(K)<>0
PROG="PROG"+K+".prg"
DO &PROG
ENDIF
QUIT
ENDDO
```

(A) 调用子程序 PROG4.prg　　　　(B) 调用子程序&PROG.prg

(C) 返回 Visual FoxPro 主窗口　　　　(D) 返回操作系统状态

21. 有如下程序：

```
**主程序：Z.prg          **程序：Z1.prg
SET TALK OFF            X2=X2+1
STORE 2 TO X1,X2,X3     DO Z2
X1=X1+1                 X1=X1+1
DO Z1                   RETURN
?X1+X2+X3               **子程序：Z2.prg
RETURN                  X3=X3+1
```

SET TALK ON   RETURN TO MASTER

执行命令DO Z后，屏幕显示的结果为(   )。

(A) 3   (B) 4   (C) 9   (D) 10

22. 执行下面程序后的输出是(   )。

```
CLEAR
K=0
S=1
DO WHILE K<8
   IF INT(K/2)=K/2
      S=S+K
   ENDIF
   K=K+1
ENDDO
?S
```

(A) 21   (B) 13   (C) 17   (D) 16

23. 运行如下程序的结果是(   )。

```
SET TALK OFF
   DIMENSION K(2,3)
   I=1
   DO WHILE I<=2
      J=1
      DO WHILE J<=3
         K(I,J)=I*J
         ??K(I,J)
         J=J+1
      ENDDO
      ?
      I=I+1
   ENDDO
RETURN
```

(A) 123   (B) 12   (C) 123   (D) 123
    246   32   123   249

24. 下面程序实现的功能是(   )。

```
SET TALK OFF
   CLEAR
   USE GZ
   DO WHILE !EOF()
      IF  工资>=900
         SKIP
         LOOP
      ENDIF
      DISPLAY
      SKIP
   ENDDO
   USE
RETURN
```

(A) 显示所有工资大于900元的教师信息   (B) 显示所有工资低于900元的教师信息

(C) 显示第 1 条工资大于 900 元的教师信息 　　　(D) 显示第 1 条工资低于 900 元的教师信息

25. 下面程序实现的功能是(　　　)。

```
CLEAR
CLOSE ALL
USE XS
GO BOTTOM
FOR I=10 TO 1 STEP -1
    IF BOF()
      EXIT
    ENDIF
    GO I
    DISPLAY
ENDFOR
RETURN
```

(1) 程序执行结果为(　　　)。

　　(A) 仅显示表中第 1 个记录 　　　　　　　(B) 仅显示表中最后 1 个记录

　　(C) 按记录号升序逐条显示表中 10 个记录 　　(D) 按记录号降序逐条显示表中 10 个记录

(2) 如果把原程序中的语句：

　　　　　　IF BOF()　　EXIT　　ENDIF

改写为：

　　　　　　IF EOF()　　EXIT　　ENDIF

则程序执行的结果是(　　　)。

　　(A) 仅显示表中第 1 个记录 　　　　　　　(B) 仅显示表中最后 1 个记录

　　(C) 按记录号升序逐条显示表中 10 个记录 　　(D) 按记录号降序逐条显示表中 10 个记录

(3) 如果把原程序中的语句：

　　　　　　IF BOF()　　EXIT　　ENDIF

改写为：

　　　　　　IF EOF()　　EXIT　　ENDIF

再把原程序中的语句 DISPLAY 改写为 DISPLAY FOR 性别="男"。

程序执行的结果是(　　　)。

　　(A) 仅显示表中第 1 个记录 　　　　　　　(B) 仅显示表中最后 1 个记录

　　(C) 按记录号升序逐条显示表中满足条件的记录 　(D) 按记录号降序逐条显示表中 10 个记录

26. 表文件"成绩.dbf"学生的记录如下：

姓名	性别	课程名	成绩
张大英	男	大学计算机基础	80
刘钢	男	VFP 程序设计	75
吕开慧	女	高等数学	69
李进	女	大学计算机基础	73
邓墨	女	高等数学	75
马梅	女	大学计算机基础	84
于敏	男	VFP 程序设计	90

阅读程序：

```
CLEAR
USE 成绩
SET FILTER TO 性别="女" AND 成绩>70
```

```
DISPLAY 姓名,成绩
SUM  成绩  TO SH1
SET FILTER TO
SET DELETE ON
DELETE FOR  性别="女" AND  成绩>70
COUNT TO SH2
?SH1,SH2
USE
RETURN
```

(1) display 姓名，成绩 语句显示的内容是(   )。

  (A) 吕开慧，69   (B) 张大英，80   (C) 李进，73   (D) 马梅，84

(2) 命令?sh1, sh2 显示的内容是(   )。

  (A) 232.00   4   (B) 245.00   1   (C) 245.00   4   (D) 232.00   1

27．阅读下列程序

```
CLEAR
INPUT "请输入图形的行数：N=" TO N
I=1
K=30
DO WHILE I<=N
  J=1
  DO WHILE J<=2*I-1
    @I,J+K SAY "*"
    J=J+1
  ENDDO
  I=I+1
  K=K-1
ENDDO
RETURN
```

(1) 当 N=5 时，程序输出的图形是(   )。

```
(A)     *           (B)   *              (C) *********        (D)    *
      ***                 ***               *******              ***
     *****               *****               *****             *****
    *******             *******               ***             *******
   *********           *********               *             *********
```

(2) 当 N=5，把语句 K=K-1 改写为 K=K+1 时，程序输出的图形是(   )。

```
(A)     *           (B)   *              (C) *********        (D)    *
      ***                 ***               *******              ***
     *****               *****               *****             *****
    *******             *******               ***             *******
   *********           *********               *             *********
```

(3) 将程序改写如下，并且 N=5，程序输出的图形是(   )。

```
CLEAR
INPUT "请输入图形的行数：N=" TO N
I=N
K=30
DO WHILE I>=1
  J=1
```

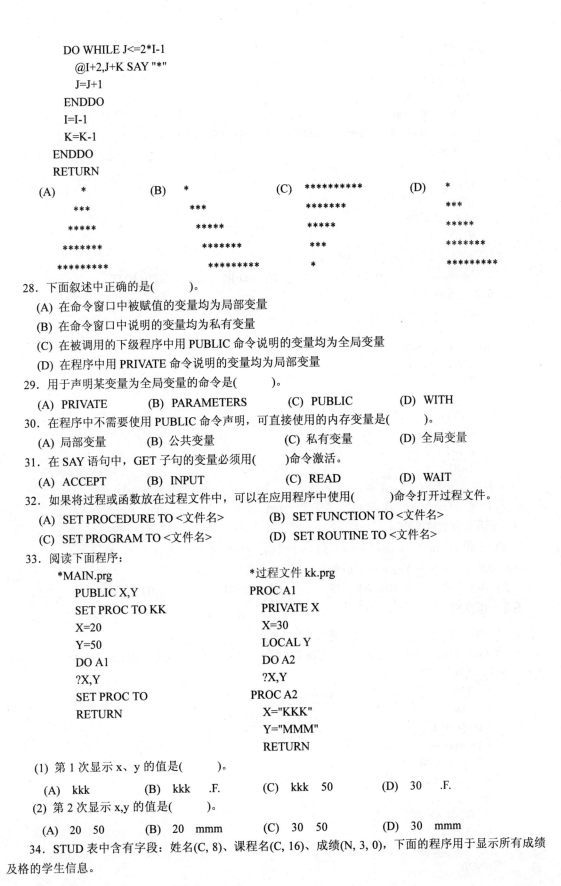

```
        DO WHILE J<=2*I-1
          @I+2,J+K SAY "*"
          J=J+1
        ENDDO
        I=I-1
        K=K-1
      ENDDO
      RETURN
```

(A)	*	(B)	*	(C)	*********	(D)	*
	***		***		*******		***
	*****		*****		*****		*****
	*******		*******		***		*******
	*********		*********		*		*********

28. 下面叙述中正确的是(   )。

  (A) 在命令窗口中被赋值的变量均为局部变量

  (B) 在命令窗口中说明的变量均为私有变量

  (C) 在被调用的下级程序中用 PUBLIC 命令说明的变量均为全局变量

  (D) 在程序中用 PRIVATE 命令说明的变量均为局部变量

29. 用于声明某变量为全局变量的命令是(   )。

  (A) PRIVATE   (B) PARAMETERS   (C) PUBLIC   (D) WITH

30. 在程序中不需要使用 PUBLIC 命令声明,可直接使用的内存变量是(   )。

  (A) 局部变量   (B) 公共变量   (C) 私有变量   (D) 全局变量

31. 在 SAY 语句中,GET 子句的变量必须用(   )命令激活。

  (A) ACCEPT   (B) INPUT   (C) READ   (D) WAIT

32. 如果将过程或函数放在过程文件中,可以在应用程序中使用(   )命令打开过程文件。

  (A) SET PROCEDURE TO <文件名>   (B) SET FUNCTION TO <文件名>

  (C) SET PROGRAM TO <文件名>   (D) SET ROUTINE TO <文件名>

33. 阅读下面程序:

```
      *MAIN.prg              *过程文件 kk.prg
        PUBLIC X,Y           PROC A1
        SET PROC TO KK         PRIVATE X
        X=20                   X=30
        Y=50                   LOCAL Y
        DO A1                  DO A2
        ?X,Y                   ?X,Y
        SET PROC TO          PROC A2
        RETURN                 X="KKK"
                               Y="MMM"
                               RETURN
```

  (1) 第 1 次显示 x、y 的值是(   )。

  (A) kkk   (B) kkk   .F.   (C) kkk   50   (D) 30   .F.

  (2) 第 2 次显示 x,y 的值是(   )。

  (A) 20   50   (B) 20   mmm   (C) 30   50   (D) 30   mmm

34. STUD 表中含有字段:姓名(C, 8)、课程名(C, 16)、成绩(N, 3, 0),下面的程序用于显示所有成绩及格的学生信息。

```
SET TALK OFF
   CLEAR
   USE STUD
   DO WHILE .NOT.EOF()
      IF  成绩>=60
         ?"姓名"+姓名,"课程:"+课程名,"成绩:"+STR(成绩, 3, 0)
      ENDIF
      _____
   ENDDO
   USE
   SET TALK ON
   RETURN
```

上述程序的空白处应添加(   )命令。

  (A) 空语句　　　　　(B) SKIP　　　　　(C) LOOP　　　　　(D) EXIT

35．阅读下面的程序：

```
   CLEA
   T=5
   DO WHILE T<25
      ??STR(T+1,3)
      IF
         T>10
         EXIT
      ENDIF
      T=T+2
   ENDDO
```

 (1) 程序共循环了(   ) 次。

  (A) 3　　　　　　　(B) 4.　　　　　(C) 5　　　　　(D) 6

 (2) 程序运行的结果是(   )。

  (A) 6 8 10　　(B) 6 8 10 12　(C) 5 7 9 11　(D) 5 7 9 11 13

36．连编后可以脱离 Visual FoxPro 独立运行的程序是(   )。

  (A) APP 程序　　　　(B) EXE 程序　　　　(C) FXP 程序　　　　(D) PRG 程序

6.3 填空题

1. 在 Visual FoxPro 程序中，注释行使用的符号是_____。

2. 在 Visual FoxPro 循环程序设计中，在指定范围内扫描表文件，查找满足条件的记录并执行循环体中的操作命令，应该使用的循环语句是_____。

3. 下面的程序功能是完成工资查询，请填空：

```
   CLEAR
   CLOSE ALL
   USE employee
   ACCEPT "请输入职工号： " TO num
   LOCATE FOR  职工号=num
   IF _____
      DISPLAY  姓名,工资
   ELSE
      ?"职工号输入错误!"
   ENDIF
```

USE

4. 为以下程序填上适当语句，使之成为接收到从键盘输入的 Y 或 N 才退出循环的程序。

```
DO WHILE.T.
WAIT '输入 Y/N' TO yn
IF((UPPER(yn)<>'Y').AND.(UPPER(yn)<>'N')
_____
ELSE
    EXIT
ENDIF
ENDDO
```

5. 下列程序用于在屏幕上显示一个由 "*" 组成的三角形(图形如下)，请填空。

```
    *
   ***
  *****
 *******
```

```
CLEAR
X=1
Y=10
DO WHILE X<=4
  S=1
  DO WHILE S<=X
    @X,Y SAY "*"
    Y=Y+1
    S=S+1
  ENDDO
  Y=10
  _____
ENDDO
```

6. 计算机等级考试的查分程序如下，请填空。

```
CLEAR
USE STUDENT INDEX ST
ACCEFT "请输入准考证号： " TO NUM
FIND _____
IF FOUND()
    ?姓名,"成绩： "+STR<成绩, 3, 0)
ELSE
    ?"没有此考生!"
ENDIF
```

7. 计算机等级考试考生数据表为 STUDENT.dbf。笔试和上机成绩已分别录入其中的"笔试"和"上机"字段(皆为 N 型)中，此外另有"等级"字段(C 型)。凡两次考试成绩均达到 80 分以上者，应在等级字段中自动填入"优秀"。编程如下，请填空。

```
CLEAR
USE STUDENT
DO WHILE.NOT.EOF()
IF 笔试>=80.AND.上机>=80
    _____
ENDIF
```

```
        SKIP
    ENDDO
    USE
```

8．下列程序的功能是通过字符串变量的操作，使得竖向显示"伟大祖国"，横向显示"祖国伟大"，请填空。

```
CLEAR
STORE "伟大祖国" TO XY
CLEAR
N=1
DO WHILE N<8
?SUBSTR(    ①    )
N=N+2
ENDDO
?    ②
??SUBSTR(XY,1,4)
RETURN
```

本章实验

【实验目的和要求】

- ⊙ 通过实验掌握程序文件的建立、修改和运行的方法。
- ⊙ 掌握顺序结构、分支结构和循环结构程序设计的方法。
- ⊙ 掌握子程序的编写和调用的方法。
- ⊙ 掌握调试结构化程序的基本方法。

【实验内容】

- ⊙ 程序文件的建立、修改和运行。
- ⊙ 顺序结构的程序设计。
- ⊙ 分支结构的程序设计。
- ⊙ 循环结构的程序设计。
- ⊙ 子程序的设计。
- ⊙ 程序的调试。

【实验指导】

1．程序文件的建立、修改和运行

（1）程序文件的建立

在命令窗口中输入命令：

  MODIFY COMMAND E:\VFP\PROGS\CIRCLE &&新建文件名为 CIRCLE.prg

打开文本编辑窗口，在文本编辑窗口中输入求圆面积的程序，如图 6-9 所示。

程序输入结束按 Ctrl+W 组合键，文本编辑窗口关闭，circle.prg 保存到 E:\vfp\progs 文件夹中。

（2）程序文件的修改

如果要修改已经编辑过的程序，可用与上面相同的方法打开文本编辑窗口，即在命令窗口中输入命令：

  MODIFY COMMAND 文件名 &&文件名是指要对其进行修改的文件

这时，在打开的文本窗口中可以看到要对其进行修改的文件。修改结束按 Ctrl+W 组合键，文本编辑窗口关闭，修改的文件被保存。

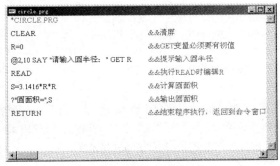

图 6-9　求圆面积的程序

（3）程序文件的运行

运行程序时，在命令窗口中输入命令：

　　　　DO　文件名　　　　　　　　　　　　　&&文件名是要运行的文件

例如，要运行上面的求圆面积程序，在命令窗口中输入命令：

　　　　DO E:\VFP\PROGS\CIRCLE

屏幕上显示：

　　　　请输入圆半径：　　　　　　0

　　　　输入 5，屏幕上显示：

　　　　请输入圆半径：　　　　　　5

　　　　圆面积=　　　　78.5400

2．顺序结构的程序设计

实际上，求圆面积的程序 CIRCLE.prg 就是一个顺序结构程序设计的实例。

（1）程序实例

下面要求编写一个顺序执行的程序，从键盘上输入一个学生的学号，从"学生成绩.dbf"中查找该学生，如果找到，就显示该学生所在记录的内容，否则显示"没有找到该学号的学生记录"。操作指导如下。

① 建立程序文件 E14-1.prg。

在命令窗口中输入：

　　　　MODIFY COMMAND E:\VFP\PROGS\E14-1

打开文本编辑窗口，输入程序，按 Ctrl+W 组合键保存。

参考程序如下：

```
*E14-1.prg
SET DEFAULT TO E:\VFP\DATA
USE 学生成绩.DBF EXCLUSIVE
XUEHAO='200307010100'
@2,10 SAY "输入要查找学生的学号： " GET XUEHAO
READ
LOCAT FOR 学号=XUEHAO
FOUND()                          &&搜索符合条件的数据
CLEAR                            &&清屏
DISPLAY                          &&显示搜索到的数据
```

② 运行程序。

在命令窗口中输入：

　　　　DO E:\VFP\PROGS\E14-1

程序运行，屏幕上出现：

　　　　输入要查找学生的学号：200307010100

输入 200307010102，屏幕上出现：

　　　输入要查找学生的学号：200307010102

记录号	姓名	学号	数学	英语	计算机
4	刘寅	200307010102	57	60	76

（2）程序设计

编写一个顺序执行的程序 VFP6-1.prg，从键盘上输入一个学生的学号，从"学生成绩.dbf"中查找该学生，如果找到，显示该学生所在记录的内容，计算该学生 3 门课程的总分和平均分，将总分和平均分分别存入内存变量 ZF 和 PJF 中，并且将总分和平均分按如下格式显示在屏幕上：

　　　总分=

　　　平均分=

否则显示"没有找到该学号的学生记录"。

　　3．分支结构的程序设计

（1）程序实例

在顺序程序设计 E14-1.prg 中，当查找到符合条件的记录就显示该记录；若没有查找到符合条件的记录，则屏幕上什么都不显示。

如果要求在没有查找到符合条件的记录时，屏幕上显示"没有找到该学号的学生"。这时可以考虑用分支结构来实现。

参考程序如下：

```
*E14-2.PRG
SET DEFAULT TO E:\VFP\DATA
USE  学生成绩.DBF EXCLUSIVE
XUEHAO='200307010100'
@2,10 SAY "输入要查找学生的学号： " GET XUEHAO
READ
LOCAT FOR  学号=XUEHAO
IF FOUND()
  CLEAR
  DISPLAY
ELSE
  CLEAR
  ?"没有找到该学号的学生"
ENDIF
```

（2）程序设计

① 编写一个分支结构的程序 VFP14-2.prg，从键盘上输入一个学生的学号，从"学生成绩.dbf"中查找该学生，如果找到，显示该学生所在记录的内容，计算该学生 3 门课程的总分和平均分，将总分和平均分分别存入内存变量 ZF 和 PJF 中，并且将总分和平均分按如下格式显示在屏幕上：

　　　记录号　　姓名　　　学号　　　数学　英语　计算机　　总分　平均分

否则显示"没有找到该学号的学生记录"。

　　4．循环结构的程序设计

（1）程序实例

上面程序在找到要查的学生时，显示该学生的记录后结束程序的执行。如果要继续查找下一个学生就无能为力了，只好重新执行程序。用循环结构可以很容易地解决该问题。下面是循环查找要查找的学生记录，直到输入一个 0 为止。

参考程序如下：

```
*E14-3.prg
```

```
SET DEFAULT TO E:\VFP\DATA
USE 学生成绩.DBF EXCLUSIVE
XUEHAO='200307010100'
@5,10 SAY "输入要查找学生的学号： " GET XUEHAO
READ
DO WHILE XUEHAO<>'0'
LOCAT FOR 学号=XUEHAO
IF FOUND()
  CLEAR
  DISPLAY
ELSE
  CLEAR
  ?"没有找到该学号的学生"
ENDIF
@5,10 SAY "输入要查找学生的学号： " GET XUEHAO
READ
ENDDO
```

（2）程序设计

① 修改（1）中的程序实例，自己编写一个用循环语句实现上述问题的程序 E14-4.prg。

② 编写一个循环结构的程序（用 DO WHILE 和 SCAN 语句）E14-5.prg，按如下格式显示"学生信息.dbf"中全部女生的记录：

姓名	性别	班级学号	籍贯	出生日期	政治面貌	民族	专业
--								
……								
--								

③ 编写程序 E14-6.prg，按以下格式输出九九乘法表。

```
1×1=1
1×2=2  2×2=4
1×3=3  2×3=4  3×3=9
1×4=4  2×4=8  3×4=12  4×4=16
1×5=5  2×5=10  3×5=15  4×5=20  5×5=25
1×6=5  2×6=12  3×6=18  4×6=24  5×6=30  6×6=36
1×7=7  2×7=14  3×7=21  4×7=28  5×7=35  6×7=42  7×7=49
1×8=8  2×8=16  3×8=24  4×8=32  5×8=40  6×8=48  7×8=56  8×8=64
1×9=9  2×9=18  3×9=27  4×9=36  5×9=45  6×9=54  7×9=63  8×9=72  9×9=81
```

5．子程序的设计

（1）程序实例

编写一个简单的学生成绩管理程序。该程序可以进行"学生成绩记录"的库结构建立、输入、编辑、显示，每个功能都由一个子程序文件组成。

程序执行时先提示：

    1.建库结构　2.输入　3.编辑　4.显示　0.退出

    请选择 0~4：

然后根据所作的选择执行不同的子程序。

参考程序如下：

```
*E14-7.prg（主程序）
DO WHILE .T.
    ?"1.建库结构　2.输入　3.编辑　4.显示　0.退出"
```

```
        WAIT "请选择(0～4):" TO XZ
        IF XZ="1"
          DO E:\VFP\PROGS\JJG.prg
        ENDIF
        IF XZ="2"
          DO E:\VFP\PROGS\SRSJ.prg
        ENDIF
        IF XZ="3"
          DO E:\VFP\PROGS\BJ.prg
        ENDIF
        IF XZ="4"
          DO E:\VFP\PROGS\XS.prg
        ENDIF
        IF XZ="0"
          CLEAR
          @2,10 SAY "程序执行结束"
          EXIT
        ENDIF
      ENDDO
      RETURN
      *JJG.PRG(新建库结构)
      SET TALK OFF
      @0,0 CLEAR
      CREAT E:\VFP\DATA\学生成绩记录
      @3,20 SAY "新建库结构"
      @5,20 SAY " "
      LIST STRUCTURE
      USE
      RETURN
      *SRSJ.PRG(输入数据)
      @0,0 CLEAR
      USE E:\VFP\DATA\学生成绩记录.dbf
      BROWS
      RETURN
      *BJ.PRG(编辑数据)
      SET TALK OFF          &&程序执行的结果不显示在屏幕上
      @0,0 CLEAR
      USE E:\VFP\DATA\学生成绩记录
      EDIT
      RETURN
      *XS.PRG(显示数据)
      USE E:\VFP\DATA\学生成绩记录
      @0,0 CLEAR
      DO WHILE .T.
        ?"1.连续显示    2.分页显示"
        WAIT "请选择" TO XZ
        IF XZ="1"
            @0,0 CLEAR
```

```
        @2,10 SAY "连续显示"
        LIST
      ENDIF
      IF XZ="2"
        @0,0 CLEAR
        @2,10 SAY "分页显示"
        DISPLAY ALL
      ENDIF
      USE
      RETURN
   ENDDO
```

（2）程序设计

① 在上面实例程序的基础上增加查询和统计功能。程序执行时首先提示：

　　1.建库结构　2.输入　3.编辑　4.显示　5.查询　6.统计　0.退出

　　请选择 0~6:

然后根据所作的选择执行不同的子程序。

要求：a. 查询功能的实现，是根据用户输入的要查询的学号，显示该学生的记录内容；

　　　b. 统计功能：

⊙ 统计"学生成绩记录.dbf"中的记录数。

⊙ 根据用户输入的课程名，统计该课程成绩大于或等于 60 的人数以及该课程成绩大于或等于 90 的人数。

⊙ 统计各门课程成绩都大于或等于 60 的人数以及各门课成绩大于或等于 90 的人数。

② 将上面的程序改为过程调用。

在上面的程序中，每个功能都由一个子程序文件组成。这里要求将所有功能的实现，用过程调用的方法放在一个程序文件中。

③ 编写程序 E14-8.prg，输出如下图形的程序。

```
         *
        ***
       *****
      *******
       *****
        ***
         *
```

参考程序如下：

```
    *E14-8.prg
    CLEAR
    FOR I=1 TO 9
       X=ABS(5-I)
       @I,20+X SAY " "
       FOR J=1 TO 9-2*X
          ??"*"
       ENDFOR
       ?
    ENDFOR
    RETURN
```

④ 编写程序 E14-9.prg，找出并输出 10 个数中的最大值和最小值。

参考程序如下：

```
*E14-9.prg
CLEAR
INPUT "请输入数据：" TO L
S=L
FOR I=1 TO 9
    INPUT "请输入数据：" TO X
    IF X>L
       L=X
    ELSE
       IF X<S
             S=X
       ENDIF
    ENDIF
ENDFOR
?"最大值为："
??L
?"最小值为："
??S
RETURN
```

6. 程序的调试

在程序的执行过程中，通过使用调试窗口，可以动态地监测程序的执行情况，从而快速确定出错的位置和出错的原因。

启动 Visual FoxPro 后，选择"工具"菜单中的"调试器"选项，就可以打开调试窗口。在该窗口中，单击"打开"按钮，选择要调试的程序，程序就会出现在"跟踪"窗口中。

单击"继续执行"按钮可以执行程序。

单击"取消"按钮可以取消程序的执行。

单击"单步"按钮可以执行一条命令。这时，在跟踪窗口中可以看到一个指示程序执行的当前位置的箭头，利用该按钮可以分步执行程序。

在调试程序的过程中，如果需要程序执行到某一个位置上就停下来，以便查看和分析程序执行过程中某些变量的取值情况，就在这个位置设置"断点"。

请用上面所编写的程序作为调试实例，练习程序的调试。

第7章　面向对象程序设计

本章要点：

☞　面向对象程序设计中的类、对象，以及类的继承性概述

☞　Visual FoxPro 中的类和对象

☞　Visual FoxPro 的编程工具与步骤

☞　整理表单

Visual FoxPro 6.0 不但支持标准的过程化程序设计，而且在语言上还进行了扩展，提供了面向对象程序设计的强大功能和更大的灵活性。

面向对象的程序设计方法与编程技术不同于标准的过程化程序设计。程序设计人员在进行面向对象的程序设计时，不再是单纯地从代码的第 1 行一直编到最后 1 行，而是考虑如何创建对象，利用对象来简化程序设计，提供代码的可重用性。

掌握 Visual FoxPro 6.0 的面向对象设计技术以及事件驱动模型，可以最大限度地提高程序设计的效率。

7.1　面向对象编程概述

面向对象的编程（Object Oriented Programming，OOP）是通过对象的交互操作来实现程序设计的。

7.1.1　从面向过程到面向对象

20 世纪 70 年代，为了提高程序员的编程效率和简化程序结构，出现了面向过程的编程。但是，在面向过程编程的实践中，仍然存在许多问题，主要表现在：

① 程序代码被分为模块和函数，程序越大，在代码中出现的错误也就越多。

② 程序设计人员需要用大量的时间去设计输入/输出界面，而设计出来的界面又很难像视窗操作系统那样被人们所接受。

③ 程序在执行过程中一直独占计算机的资源，难以实现多任务的操作。

由于这些问题，程序设计逐渐演变发展到了 OOP。

面向过程的程序设计通常采用把现实问题转化为计算机术语的办法来编写程序。然而，面向对象编程则试图识别在现实世界中可能存在的对象，依此构造出相应的数据模型，展示对象间的相互关系，并编写相应的程序。在 Visual FoxPro 6.0 中，表单及控件是应用程序中的对象。用户通过对象的属性、事件和方法程序来处理对象。

Visual FoxPro 6.0 面向对象的语言扩展部分为应用程序中的对象提供了更多的控件，同时使得创建和维护可重用代码库更为容易，有如下优点：

① 更紧凑的代码。

② 在应用程序中可更容易地加入代码，使用户不必精心确定方案的每个细节。

③ 减少了不同文件代码集成为应用程序的复杂程度。

面向对象程序设计基本上是一种包装代码，代码可以重用而且维护起来很容易。其中最主要的包装概念被称为类。

在面向对象编程中，对象是由叫做类的数据结构来定义的。

1．对象

对象（object）仅是类的运行实例，它可以是任何具体事物。例如现实生活中的汽车、计算机等。在面向对象的程序设计中，所创建的表单、文本框、标签和命令按钮，均为对象。一个软件的外观主要也就是由这些东西组成的。

所谓面向对象的编程，是在编程的过程中只需面对具体的东西来编程，而不是用一大堆语言代码来编出这些东西。因此面向对象的编程非常直观，在编制的过程中就能看见程序运行出来的样子。另外，由于不需用语言来构造这些对象，只是像画图一样将它们画出来，其大小及位置也不需用精确的数字来表示，喜欢画多大就画多大，无须知道诸如长是 100、宽是 80（当然，如果想知道也可以在属性窗口中查到），这样使得编程变得非常简单。

2．类

类（class）是一种对象的归纳和抽象。类就像一张图纸或一个模具，所有对象均是由它派生出来的，它确定了由它生成的对象所具有的属性、事件和方法。

Visual FoxPro 6.0 提供了简便的方法生成所需对象的相应模具——类。可以说，类就是生成对象的模具，而用模具生成的产品就是对象。用一种模具可以生成许多相同种类的产品，那么使用某一个类也就可以在应用程序中创建同种类的许多对象。Visual FoxPro 6.0 提供了许多类（即系统类），使用系统类可以完成绝大部分的编程工作，而且还可以利用系统类中的基类创建自定义类。

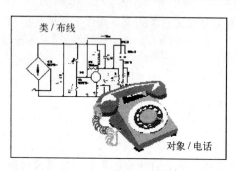

图 7-1　类与对象的关系

程序员可以很方便地把类直接用在自己的应用程序中，从而极大地提高了软件的开发速度和质量。

7.1.2　深入理解对象

1．类与对象

类和对象关系密切，但并不相同。类包含了有关对象的特征和行为信息，它是对象的蓝图和框架。例如，电话的电路结构和设计布局可以是一个类，而这个类的实例——对象，便是一部电话（如图 7-1 所示）。

类决定了对象的特征。

2．对象具有属性

属性（property）是指控件、字段或数据库对象的特征。即对象的性质，如长、宽、放的位置、颜色、标题、字体大小等。为了使软件运行时各种界面看起来舒适，必须在设计软件时对每个对象的有关属性做适当的设置。所谓"有关"，就是对一个对象来说，在一个软件中只有部分与这个软件有关的属性需要设置，而大部分可能不需要设置，只需使用它们隐含的设置就行了；而同一种对象在另一个地方，可能需要设置的属性又有所不同。对于属性的设置，有些只需用鼠标做适当的拖动即可，如长、宽、放的位置等；另一些则必须在属性窗口中进行设置，如字体、颜色、标题等。

用户可以对属性进行设置，以定义对象的特征。在 Visual FoxPro 中，可以用"属性"窗口修改一个对象的属性。

每个对象都有属性。例如，一部电话有一定的颜色和大小。当把一部电话放在办公室中，它就有了一定的位置，而它的听筒也有拿起和挂上两种状态。

在 Visual FoxPro 中，创建的对象也具有属性，这些属性由对象所属于的类决定。属性值既能在设计时设置，也可在运行时进行设置。表 7-1 列出了一个复选框按钮可能有的属性。

表 7-1　复选框可能有的属性

属　性	说　明
Caption	复选框旁边的说明性文
Enabled	复选框能否被用户选择
ForeColor	标题文本的颜色
Left	复选框左边的位置
MousePointer	在复选框内鼠标指针的
Top	复选框顶边的位置
Visible	指定复选框是否可见

除了使用 Visual FoxPro 提供给用户的属性外，用户还可以添加新的属性。其操作是选择"表单"菜单中的"新建属性"命令，在打开的"新建属性"的"名称"框中输入新建属性的名称，在"说明"框中输入对该属性的扼要说明，并可选择 Access 方法程序和 Assign 方法程序。最后单击"添加"按钮就增加了新的属性。

3．对象具有与之相关联的事件和方法

事件（event）就是可能会发生在对象上的事情，也可以说是对对象所做的操作（或者系统对某个对象的操作），如按钮被按动（单击）、对象被拖动、被改变大小、被鼠标左键双击等。每个对象都可以对一个被称为事件的动作进行识别和响应。事件是一种预先定义好的特定动作，由用户或系统激活。在多种情况下，事件是通过用户的交互操作产生的。例如，对一部电话来说，当用户提起听筒时，便激发了一个事件，同样，当用户拨号打电话时也激发了若干事件。如在一个软件中单击"退出"按钮这个事件，就会结束该软件的运行。

在 Visual FoxPro 中，可以激发事件的用户动作包括单击鼠标、移动鼠标和按键。

方法程序是与对象相关联的过程，但又不同于一般的 Visual FoxPro 过程。方法程序紧密地和对象连接在一起，并且与一般 Visual FoxPro 过程的调用方式也有所不同。

事件可以具有与之相关联的方法程序。例如，为 Click 事件编写的方法程序代码将在 Click 事件出现时被执行。方法程序也可以独立于事件而单独存在，此类方法程序必须在代码中被显式地调用。

事件集合虽然范围很广，但却是固定的。用户不能创建新的事件，然而方法程序集合却可以无限扩展。

为了使得对象在某一事件发生时能够做出所需要的反应，就必须针对这一事件编出相应的程序代码来完成这一目标。如果一个对象的某个事件被编入了相应的代码，那么软件运行时，当这一事件发生（如按下鼠标按钮），相应的程序段就被激活，并开始执行；如果这一事件不发生，则这段程序就不会运行。而没有编写代码的事件，即使发生也不会有任何反应。

表 7-2 列出了与复选框相关的一些事件。

表 7-2　与复选框相关的事件

事　件	说　明
Click	用户单击复选框
GotFocus	用户选择复选框
LostFocus	用户选择其他控件

方法（method）也叫"方法程序"，是指对象所固有的完成某种任务的功能，可由用户在需要时调用。

"方法"与"事件"有相似之处，都是为了完成某个任务，但同一个事件可完成不同的任务，取决于用户所编写的代码；而方法则是固定的，任何时候调用都是完成同一个任务，其中的代码也不需要用户编写，Visual FoxPro 已为用户准备好了，只需在使用时调用即可。

比如，文本框可以用以显示文字，也可以输入文字。假如一个表单上有 3 个文本框，那么输入文字时，文字进入哪个框，这就要看当前的焦点在哪个框上。一般用户可以用鼠标单击所要的框，即将焦点放到了这个框上，有时会让软件自动地将焦点放在某个框上，这时就要调用"设置焦点"方法（setfocus），如要把焦点放到第 2 个文本框上，调用的方法是：

text2.setfocus

至于它是怎么将焦点放上去的，也就是说具体的程序是怎么编的，用户不用知道，只要能达到目的就行。当然不仅是文本框，其他对象也都有此方法（有些方法只有某些对象才有），调用的一般语法是：

对象名称.setfocus

表 7-3 列出了与复选框相关联的一些方法程序。

表 7-3 与复选框相关的一些方法程序

方法程序	说　明
Refresh	复选框中的值被更新，以反映隐含数据源的数据变化
SetFocus	焦点被置于复选框，就好像用户刚使用 Tab 键选中复选框

7.1.3 深入了解类

所有对象的属性、事件和事件的相应方法在定义类时被指定。此外，类还具有封装、子类、继承性等特征。这些特征对提高代码的可重用性和易维护性很有用处。

1. 封装

图 7-2 隐藏复杂性

封装可以隐藏不必要的复杂性。例如，当在办公室安装一部电话时，用户也许并不关心这部电话在内部如何接收呼叫，怎样启动或终止与交换台的连接，以及如何将拨号转换为电子信号；所要知道的全部信息就是用户可以拿起听筒，拨打合适的电话号码，然后与要找的人讲话。在这里，如何建立连接的复杂性被隐藏起来，如图 7-2 所示。所谓抽象性是指能够忽略对象的内部细节，使用户集中精力使用对象的特性。封装使抽象性成为可能。封装就是指将对象的方法和属性代码包装在一起。例如，把确定列表框选项的属性和选择某选项时所执行的代码封装在一个控件里，然后把该控件加到表单中。

2. 子类

子类可以拥有其父类的全部功能，在此基础上，可添加其他控件或功能，这表明类具有层次性。例如，现有一个表示基本电话的类，用户可以定义其子类，该子类可拥有这个基本电话类的全部功能，用户还可以添加自己需要的其他功能，如图 7-3 所示。定义子类是减少代码的一条途径。先找到与自己的需求最相似的对象，再对它进行定制。

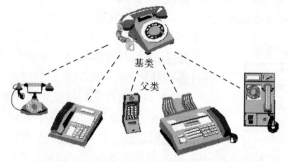

基类

父类

图 7-3 子类可以拥有其父类的全部功能

3. 继承

继承性的概念是指在一个类上所做的改动反映到它的所有子类中。这种自动更新节省了用户的时间和精力。例如，电话制造商想以按键电话代替以前的拨号电话（见图7-4）。若只改变主设计框架，并且基于此框架生产出的电话机能自动继承这种新特点，而不是逐部电话去改造，会节省大量的时间。

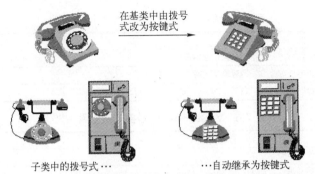

在基类中由拨号式改为按键式

子类中的拨号式…   …自动继承为按键式

图 7-4 继承性减少了维护代码的难度

继承性只体现在软件中，而不可能在硬件中实现。若发现类中有一个小错误，用户不必逐一修改子类的代码，只需要在类中改动一处，然后这个变动将体现在全部子类中。从现有的类建立新类的过程被称作继承。继承提供了新的派生类（或子类），具有包含在父类中的全部功能和扩展新类的能力。在 Visual FoxPro 中，继承性提供了合理的代码维护。

7.2 Visual FoxPro 中的类和对象

对于一个对象内的属性和方法，可以抽象处理，将它们封装在一个类的内部，使得当用户用到一个类或者由类创建一个新对象时，它本身已具有了一定的属性和方法。

1. Visual FoxPro 的类

为了提高编程的工作效率，Visual FoxPro 6.0 为用户提供了大量的类。基类是 Visual FoxPro 提供的基本类，按可视性分为可视类和非可视类。可视类通常使用相应图标表示，如命令按钮可用命令按钮的图标表示。基类还可以进一步分为控件类和容器类。

表 7-4 给出了 Visual FoxPro 6.0 的常用基类。

表 7-4 Visual FoxPro 6.0 的常用基类

类　名	说　明	类　名	说　明
CheckBox	复选框	EditBox	编辑框
Column*	网络控件上的列*	Form	表单
CommandButton	命令按钮	FormSet	表单集
CommandGroup	命令按钮组	Grid	网格
ComboBox	组合框	Header*	网格列的标题*
Container	容器类	Image	图像
Control	控件类	PageFrame	页框
Label	标签	ProjectHook	项目
Line	线条	Shape	形状
ListBox	列表框	Spinner	微调
OptionButton*	选项按钮*	TextBox	文本框
OptionGroup	选项组	Timer	计时器
Page*	页面*	ToolBar	工具栏

其中，在"说明"中带"*"的 4 个基类是作为父容器类的组成部分存在的，所以不能在"类设计器"中作为父类来创建子类。

所有的 Visual FoxPro 6.0 基类都有如表 7-5 所示的最小事件集和如表 7-6 所示的最小属性集。

表 7-5　Visual FoxPro 基类的最小事件集

事　件	说　　明
Init	当对象创建时激活
Destroy	当对象从内存中释放时激活
Error	当类中的事件或方法程序过程中发生错误时激活

表 7-6　Visual FoxPro 基类的最小属性集

属　性	说　　明
Class	该类属于何种类型
BaseClass	该类由何种基类派生而来，如 Form、Commandbutton 或 Custom 等
ClassLibrary	该类从属于哪种类库
ParentClass	对象所基于的类。若该类直接由 Visual FoxPro 基类派生而来，则 ParentClass 属性值与 BaseClass 属性值相同

2．容器类与控件类

Visual FoxPro 6.0 的类有两大主要类型，即容器类和控件类。

（1）容器类

容器类可以包含其他对象，并且允许访问这些对象。例如，若创建一个如图 7-5 所示的含有两个列表框和两个命令按钮的容器类，然后将该类的一个对象加入表单中，那么无论在设计时刻还是在运行时刻，都可以对其中任何一个对象进行操作。

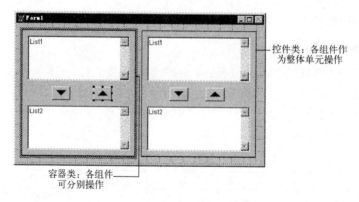

图 7-5　容器类

用户可以轻松地改变列表框的位置和命令按钮的标题，也可以在设计阶段给控件添加对象。例如，可以给列表框加标签，以标明该列表框。表 7-7 列出了每种容器类所能包含的对象。

表 7-7　容器类所能包含的对象

容　器　类	能包含的对象
命令按钮组	命令按钮
容器	任意控件
控件	任意控件
自定义	任意控件、页框、容器和自定义对象
表单集	表单、工具栏
表单	页框、任意控件或自定义对象

容 器 类	能包含的对象
表格列	表头和除表单集、表单、工具栏、计时器和其他列以外的其余任一对象
表格	表格列
选项按钮组	选项按钮
页框	页面
页面	任意控件、容器和自定义对象
项目	文件、服务程序
工具栏	任意控件、页框和容器

（2）控件类

控件类的封装比容器类更为严密，但也因此丧失了一些灵活性。控件类没有 AddObject 方法程序。控件类可以被包含在容器中，但不能作为其他对象的父对象。例如，编辑框就不能包含任何其他对象。

7.3 Visual FoxPro 6.0 的编程工具与编程步骤

Visual FoxPro 6.0 支持面向对象的编程方法，用户不需要再以"过程"为中心去设计大段大段的程序代码，而是面向可视的"对象"考虑如何响应用户的动作，并建立与这些可视对象相关的小程序；当用户激发"事件"时，就运行相关的程序。

为了实现可视化编程的需要，Visual FoxPro 6.0 为用户提供了一系列的可视化编程工具。例如，表单设计器、表设计器、报表设计器、查询设计器等。这里主要介绍表单设计器。

7.3.1 Visual FoxPro 6.0 表单设计器

表单设计器是 Visual FoxPro 6.0 的一个强大的工具，用于可视化的程序设计。表单的全部设计工作，都可在表单设计器里完成。

1. 启动表单设计器

在 Visual FoxPro 6.0 的"新建"对话框中选择"表单"选项，再单击"新建文件"按钮，就会出现如图 7-6 所示的表单设计器。

还可以用如下方式启动表单设计器。

① 在项目管理器中选择"文档"选项卡，在选中"表单"后，单击"新建"按钮。

② 在命令窗口中使用命令：CREATE FORM。

③ 在弹出的"新建"对话框中单击"新建表单"按钮（如图 7-7），进入表单设计器。

2. 表单设计器工具栏

当启动了表单设计器，就会在工具栏位置出现表单设计器工具栏。把鼠标指向表单设计器工具栏上的某个图标，就会出现该工具按钮的名称，如图 7-8 所示。用户也可以从"显示"菜单的"工具栏"命令中去选择或取消"表单设计器"工具栏，如图 7-9 的左图所示。"显示"菜单中的部分命令是和"表单设计器"工具栏上按钮的功能彼此对应的。有关"表单设计器"工具栏上按钮的功能如表 7-8 所示。

在"表单设计器"窗口，单击右键，将弹出如图 7-9 右图所示的快捷菜单，用户可以从中方便地选择所需命令。

图 7-6 表单设计器

图 7-7 单击"新建表单"

图 7-8 "表单设计器"工具栏

图 7-9 "显示"菜单和快捷菜单

表 7-8 "表单设计器"工具栏上按钮的功能

名 称	功 能 说 明
设置 Tab 键次序	设置光标在表单的各控件上移动的顺序
数据环境	结合用户界面，选择数据环境
属性窗口	打开或关闭属性窗口，设置各控件的属性特征
代码窗口	打开或关闭代码窗口，编辑各对象的方法及事件代码
表单控件工具栏	打开或取消表单控件工具栏，利用各控件进行用户界面的设计
调色板工具栏	打开或取消调色板工具栏，可对对象的前景和背景色调进行设置
布局工具栏	设置对象的位置或对齐方式
表单生成器	帮助用户快速创建表单
自动格式	对各控件进行格式设置

3. 表单控件工具栏

利用"表单控件"工具栏所提供的可视化编程的各种控件，可以创建出表单中所需的对象。可以从"显示"菜单中访问"工具栏"对话框。此外，任何时候都可以从"工具栏"对话框中选择显示"表单控件"工具栏。其常用控件的功能如表 7-9 所示。但是，除非正在进行表单操作，否则工具栏上的按钮不可用。

表 7-9　"控件"工具栏上按钮的功能

图标	名　称	功　能
	选定对象	选定一个或多个对象，移动控件位置，改变控件的大小
	查看类	用以选择显示一个已注册的类库
	标签	创建标签对象，保存在运行时不改变内容的文本
	文本框	创建一个文本框控件，用于编辑一段文本，用户可以在其中输入或更改文本
	编辑框	创建一个编辑框控件，用于编辑多段文本，用户可以在其中输入或更改文本
	命令按钮	创建命令按钮控件，用于执行命令
	命令按钮组	创建命令按钮组控件，把相关的按钮以组的形式出现
	选项按钮组	创建选项按钮组控件，运行时用户在多个选项中选择其中的一项
	复选框	创建复选框控件，运行时用户在多个选项中选择其中的一项或多项
	组合框	创建组合框或下拉列表框控件，运行时用户可从中选择一项
	列表框	创建列表框控件，当列表项较多，不能同时显示时，列表可以滚动
	微调	创建微调控件，用于输入指定范围内的数值
	表格	创建表格控件，以表格的形式显示数据
	图像	创建图像控件，在表单上显示图像
	记时器	创建记时器控件，在指定的时间间隔激发计时器事件
	页框	创建页框控件，运行时显示多个页面
	ActiveX	创建 ActiveX 控件，在应用程序中添加 OLE 对象
	ActiveX 绑定	创建 ActiveX 绑定控件，在应用程序中添加 OLE 对象，绑定在一个通用字段
	线条	创建线条控件，在表单上添加线条
	形状	创建形状控件，在表单上画各种类型的形状，如矩形、正方形、椭圆、圆等
	容器	将容器控件置于当前的表单上，在容器中可包含其他控件
	分割符	创建分割符控件，在工具栏的控件间加上空格
	超级链接	创建超级链接控件，可链接到 Internet
	生成器锁定	单击"生成器锁定"，为要添加到表单中的控件打开一个生成器
	按钮锁定	单击"按钮锁定"，只需按一次某控件，就可添加多个同种类型的控件

　　如果要在表单中添加某个控件，可以使用表单控件工具栏在表单上创建控件。单击需要的控件按钮，将鼠标指针移动到表单上，然后在表单的适当位置单击鼠标，控件就以默认大小出现在该位置上；也可以用拖动鼠标的方法，在表单的适当位置形成所需大小的控件。

4．属性窗口

　　"属性"窗口包含选定的表单、数据环境、临时表、关系或控件的属性、事件和方法程序列表。

可以在设计或编程时对这些属性值进行设置或更改。操作时也可以选择多个对象，然后显示"属性"窗口。在这种情况下，"属性"窗口会显示选定对象共有的属性。

要打开"属性"窗口，可以从"显示"菜单中选择"属性"选项，或在"表单设计器"、"数据环境设计器"中单击鼠标右键，从"表单设计器"快捷菜单中选择"属性"。

注意：有些属性在设计时计算，所以这些属性在表达式中使用的任何内存变量或数组在设计时必须在范围值内。

在图 7-10 所示的"属性"窗口中的选项包括：对象下拉列表框、选项卡、属性设置框、属性列表、注释。

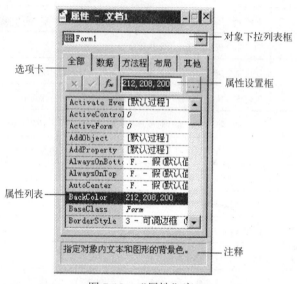

图 7-10 "属性"窗口

（1）对象下拉列表框

该框标识当前选定的对象。单击右端的向下箭头，可看到包含当前表单、表单集和全部控件的列表。如果打开"数据环境设计器"，可以看到"对象"中还包括数据环境，和数据环境的全部临时表和关系。可以从列表中选择要更改其属性的表单或控件。

（2）选项卡

选项卡可按分类显示属性、事件和方法程序。

⊙ 全部——显示全部属性、事件和方法程序。

⊙ 数据——显示有关对象如何显示或怎样操纵数据的属性。

⊙ 方法程序——显示方法程序和事件。

⊙ 布局——显示所有的布局属性。

⊙ 其他——显示其他和用户自定义的属性。

（3）属性设置框

用该框可更改属性列表中选定的属性值。若选定的属性需要系统预定义的设置值，则在右边出现一个向下箭头。若属性设置需要指定一个文件名或一种颜色，则在右边出现三点按钮。单击此按钮，允许从一个对话框中设置属性（如背景色）。

单击接受按钮 ✓ 来确认对此属性的更改。单击取消按钮 ✗ 取消更改，恢复以前的值。单击函数按钮 ƒ，可打开"表达式生成器"。属性可以设置为原义值或由函数或表达式返回的值。对于设置为表达式的属性，它的前面具有等号（=）。只读的属性、事件和方法程序以斜体显示。

（4）属性列表

这个包含两列的列表显示所有可在设计时更改的属性和它们的当前值。对于具有预定值的属性，在"属性"列表中双击属性名可以遍历所有可选项。对于具有两个预定值的属性，在"属性"列表中双击属性名可在两者间切换。选择任何属性并按 F1 键可得到此属性的帮助信息。常见的属性列表如表 7-10 所示。

表 7-10　常见的属性列表

属　性	说　明	属　性	说　明
Caption	指定对象的标题	Closable	指定标题栏中的关闭按钮是否有效
Name	指定对象的名字	Controlbox	是否取消标题栏的所有按钮
Value	指定控件的当前状态	FontSize	指定显示文本的字体大小
AutoCenter	是否在 VFP 的主窗口中自动居中	FontBold	指定显示文本的字体是否为粗体
ForColor	指定对象的前景色	FontName	指定显示文本的字体名
BackColor	指定对象的背景色	MaxButton	是否具有最大化按钮
BorderStyle	指定对象边框的样式		

（5）注释

显示当前属性的说明。例如，选择 BackColor，注释显示为"指定对象内文本和图形的背景色"属性。

在面向对象程序设计中，把事件认为是一种状态，事件只有赋予方法程序后才能得到相应的效果。因此事件程序设计实际上是事件方法程序设计。事件程序设计包括如何理解常见事件的含义、激发事件、关闭事件和事件方法等。

5．布局工具栏

当表单上放置了多个控件时，可以使用"布局工具栏"对控件进行对齐操作。在表单设计器工具栏中，单击"布局工具栏"按钮，就可以打开"布局"工具栏，如图 7-11 所示。

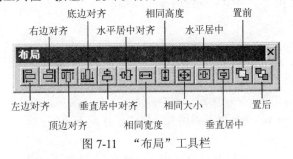

图 7-11　"布局"工具栏

刚打开的"布局"工具栏上的各工具为暗淡色调，表示不可用状态。选定多个控件后，这些工具就可以使用了。每个被选中控件的周围有 8 个控制点。只有选定多个控件，才可调整其相互之间的位置。如图 7-12 所示的画面就是利用"布局"工具栏实现多个控件的左边对齐和右边对齐。

6．引用对象

引用对象是把内存中的对象变量，通过赋值将一个对象的引用赋给另一个变量。对象的引用，相互之间用小圆点连接。

在类设计中，引用对象可以采用多种引用方式，分为 This、ThisForm、ThisFormSet、Parent 等几种（见表 7-11）。

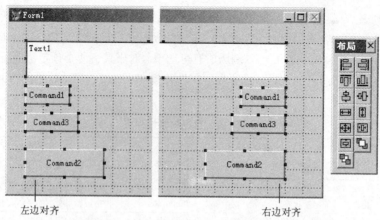

图 7-12　利用"布局"工具栏实现多个控件的左边对齐和右边对齐

表 7-11　常见的引用对象

关 键 字	引 用	关 键 字	引 用
Parent	当前对象的直接容器对象	Thisform	当前对象所在的表单
This	当前对象	ThisformSet	当前对象所在的表单集

① This　This 表示当前对象。

语法：

　　This.<对象名> | <属性名> | <方法名>

② ThisForm　ThisForm 表示当前表单。

表单是一个容器控件。

③ ThisFormSet　ThisFormSet 表示当前表单集。

表单集是表单的集合。

④ Parent　Parent 用于引用一个控件所属的容器。

语法：

　　Control.Parent

⑤ ActiveControl　ActiveControl 用于引用对象上的活动控件。

语法：

　　<对象名>.ActiveControl.<属性名>[=<值>]

⑥ ActiveForm　ActiveForm 用于引用表单集中的活动表单。

语法：

　　<对象名>.ActiveForm.<属性名>[=<值>]或<对象名>.ActiveForm.<方法>

下面是使用引用的例子。

　　Thisform.Label1.Caption=" Visual FoxPro "　　　　&&设置标签的标题属性

　　Thisform.release　　　　　　　　　　　　　　　　&&调用 release 方法释放表单

7. 代码窗口

代码窗口是 Visual FoxPro 6.0 编写事件过程和方法代码的编辑工具。要进入代码窗口，只需在"表单设计器"窗口中双击需要编写代码的对象，就会出现如图 7-13 所示的窗口。

单击"表单设计器"工具栏的"代码窗口"按钮或在快捷菜单中单击"代码…"命令，都可以进入"代码"窗口。

图 7-13　"代码"窗口

进入"代码"窗口后，用户就可以在此编写代码；在完成代码编写任务以后，直接单击"代码"窗口的关闭按钮。

7.3.2　Visual FoxPro 6.0 中的事件

事件是指由用户或系统触发的一个特定的操作。例如用鼠标单击命令按钮，就会触发一个 Click 事件。当系统响应用户的一些动作时，自动触发事件代码。例如，用户在控件上做出单击动作时，系统自动执行为 Click 事件编写的代码。事件代码也可被系统事件触发，例如计时器中的 Timer 事件。

1. Visual FoxPro 的常见事件

事件一旦被触发，系统马上就会去执行与该事件对应的事件过程。待事件过程执行完后，系统又处于等待其他事件发生的状态。表 7-12 是 Visual FoxPro 常见事件的列表，这些事件适用于大多数的控件。

表 7-12　Visual FoxPro 的常见事件

事　件	事件被激发后的动作
Init	在创建对象时发生
Destroy	从内存中释放对象时发生
Click	用户使用鼠标按钮单击对象时发生
DblClick	用户使用鼠标按钮双击对象时发生
RightClick	用户使用鼠标右键单击对象时发生
Load	该事件在表单对象建立之前发生，Init 在它之后发生
Active	该事件在激活表单时发生
Interactive	用户使用鼠标或键盘交互改变控件值时引发该事件
GotFocus	对象接收焦点，由用户动作引起，如按 Tab 键或单击，或者在代码中使用 SetFocus 方法程序
LostFocus	对象失去焦点，由用户动作引起，如按 Tab 键或单击，或者在代码中使用 SetFocus 方法程序使焦点移到新的对象上
KeyPress	用户按下或释放键时发生
MouseDown	当鼠标指针停在一个对象上时，用户按下鼠标按钮时发生
MouseMove	用户在对象上移动鼠标时发生
MouseUp	当鼠标指针停在一个对象上时，用户释放鼠标时发生

事件的触发有 3 种情况，由用户触发，如单击命令按钮；由代码调用事件过程而触发；由系统触发，如利用计时器设定的时间触发事件。

2. 容器事件和对象事件

控件是放在一个表单上用以显示数据、执行操作或使表单更易阅读的一种图形对象，如文本框、矩形或命令按钮等。Visual FoxPro 控件包括复选框、编辑框、标签、线条、图像、形状等。可以使用"表单设计器"的"表单控件"工具栏在表单上绘制控件。

为控件编写事件代码时，请注意以下两条基本规则。

- ⦿ 容器不处理与所包含的控件相关联的事件。
- ⦿ 若没有与某控件相关联的事件代码，则 Visual FoxPro 在该控件所在类的层次结构中逐层向上检查是否有与此事件相关联的代码。

当用户以任意一种方式（使用 Tab 键、单击鼠标、将鼠标指针移至控件上等）与对象交互时，对象事件被触发。每个对象只接收自己的事件。例如，尽管命令按钮位于表单上，当用户单击命令按钮时，不会触发表单的 Click 事件，只触发命令按钮的 Click 事件。

3．为事件指定代码

事件发生时，若没有与之相关联的代码，则不会发生任何操作。对于绝大多数事件，用户都不必编写代码，用户只需对少数几个关键的事件编程即可。若要编写响应事件的代码，请使用"表单设计器"中的"属性"窗口。

一段代码应置于何处，是由事件发生的顺序决定的。请注意以下提示：

① 表单中所有控件的 Init 事件将在表单的 Init 事件之前执行，所以在表单显示以前，就可在表单的 Init 事件代码中处理表单上的任意一个控件。

② 若要在列表框、组合框或复选框的值改变时执行某代码，可将它编写在 InteractiveChange 事件（不是 Click 事件）中，因为有时控件的值的改变并不触发 Click 事件，有时控件的值没改变，而 Click 事件会发生。

③ 当拖动一控件时，系统将忽略其他鼠标事件。例如，在拖放操作中 MouseUp 和 MouseMove 事件不会发生。

④ Valid 和 When 事件有返回值，默认为"真"（.T.）。若从 When 事件返回"假"（.F.）或 0，控件将不能被激活。若从 Valid 事件返回"假"（.F.）或 0，不能将焦点从控件上移走。

7.3.3 Visual FoxPro 6.0 的方法程序

方法与事件过程类似，但 Visual FoxPro 6.0 的方法属于对象的内部函数，方法用于完成某个特定的功能。方法程序过程的代码由 Visual FoxPro 定义，对用户而言是不可见的。用户只需引用即可。

① Refresh 方法程序

功能：重新绘制表单或控件，并刷新所有的值。

格式：

      FormName.Object.Refresh

表单的 Refresh 方法程序除可在事件代码中调用外，在移动表的记录指针时，Visual FoxPro 会自动调用它。

② Release 方法程序

功能：从内存中释放表单集或表单。

格式：

      FormName.Object.Release

③ Cls 方法程序

功能：清除表单中的图形和文本。

格式：

      Object.Cls

尽管方法程序过程代码不可见，但是可以修改。当用户在代码编辑窗口写入代码时，实际上就是为该方法程序增加了功能，而 Visual FoxPro 为该方法程序定义的原有功能并不清除。打开方法程序过程代码窗口的操作和事件过程代码窗口的操作相同。

7.3.4 Visual FoxPro 6.0 的编程步骤

Visual FoxPro 6.0 面向对象的可视化编程步骤如下。

❶ 建立应用程序的用户界面，通过创建表单，利用控件工具在表单上放置所需的各种对象。

❷ 为各对象设置属性。

❸ 为事件过程及方法编写代码。

下面通过一个简单的示例，来说明 Visual FoxPro 6.0 面向对象的可视化编程的操作步骤。该示例通过下面 5 步完成，其运行结果如图 7-14 所示。当单击"显示"按钮时，显示"学好 Visual FoxPro，我就可以编写程序了！"；单击"退出"按钮，结束运行。

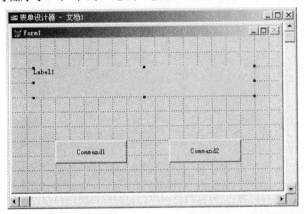

图 7-14　在新建表单中添加一个标签和两个命令按钮对象

1．建立应用程序的用户界面

按照如图 7-14 所示的画面新建一个表单，在该表单中，利用"表单控件"工具栏添加一个标签，两个命令按钮。操作时先单击"表单控件"工具栏里的"标签"控件，表明此时标签已被选中，然后移动鼠标到表单设计器窗口，在适当的位置拖动鼠标，拖出的一个区域，周围会出现 8 个控制点，在这个区域的内部，还会出现标签的 Caption，即 Label1。表明这个标签就创建在该位置。要移动控件位置，可用鼠标拖动调整。用类似的方法，在表单上添加命令按钮 Command1 和 Command2。

2．设置属性

在"属性"窗口分别为 Label1、Command1、Command2 设置属性。

Label1 属性的设置：选中标签 label1，在"属性"窗口的"属性列表"里把 FontSize 的值设置为 14、FontBold 设置为.T.、FontName 设置为幼圆，如图 7-15 所示。

Command1 属性的设置：选中 Command1 命令按钮，在"属性"窗口的"属性设置框"中把 Command1 的 Caption 改为"显示"、FontSize 设置为 14、FontBold 设置为.T.。

Command2 属性的设置：选中 Command2 命令按钮，在"属性"窗口的"属性设置框"里把 Command2 的 Caption 改为"退出"、FontSize 设置为 14、FontBold 设置为.T.。

3．编写代码

一般，命令按钮的作用是为了执行指定的命令。下面为 Command1、Command2 编写代码。

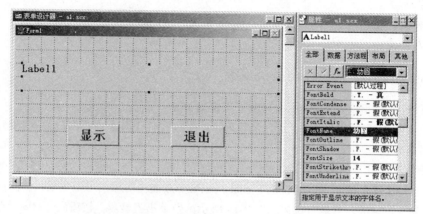

图 7-15　设置 Label1 的属性

双击 Command1 命令按钮，对 Click 事件过程编写如图 7-16 的代码。

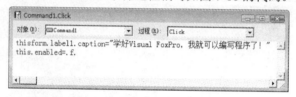

图 7-16　编写 Command1 的 Click 事件过程代码

代码窗口中第 1 条命令的功能是运行表单时，将标签 Caption 的值改为"学好 Visual FoxPro，我就可以编写程序了！"；第 2 条命令的作用是单击 Command1 命令按钮以后，该命令按钮就不能使用了。代码编写完成以后，直接单击代码窗口的"关闭"按钮就行了。

双击 Command2 命令按钮，对 Click 事件过程编写下面的代码：

　　　　thisform.release

这条命令的功能是释放表单，退出所运行的表单。

4．保存表单

单击常用工具栏的"保存"命令按钮，输入文件名后，表单将以文件扩展名为 .scx 的格式保存。保存的方法有以下 3 种：

⊙ 按组合键 Ctrl+W。

⊙ 选择"文件"菜单中的"保存"命令可保存当前正在编辑的表单。

⊙ 若表单为新建或被修改过，单击表单设计器窗口的关闭命令，系统会询问是否要保存表单，单击"是"保存表单。

图 7-17　运行表单的结果

5．运行表单

单击常用工具栏的"运行"按钮，或执行"表单"菜单的"运行表单"命令，还可以在命令窗口中用"DO FORM 表单文件名"命令运行表单。本例的运行结果如图 7-17 所示。

在单击"显示"按钮以后，马上显示标签里的文本内容，并且"显示"按钮变成浅色调。如果单击"退出"按钮，就会退出这个表单的运行状态，返回到表单的编辑状态。

7.4　整理表单

表单在编辑过程中，要使最终的用户界面看上去美观、整洁，就需要对表单上的控件进行调整，包括对象的排列是否整齐、位置是否恰当、是否要调整 Tab 键的顺序等操作。

整理表单，是指当表单上已经放置了若干控件以后，调整它们的位置、大小、移动、复制等操作。了解并熟悉这一系列的操作，对编程是很有帮助的。

1．编辑控件

① 选定控件：设计界面时，若要选定某一个控件，只需单击这个控件，该控件四周出现 8 个控制点时，表明该控件已被选中；若要选定若干个控件，则可按住 Shift 键，用鼠标逐个单击要选定的控件。也可以在表单中用鼠标拖出一个区域，所拖出的区域里包括的控件都将被选中。如果要取消选定，则单击空白处。

② 移动控件：若要移动控件，首先选定要移动的控件，再用鼠标将它们拖动到合适的位置。这样的移动同样适合多个控件。被选中的控件还可以用键盘上的方向键来调整其位置。

③ 改变控件的大小：若要改变控件的大小，则在选定控件后，向内或向外拖动某个控件的控制点，就可以改变它的大小。

④ 删除控件：若要删除控件，则选定控件后，按 Delete 键即可。

⑤ 复制控件：复制是剪贴板的操作，利用编辑菜单中有关剪贴板操作的命令，可以对控件或代码窗口里的代码进行移动、复制或删除操作。复制控件可以复制原控件的所有信息，但不能复制原控件的 Name 属性。

2．设置控件的 Tab 键次序

控件的 Tab 键次序是指按 Tab 键时，焦点从一个字段或对象移向另一个字段或对象的次序。表单控件的默认 Tab 键次序是控件添加到表单时的次序。设置控件的 Tab 键次序，可以按照逻辑顺序在控件之间移动。

若要改变控件的 Tab 键次序，操作如下：

❶ 在"表单设计器"工具栏中选择"设置 Tab 键次序"。

❷ 双击控件旁边的框，这个控件将在表单打开时具有最初焦点。

❸ 按需要的 Tab 键次序依次单击框。

❹ 单击控件外的任何地方，完成设置（如图 7-18 所示）。

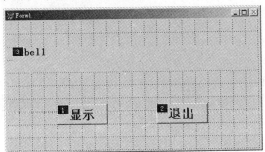

图 7-18　设置控件的 Tab 键次序

也可以根据"选项"对话框的"表单"选项卡中的设置，按照列表为表单中的对象设置 Tab 键次序。可以在一个控件组中设置选项按钮和命令按钮的选择顺序。要想使用键盘移动到一个控件组，用户需要按 Tab 键，移动到控件组的第 1 个按钮，然后使用箭头键选择该组中其他按钮。

若要更改一个控件组中按钮的选择顺序，操作如下：

❶ 在"属性"窗口中，在"对象"列表里选择控件组。一条粗的边框表明该组处于编辑状态。

❷ 选择"表单设计器"窗口。

❸ 从"显示"菜单中选择"Tab 键次序"命令。

❹ 选择合适的 Tab 键次序。

习 题 7

7.1 思考题

1. 名词解释：对象、类、子类、属性、方法、事件、封装、继承。

2. 解释可视类、非可视类、容器类、控件类。

3. 简述类的基本组成及对象与类的异同。

4. 如何进行对象的绝对引用和相对引用？相对引用有几个关键字，代表何种含义？

5. Visual FoxPro 6.0 编程有哪些步骤？

6. 复制控件可以复制原控件的所有信息吗？

7.2 选择题

1. 面向对象程序设计中程序运行的最基本实体是(　　　)。

　(A) 对象　　　　(B) 类　　　　　(C) 方法　　　　(D) 函数

2. 在面向对象方法中，对象可看成是属性（数据）以及这些属性上的专用操作的封装体。封装的目的是使对象的(　　　)分离。

　(A) 定义和实现　　(B) 设计和实现　　(C) 设计和测试　　(D) 分析和定义

3. 类是一组具有相同属性和相同操作的对象的集合，类之间共享属性和操作的机制称为(　　　)。

　(A) 多态性　　　　(B) 动态绑定　　　(C) 静态绑定　　　(D) 继承

4. 现实世界中的每一个事物都是一个对象，任何对象都有自己的属性和方法。对属性的正确描述是(　　　)。

　(A) 属性只是对象所具有的内部特征

　(B) 属性就是对象所具有的固有特征，一般用各种类型的数据来表示

　(C) 属性就是对象所具有的外部特征

　(D) 属性就是对象所具有的固有方法

5. 下面关于类的描述，错误的是(　　　)。

　(A) 一个类包含了相似的有关对象的特征和行为方法

　(B) 类只是实例对象的抽象

　(C) 类并不实行任何行为操作，它仅仅表明该怎样做

　(D) 类可以按所定义的属性、事件和方法进行实际的行为操作

6. 在面向对象方法中，对象可看成是属性（数据）以及这些属性上的专用操作的封装体。封装是一种(　　　)技术。

　(A) 组装　　　　(B) 产品化　　　　(C) 固化　　　　(D) 信息隐蔽

7. 下列关于面向对象程序设计(OOP)的叙述，错误的是(　　　)。

　(A) OOP 的中心工作是程序代码的编写

　(B) OOP 以对象及其数据结构为中心展开工作

　(C) OOP 以"方法"表现处理事物的过程

(D) OOP 以"对象"表示各种事物，以"类"表示对象的抽象

8. 下列关于"类"的叙述中，错误的是(   )。

  (A) 类是对象的集合，而对象是类的实例

  (B) 一个类包含了相似对象的特征和行为方法

  (C) 类并不实行任何行为操作，它仅仅表明该怎样做

  (D) 类可以按其定义的属性、事件和方法进行实际的行为操作

9. 下列关于创建新类的叙述中，错误的是(   )。

  (A) 可以选择菜单命令，进入"类设计器"

  (B) 可以在 .prg 文件中以编程方式定义类

  (C) 可以在命令窗口输入 NADD CLASS 命令，进入"类设计器"

  (D) 可以在命令窗口输入 CREATE CLASS 命令，进入"类设计器"

10. 下列关于"事件"的叙述中，错误的是(   )。

  (A) VFP 中基类的事件可以由用户创建

  (B) VFP 中基类的事件是由系统预先定义好的，不可由用户创建

  (C) 事件是一种事先定义好的特定的动作，由用户或系统激活

  (D) 鼠标的单击、双击、移动和键盘上按键的按下均可激活某个事件

11. 下列关于属性、方法、事件的叙述中，错误的是(   )。

  (A) 事件代码也可以像方法一样被显式调用

  (B) 属性用于描述对象的状态，方法用于描述对象的行为

  (C) 新建一个表单时，可以添加新的属性、方法和事件

  (D) 基于同一个类产生的两个对象可以分别设置自己的属性值

12. 下列关于编写事件代码的叙述中，错误的是(   )。

  (A) 可以由定义了该事件过程的类中继承

  (B) 为对象的某个事件编写代码，就是将代码写入该对象的这个事件过程中

  (C) 为对象的某个事件编写代码，就是编写一个与事件同名的 .prg 程序文件

  (D) 为对象的某个事件编写代码，可以在该对象的属性对话框中选择该对象的事件，然后在出现的事件窗口中输入相应的事件代码

13. 下列关于如何在子类的方法程序中继承父类方法程序的叙述，错误的是(   )。

  (A) 用<父类名>·<方法>的命令继承父类的事件和方法

  (B) 用<父类名>::<方法>的命令继承父类的事件和方法

  (C) 用函数 DODEFAULT()来继承父类的事件和方法

  (D) 当在子类中重新定义父类的事件和方法代码时，就用新定义的代码取代了父类中原来的代码

14. 在面向对象程序设计中，对象不具有的特性包括(   )。

  (A) 继承性   (B) 封装性   (C) 开放性   (D) 多态性

15. 命令按钮组是(   )。

  (A) 控件   (B) 容器   (C) 控件类对象   (D) 容器类对象

16. 下列 4 个事件，Init、Load、Active 和 Destroy，发生的顺序为(   )。

  (A) Init、Load、Active、Destroy   (B) Load、Init、Active、Destroy

  (C) Active、Init、Load、Destroy   (D) Destroy、Load、Init、Active

7.3 填空题

1. 构成应用程序的任何可操作的实体都称为_____。

2. 对象的_____就是对象可以执行的动作或它的行为。

3. 类是对象的集合，它包含了相似的有关对象的特征和方法，而_____是类的实例。

4. _____是一类相似对象的性质描述，这些对象具有相同的性质、相同种类的属性以及方法。

5. 在 OOP 中，类具有_____、_____和_____的特征，这就大大加强了代码的重用性。

6. 控件是表单中用于显示数据、执行操作或_____的一种对象。

7. 无论是否对事件编程，发生某个操作时，相应的事件都会被_____。

8. VFP 提供了一系列基类来支持用户派生出新类，从而简化了新类的创建过程。VFP 基类有两种：_____和_____。

9. 现实世界中的每个事物都是一个对象，对象所具有的固有特征称为_____。

10. 在 VFP 中，可以有两种不同的方式来引用一个对象，分别为_____和_____。

本章实验

【实验目的和要求】

- ⊙ 通过实验进一步理解有关面向对象编程的一些基本概念。
- ⊙ 熟悉面向对象可视化编程的操作步骤。
- ⊙ 掌握使用表单向导和表单设计器的方法。

【实验内容】

- ⊙ 练习使用表单向导。
- ⊙ 掌握 Visual FoxPro 6.0 编程步骤。

【实验指导】

1. 练习使用表单向导

（1）将"学生成绩管理.dbf"添加到数据库中

① 将"学生成绩管理.dbf"文件复制到"xscj.dbf"，如表 7-13 所示。

表 7-13　xscj.dbf 文件

姓名	学号	数学	英语	计算机	大学物理
李晓红	20020110101	90	80	89	78
王刚	20020110102	87	67	70	80
昭辉	20020110103	65	76	89	67
李琴	20020110104	90	95	90	89
方芳	20020110105	60	75	72	87
谭新	20020110106	70	78	75	72
刘江	20020110107	79	69	79	80
王长江	20020110108	91	90	89	86
张强	20020110109	70	99	88	78
江海	20020110110	89	88	77	60
明天	20020110111	78	56	72	60
王小华	20020110113	67	55	87	60
飞天	20020110114	90	85	95	92
王枫	20020110115	60	70	90	65
天天	20020110116	80	75	90	85
向上	20020110117	80	75	90	65
向项	20020110118	76	80	96	85

② 把"xscj.dbf"添加到"学生成绩管理"项目管理器的数据库中。

（2）使用表单向导创建表单

① 打开"学生成绩管理"项目管理器。在"数据"选项卡中展开"数据库"，打开"学生成绩管理"数据库。

② 在项目管理器中选择"文档"选项卡，选中"表单"组件，如图 7-19 所示。单击"新建"按钮，出现如图 7-20 所示的"新建表单"对话框。

图 7-19　"文档"选项卡

图 7-20　"新建表单"对话框

③ 在"新建表单"对话框中单击"表单向导"按钮，弹出如图 7-21 所示的"向导选取"对话框。选中"表单向导"，单击"确定"按钮，将弹出如图 7-22 所示的"表单向导"对话框。

图 7-21　"向导选取"对话框

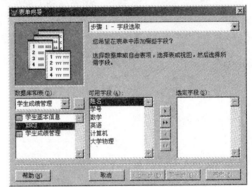

图 7-22　"表单向导"对话框

④ 在图 7-23 所示的"表单向导"对话框中选择"学生成绩管理"数据库中的"XSCJ"表，单击 ▶ 按钮，"可用字段"列表框中的全部字段被选到"选定字段"列表框中。单击"下一步"按钮，出现如图 7-24 所示的对话框。

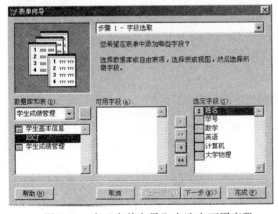

图 7-23　在"表单向导"中选定可用字段

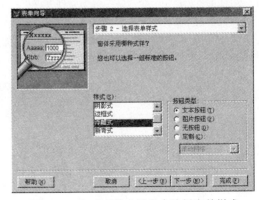

图 7-24　在"表单向导"中选择表单样式

⑤ 在"步骤 2-选择表单样式"的"样式"列表框中选择一种样式，如"浮雕式"；在"按钮类型"按钮组中选择一种按钮，如图 7-24 中的"文本按钮"，然后单击"下一步"按钮，出现如图 7-25 所示的对话框。

⑥ 在"步骤 3-排序次序"的"可用的字段或索引标识"列表框中选择需要排序的字段（此处选择"学号"），单击"添加"按钮，"学号"字段被添加到"选定字段"列表框中，选择"升序"。然后单击"下一步"按钮，出现如图 7-26 所示的对话框。

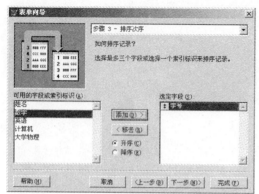
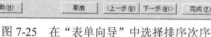
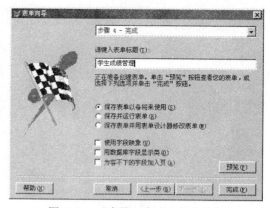

图 7-25　在"表单向导"中选择排序次序　　　　　图 7-26　"步骤 4-完成"新建表单

⑦ 在"步骤 4-完成"中，可在"请键入表单标题"文本输入框中输入所需的标题；在选择按钮组中选择"保存表单以备将来使用"选项。然后再单击"完成"按钮，出现如图 7-27 所示的"另存为"对话框。

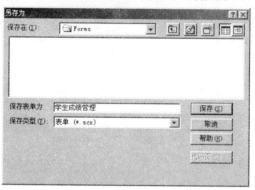

图 7-27　"另存为"对话框

⑧ 在"另存为"对话框中输入表单文件的名字，选择保存表单文件的路径，再单击"保存"按钮。例如，图 7-27 选择的路径为 E:\VFP\Forms。此时，在"项目管理器-学生成绩管理"中的"文档"选项卡的"表单"组件下将会产生一个"学生成绩管理"表单文件，该文件的扩展名为".scx"。

如果不输入文件名，系统将提供一个与表文件名同名的默认表单文件名。

⑨ 双击图 7-28 中的"学生成绩管理"表单文件，将打开该文件，出现如图 7-29 所示的画面。单击"运行"按钮，出现如图 7-30 所示的画面。

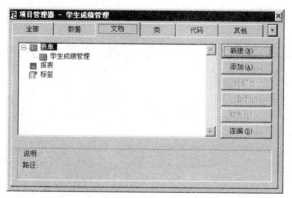

图 7-28　"项目管理器-学生成绩管理"中的"学生成绩管理"表单文件

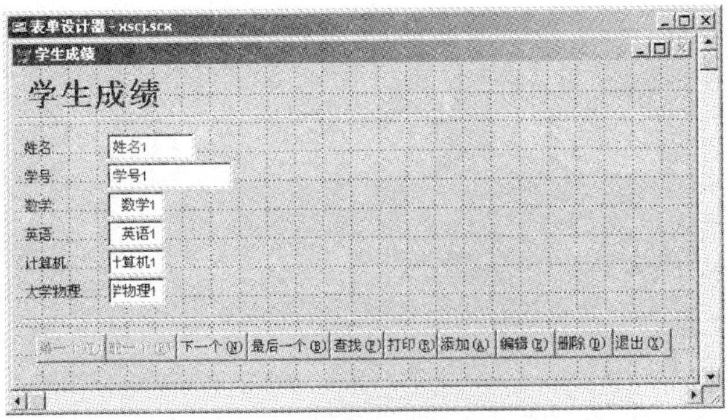

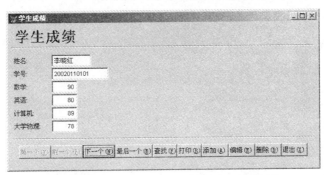

图 7-29　打开后的"学生成绩管理"表单文件

图 7-30　运行后的"学生成绩管理"表单文件

2．掌握 Visual FoxPro 6.0 编程步骤

（1）建立应用程序的用户界面，通过创建表单，利用控件工具在表单上放置所需的各种对象。

（2）为各对象设置属性。

（3）为事件过程及方法编写代码。

第8章　表单控件的使用

本章要点:

- ☞ 线条与形状控件
- ☞ 命令按钮类控件
- ☞ 标签、文本框和编辑框控件
- ☞ 选项按钮组和复选框
- ☞ 列表框、组合框和页框
- ☞ 容器、微调、图像、计时器和表格控件
- ☞ 表单集

Visual FoxPro 6.0 提供了强大的用户界面设计功能,各种对话框和窗口都是表单的表现形式。利用表单控件,用户可以轻而易举地创建美观的界面,使用户能直观地查看和输入相关数据,完成有关任务,为信息管理工作提供了方便。

8.1　线条与形状控件

"表单控件"工具栏中的线条控件和形状控件,是为用户在设计表单时,提供的简单画图工具。

8.1.1　使用线条控件

在表单上画线条的操作是:首先单击"表单控件"工具栏中的线条控件,然后在表单上拖动鼠标,所出现的线条还可以用鼠标调整其长度、倾斜方向、位置等。线条控件的常用属性如表 8-1 所示。

表 8-1　线条控件的常用属性

属性名称	说　　明
Width	线条的长度
BorderWidth	线条的宽度
BorderStyle	线型。0 透明,1 实线,2 虚线,3 点线,4 点画线,5 双点画线,6 内实线
BorderColor	线条的颜色
LineSlant	线条的倾斜方向。从左上到右下 (\) 和从左下到右上 (/)

【例 8-1】 在表单上利用线条工具画一条具有一定属性的直线。

在图 8-1 的表单中"Visual FoxPro 程序设计"字的下面画一线条。该线条的属性为:

width=348,BorderWidth 使用默认值 1,BorderStyle=1(实线),BorderColor 使用默认值黑色(0,0,0)。

该表单的运行结果如图 8-1 所示。

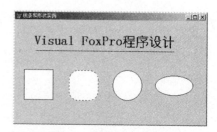

图 8-1　线条和形状实例

8.1.2　使用形状控件

在表单上使用形状控件的操作是：首先单击"表单控件"工具栏中的形状控件，然后在表单上拖动鼠标，表单上出现一个矩形，再用鼠标拖动矩形的控制点，可改变其大小和形状。拖动这个矩形的其他部位，可改变它在表单中的位置。形状的属性可以在"属性"窗口进行设置。利用形状工具，可以画出矩形、正方形、圆、椭圆和圆角矩形。形状样式的变化是通过 Curvature 属性和形状的边长来控制的。形状控件的常用属性如表 8-2 所示。

表 8-2　形状控件的常用属性

属性名称	说　明
Curvature	控件角的曲率。0 为直角，99 为圆角，0~99 表示为不同的圆角
BorderStyle	线型。0 透明，1 实线，2 虚线，3 点线，4 点画线，5 双点画线，6 内实线
SpecialEffect	特殊效果。确定是三维或是平面效果，仅当 Curvature=0 时有效
BackColor	形状内部的背景色
BorderColor	形状边线的颜色
BorderWidth	形状边线的宽度

【例 8-2】　在表单上利用形状工具画出具有一定属性的正方形、圆角矩形、圆和椭圆。

在图 8-1 中画正方形，设置的属性为 Curvature=0，Width=Height=48，BorderStyle =1，SpecialEffect=1，BackColor 为(212,208,200)，BorderColor 为黑色(0,0,0)，BorderWidth=1。

圆角矩形的属性设置为 Curvature=30，BorderStyle=3，其他属性同正方形。

圆的属性设置为 Curvature=99，Width=Height=48，其他属性同正方形。

椭圆的属性设置为 Curvature=99，Width=84，Height=48，其他属性同正方形。

8.2　命令按钮类控件

命令按钮类控件包括命令按钮和命令按钮组。命令按钮组是容器类控件，它可以包括若干个命令按钮。在讲解命令按钮之前，首先介绍一下数据环境的创建。

8.2.1　创建数据环境

数据环境是指定义表单或表单集时使用的数据源，包括表、数据库、视图（参见第 10 章）等。数据环境、表与视图都是对象。数据环境一旦建立，在打开或运行表单时，其中的表或视图即自动打开，与数据环境是否显示无关；而关闭或释放表单时，表或视图也都随之关闭。

在表单中可以有两类控件：与表中数据绑定的控件和不与数据绑定的控件。当用户使用绑定型控件时，所输入或选择的值将保存在数据源中（数据源可以是表的字段、临时表的字段或变量）。要想把控件和数据绑在一起，可以设置控件的 ControlSource 属性。如果绑定表格和数据，则需要设置表格的 RecordSource 属性。

如果没有设置控件的 ControlSource 属性，用户在控件中输入或选择的值只作为属性设置保存。在控件生存期之后，这个值并不保存在磁盘上，也不保存到内存变量中。

控件的 ControlSource 属性设置的作用如表 8-3 所示。

部分通过使用控件完成的任务需要将数据与控件绑定，其他任务则不需要。

创建数据环境的操作步骤如下。

❶ 选择"新建表单"，进入表单设计器，在菜单栏选择"表单"中的"快速表单"命令；出现如图 8-2 所示的"表单生成器"对话框。

表 8-3 控件的 ControlSource 属性

控 件	作 用
复选框	如果 ControlSource 是表中的字段，当记录指针在表中移动时，ControlSource 字段中的 NULL 值、逻辑值"真"（.T.）或"假"（.T.）或数值 0、1 或 2 将分别代表复选框被选中、清除或灰色状态
列	如果 ControlSource 是表中的字段，当用户编辑列中的数值时，实际是在直接编辑字段中的值。要将整个表格和数据绑定，可设置表格的 RecordSource 属性
列表框与组合框	如果 ControlSource 是一个变量，用户在列表中选择的值也保存在变量中。如果 ControlSource 是表中的字段，则值保存在记录指针所在的字段中。如果列表框中项和表中字段的值匹配，当记录指针在表中移动时，将选定列表中的这个项
选项按钮	如果 ControlSource 是一个数值字段，则根据按钮是否被选中，在字段中写入 0 或 1。如果 ControlSource 是逻辑型，则根据按钮是否被选中，在字段中写入"真"（.T.）或"假"（.T.）。如果记录指针在表中移动，则更新选项按钮的值，以反映字段中的新值。如果选项按钮的 OptionGroup 控件（不是选项按钮本身）的 ControlSource 是一个字符型字段，当选择该选项按钮时，选项按钮的标题就保存在字段中。 一个选项按钮的控件源不能是一个字符型字段，否则当运行表单时 Visual FoxPro 会报告数据类型不匹配
微调	微调控件可以反映相应字段或变量的数值变化，并可以将值写回相应的字段或变量中
文本框或编辑框	表字段中的值在文本框中显示，用户对这个值的改变将写回表中。移动记录指针将影响文本框的 Value 属性

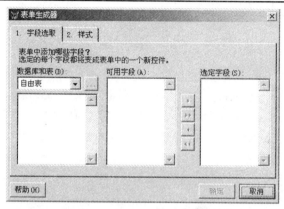

图 8-2 "表单生成器"对话框

❷ 单击图 8-2 中的 ▦ 按钮选择表文件。例如，选择"学生信息.dbf"表文件，该表文件的字段就显示在"可用字段"列表框中，如图 8-3 所示。

❸ 在"可用字段"中选定其中的部分字段，或选定全部的可用字段，如图 8-4 所示。

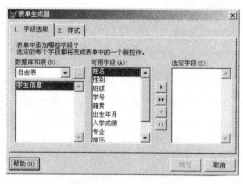

图 8-3 添加"可用字段"

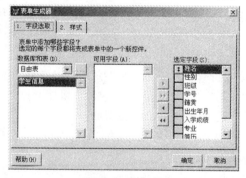

图 8-4 选定字段

在"样式"选项卡中选择"浮雕式"，选定后单击"确定"按钮，出现如图 8-5 所示的画面。这时"学生信息.dbf"表就添加到数据环境中了。

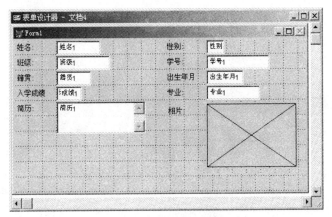

图 8-5 编辑表单状态

8.2.2 命令按钮

【例 8-3】 用表单的方式逐条显示表 1-1 中的记录，使之具有按记录浏览、编辑的功能。并且当记录指针指向文件尾时，"下一条"命令按钮呈不可用状态；当记录指针指向文件头时，"上一条"命令按钮呈不可用状态。

（1）创建数据环境

按 8.2.1 节的方法将"学生信息.dbf"表添加到数据环境中。

（2）创建用户界面

在如图 8-5 所示的窗口中，表文件中的字段及相关内容以标签、文本框等控件显示在这个表单中。可以用拖动来调整它们在表单中的相互位置。

运行表单后的画面如图 8-6 所示，但表单里只显示了第 1 个记录的数据，没有显示其他记录。要想显示其他记录，可返回到表单编辑状态，利用"表单控件"工具栏添加命令按钮，再针对命令按钮编写代码。

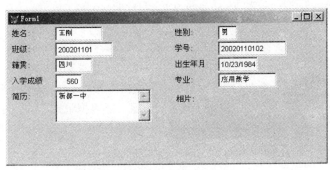

图 8-6 运行表单

❶ 单击表单空白处，在"属性"窗口的"属性设置框"中将 Form1 的 Caption 改写为"浏览"。

❷ 添加 3 个命令按钮，分别将 Command1、Command2、Command3 的 Caption 改写为"上一条"、"下一条"和"退出"，如图 8-7 所示。

（3）编写代码

❶ 双击"上一条"按钮，进入"代码"窗口，为 Command1 的"Click"事件编写代码：

```
if recno()=1
    go top
    thisform.command1.enabled=.f.
```

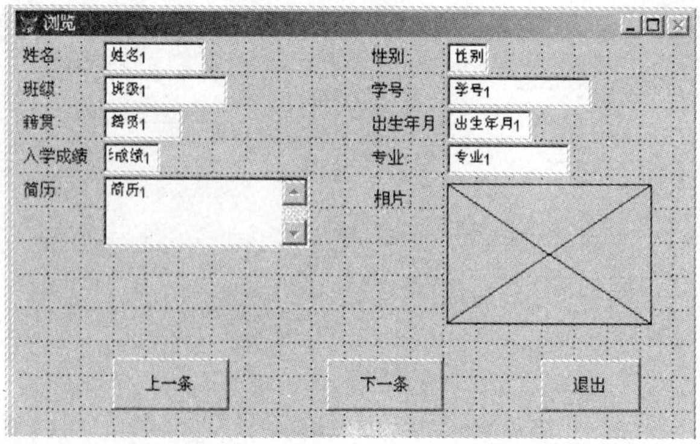

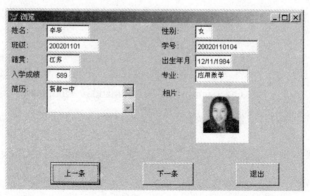

图 8-7　填加 3 个命令按钮

```
else
    skip -1
endif
thisform.command2.enabled=.t.
thisform.command3.enabled=.t.
thisform.refresh
```

❷ 在"代码"窗口为 Command2 的"Click"事件编写代码：

```
if recno()=reccount()
    go bottom
    thisform.command2.enabled=.f.
else
    skip
endif
thisform.command1.enabled=.t.
thisform.command3.enabled=.t.
thisform.refresh
```

❸ 在"代码"窗口为 Command3 的"Click"事件的代码：

```
thisform.release
```

（4）运行表单

单击"常用"工具栏的"运行"按钮，或者单击表单快捷菜单中的"运行表单"命令或单击表单菜单中的"运行表单"命令，均可运行表单。单击"下一条"或"上一条"按钮，出现如图 8-8 所示的画面。该表单不仅可以显示一条一条的记录，还可把记录里的备注字段和通用字段的内容显示出来。

图 8-8　运行表单后一条一条地显示记录

上面的操作也可以在进入表单设计器后，执行"显示"菜单的"数据环境"命令或者执行表单快捷菜单的"数据环境"命令进入如图 8-9 所示的"数据环境设计器"窗口。

将图8-9中的各字段用鼠标拖动到表单中，表单里就会出现相应的标签和文本框等，其出现的画面与图8-5 相同。然后再调整控件在表单中的位置。

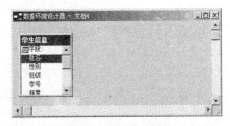

图 8-9 数据环境设计器

8.2.3 命令按钮组

下面以一个具体的实例来说明命令按钮组的使用方法。

【例 8-4】 利用"命令按钮组"控件完成例 8-3 的有关操作。

（1）创建数据环境

其操作与例 8-3 相同。

（2）创建用户界面

在表单设计器里创建一个标签（Label1）、一个命令按钮（Command1）和一个命令按钮组（CommandGroup1）。

❶ 在"属性"窗口的"属性设置框"中把 Form1 的 Caption 改写为"浏览 2"。

❷ 将标签 label1 的 Caption 的值改为"学生信息"，在"属性"窗口把 FontName 设置为隶书，FontSize 为 20。

❸ 把命令按钮 Command1 的 Caption 值改为"退出"。

❹ 添加命令按钮组，首先单击控件工具栏上的命令按钮组，然后单击表单，就将命令按钮组放置在表单上了，再右击表单上的"命令按钮组"控件，并在弹出的快捷菜单中选择"生成器"，此时会打开"命令组生成器"对话框，如图 8-10 所示。

图 8-10 "命令组生成器"对话框的"按钮"选项卡

在"按钮"选项卡中设置按钮的数目，初始为 2 个命令按钮，本例设置为 3 个命令按钮，分别为 Command1、Command2、Command3；在"按钮"选项卡中设置按钮，可以把按钮设置为标题形式，也可以把按钮设置为图形的形式。本例使用标题形式，在按钮上分别将 Command1、Command2、Command3 的 Caption 改为"第一条"、"上一条"和"下一条"，表示移动记录指针的动作，操作时，要先选中命令按钮组，再单击鼠标右键，在弹出的快捷菜单中选择"编辑"命令，当命令按钮组的四周出现浅绿色的外框时，才可分别对 Command1、Command2、Command3

进行操作。

如图 8-11 所示的"命令组生成器"对话框的"布局"选项卡，其中的"按钮布局"可用来设置命令按钮组的布局，如命令按钮组是"垂直"放置还是"水平"放置；"按钮间隔"可以决定按钮之间的间隔距离，以像素作为距离的单位；"边框样式"可以决定按钮的边框是否设为单线。

设置完后，将会出现如图 8-12 所示的窗口。至此，这个表单的界面就设计好了。

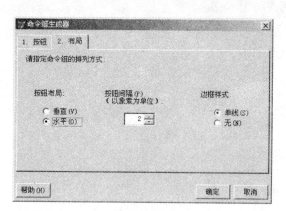
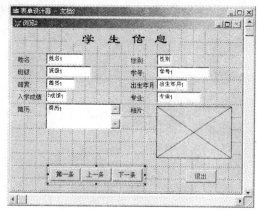

图 8-11　"命令组生成器"对话框的"布局"选项卡　　　图 8-12　"学生信息"表单界面

（3）编写代码

❶ 双击"第一条"按钮，进入 CommandGroup1 的 Command1"代码"窗口，为"Click"事件编写代码：

```
go top
thisform.commandgroup1.command2.enabled=.f.
thisform.commandgroup1.command3.enabled=.t.
thisform.refresh
```

❷ 在 CommandGroup1 的 Command2"代码"窗口为"Click"事件编写代码：

```
if not bof()
    skip -1
else
    go top
endif
thisform.commandgroup1.command3.enabled=.t.
thisform.refresh
```

❸ 在 Commandgroup1 的 Command3"代码"窗口为"Click"事件编写代码：

```
if not eof()
    skip
else
    go bottom
endif
thisform.commandgroup1.command2.enabled=.t.
thisform.refresh
```

❹ 在"代码"窗口为 Command1 的"Click"事件编写代码：

```
thisform.release
```

（4）运行表单

运行该表单的结果如图 8-13 所示。

除了上面的方法外，例 8-4 也可以直接针对命令按钮组的 Click 事件过程编程。其
CommandGroup1 的 Click 代码为：

```
do case
case this.value=1
    go top
case this.value=2
    if not bof()
        skip –1
    endif
case this.value=3
    if not eof()
        skip
    endif
endcase
thisform.refresh
```

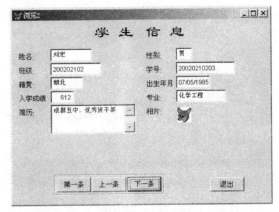

图 8-13　"学生信息"表单的运行结果

8.3　标签、文本框和编辑框控件

Visual FoxPro 6.0 的表单设计，经常用到标签、文本框和编辑框。在表单的操作中，标签只能显示文本信息；而文本框和编辑框既可以输入数据，也可以显示输入的数据。

8.3.1　标签和文本框

标签是显示文本信息的工具。文本框不仅可以输入数据，还可以作为输出数据的工具。文本框中处理的数据类型可以是字符型、数值型、日期型或逻辑型。

1．标签

标签控件是一种能在表单上显示文本的输出控件，常用于显示提示或说明信息。

标签的 Caption 属性用于指定该标签的标题，标题用来显示文本。修改标签的标题可在属性窗口修改该控件的 Caption 属性。应注意的是 Caption 属性是字符型数据，但在属性窗口键入时不要加引号。

如果要使标签区域自动调整为与标题文本大小一致，可将 AutoSize 属性设置为.T.。

要使标签的标题竖排，先将 WordWrap 属性设置为.T.，然后在水平方向压缩标签区域迫使文字换行。

要使标签与表单背景颜色一致，应将 BackStyle 属性设置为 0（透明）。

要使标签带有边框，应将 BorderStyle 属性设置为 1（单线框）。

2．文本框

文本框中显示的文本是受 Value 属性控制的，Value 属性可以通过 3 种途径来设置：① 在"属性"窗口设置；② 在"代码"窗口用代码的形式进行设置；③ 在运行表单时由用户输入。

若要在运行时不让用户改变所显示的文本，可把文本框的 ReadOnly 属性设为.T.，或者把文本框的 Enabled 属性设为.F.；在接收用户输入的同时，但不显示实际输入值可将文本框的 PasswordChar 属性设置为"＊"。

如果属性设置为除空字符串外的任何字符，文本框的 Value 和 Text 属性将保存用户的实际输入值，而对于用户所按的每一个键都用一般的字符来显示。

文本框属性也可通过"文本框生成器"进行设置。其操作是选中文本框，单击右键，在弹出的快捷菜单中选择"生成器"命令，出现如图 8-14 所示的"文本框生成器"对话框，然后在该框中进行设置。

（1）"格式"选项卡

"格式"选项卡指定文本框的各种格式选项和输入掩码的类型。当选择"确定"时，生成器关闭，各个选项卡中的属性设置开始生效。

"数据类型"指定文本框的数据类型为"字符型"、"日期型"或"数值型"。如果选择了"值"选项卡中的值，必须确保其数据类型和这里指定值的数据类型相同。

"在运行时启用"指定运行表单时启用文本框。该选项对所有数据类型都可用，且作为默认选定。该选项对应于 Enabled 属性。

"仅字母表中的字符"指定在文本框中只允许字母表中的字符（而不允许数字或符号字符）。该选项只对"字符型"数据可用。

"使其只读"禁止用户更改文本框中的文本。该选项对应于 ReadOnly 属性，且对所有数据类型可用。

"进入时选定"指定在文本框获得焦点时，选择文本框中的文本。该选项只对字符型数据可用。

"隐藏选定内容"指定在文本框失去焦点时，文本框中所选定的文本保持选定且可见。该选项对应于 HideSelection 属性且对所有数据类型可用。

"显示前导零"指定显示小数点左边的零。该选项只对"数值型"数据可用。该选项对应于 Format 属性的"L"设置。

"输入掩码"可限制"数值型"、"字符型"和"逻辑型"等格式。其下拉列表中有若干个选项可用，而且列表右边显示出所选定的输入掩码的示例。输入"99999"表示输入为 5 位数字。

（2）"样式"选项卡

"样式"选项卡（如图 8-15 所示）用于指定文本框的外观、边框和字符对齐方式。

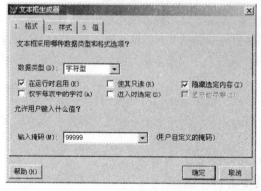

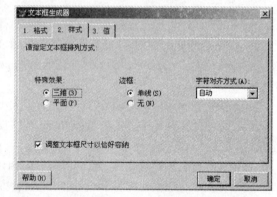

| 图 8-14　"格式"选项卡 | 图 8-15　"样式"选项卡 |

特殊效果中的"三维"指定文本框外观为三维形式，该选项对应于 Special Effect 属性的 3D 设置；"平面"指定文本框外观为平面的二维形式，该选项对应于 Special Effect 属性的 Plain 设置。

边框中的"单线"指定文本框四周为单线边框，"无"则指定文本框四周没有边框。该选项对应于 BorderStyle 属性。

字符对齐方式中的"左对齐"是指文本框中的文本向左对齐，该选项对应于 Alignment 属性的 Left 设置；"右对齐"是指文本框中的文本向右对齐，该选项对应于 Alignment 属性的 Right 设置；"居中对齐"是指文本框中的文本居中对齐，该选项对应于 Alignment 属性的 Center 设置；"自动"是指文本框中的文本将根据控件源的数据类型来对齐。该选项对应于 Alignment 属性的 Automatic（默认）设置。

调整文本框尺寸，以恰好容纳自动调整文本框大小，使其恰好容纳指定的输入掩码或 ControlSource 字段的长度。

如果在"文本框生成器"的"格式"选项卡中指定了一个输入掩码，文本框就会放大以适应输入掩码的大小。如果没有指定一个输入掩码，文本框就会放大以适应字段的大小。

（3）"值"选项卡

"文本框生成器"对话框的"值"选项卡（如图 8-16 所示）用来指定存储表或视图的字段。字段名是指定表或视图的字段，该字段用来存储文本框的值。单击"　　"按钮，弹出"打开"对话框，可在其中选择文件。图中将显示文件的位置，在打开的文件里选择所需的字段。该选项对应于 ControlSource 属性。

【例 8-5】 利用两个标签、两个文本框和两个命令按钮，计算立方体的体积。用文本框 Text1 输入立方体的边长，文本框 Text2 输出计算的结果。

（1）创建用户界面

在表单设计器中，创建两个文本框（Text1 和 Text2）、两个标签（Label1 和 Label2）、两个命令按钮（Command1 和 Command2）。

（2）设置各控件属性

在"属性"窗口分别为如图 8-17 所示的表单各对象设置属性。

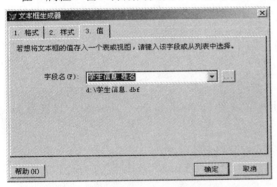

图 8-16　"值"选项卡

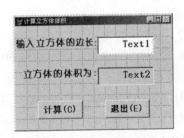

图 8-17　设置"计算立方体体积"表单的属性

❶ 选中标签 label1，在"属性"窗口将标签 label1 的 Caption 值改为"输入立方体的边长："，把 FontName 设置为幼圆，FontSize 设置为 14，FontBold 设置为.T.。

❷ 选中标签 label2，在"属性"窗口将标签 label2 的 Caption 值改为"立方体的体积为："，把 FontName 设置为幼圆，FontSize 设置为 14，FontBold 设置为.T.。

❸ 选中文本框 Text1，在"属性"窗口将 Value 的值改为 0（文本框 Text1 的初始值为 0），InputMask 的值设置为 999.99（输入小于 1000 且小数的位数为 2 位的数），把 FontSize 设置为 14，FontBold 设置为.T.。

❹ 选中文本框 Text2，在"属性"窗口将 Value 的值设置为 0，ReadOnly 的值设置为.T.（文本框 Text2 里的值为只读），TabStop 值设置为.F.（光标在文本框 Text2 不停留），把 FontSize 设置为 14，FontBold 设置为.T.。

❺ 选中命令按钮 Command1，在"属性"窗口将 Command1 的 Caption 的值改为"计算(\<C)"（定义快捷键，运行时可以使用快捷键 Alt+C），把 FontName 设置为黑体，FontSize 设置为 14，FontBold 设置为.T.。

❻ 选中命令按钮 Command2，在"属性"窗口将 Command2 的 Caption 的值改为"退出(\<E)"，Default 的值设置为.T.（设为默认的命令按钮），把 FontName 设置为黑体，FontSize 设置为 14，FontBold 设置为.T.。

（3）编写代码

❶ 编写 Command1 的 Click 代码为：

```
l =thisform.text1.value
thisform.text2.value=l*l*l
```

❷ 编写 Command2 的 Click 代码为：

```
thisform.release
```

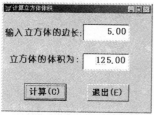

图 8-18　运行结果

（4）运行表单

运行表单，在文本框 Text1 中输入 5.00，单击"计算(C)"命令按钮，或用快捷键 Alt+C，将会在文本框 Text2 显示计算结果 125.00。如图 8-18 所示是"计算立方体体积"表单的运行结果。单击"退出(E)"命令按钮，或用快捷键 Alt+E，就可退出表单的运行状态。

在这个实例中，文本框 Text1 为程序输入了立方体的边长，文本框 Text2 则输出了立方体的体积。

【例 8-6】　创建一个检查口令的表单，当口令正确时，显示"欢迎使用本系统！"；当口令有错时，显示"口令错，请重新输入口令！"；当连续输入 3 次错误口令时，显示"对不起，您无权使用本系统！"。

（1）创建用户界面

在表单设计器中，创建 1 个文本框 Text1、两个标签（Label1 和 Label2）、两个命令按钮（Command1 和 Command2）。

（2）设置各控件属性

❶ 选中标签 label1，将标签 label1 的 Caption 值改为"请输入口令："，FontSize 设置为 16，FontBold 设置为.T.。

❷ 选中标签 label2，FontSize 设置为 24，FontBold 设置为.T.。

❸ 选中文本框 Text1，将 PasswordChar 的值改为"*"，把 FontSize 设置为 16，FontBold 设置为.T.。

❹ 将 Command1 的 Caption 值改为"确定"，把 FontSize 设置为 16。

❺ 将 Command2 的 Caption 值改为"关闭"，把 FontSize 设置为 16。

（3）编写代码

❶ 编写 Form1 的 Activate 代码为：

```
thisform.text1.setfocus
public n
n=0
```

❷ 编写 Command1 的 Click 代码为：

```
a=thisform.text1.value
if a="abcdefg"
  thisform.label2.caption="欢迎使用本系统！"
else
  n=n+1
  thisform.label2.caption="口令错，请重新输入口令！"
  thisform.text1.value=""
```

```
        thisform.text1.setfocus
        if n=3
            thisform.label2.caption="对不起，您无权使用本系统！"
            thisform.text1.enabled=.f.
            thisform.command1.enabled=.f.
        endif
    endif
```

（4）运行表单

图 8-19 显示了"检查口令"表单的运行结果。

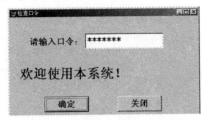

图 8-19　"检查口令"表单运行结果

8.3.2　编辑框

编辑框用于输入或更改文本的内容，与文本框不同的是，编辑框可以输入多段文字。编辑框一般用来显示长的字符型字段或者备注型字段（将编辑框与备注型字段绑定），并且允许用户编辑文本。编辑框也可以显示一个文本文件或剪贴板中的文本。为了方便用户处理长文本的数据，Visual FoxPro 6.0 提供了可用来显示垂直滚动条的 ScollBars 属性。

编辑框只能用于输入或编辑字符型的数据。使用"编辑框生成器"为"编辑框"控件设置属性很方便。可以在"编辑框生成器"对话框中选择选项来设置编辑框控件的属性。

若要使用"编辑框生成器"，操作如下：

❶ 使用"表单控件"工具栏，将一个编辑框控件放在表单上。

❷ 选中该编辑框控件，并单击右键，然后从快捷菜单中选择"生成器"，这时出现一个与选中控件相对应的对话框，从中选择合适的选项，如"格式"选项卡，然后单击"确定"按钮，如图 8-20 所示。

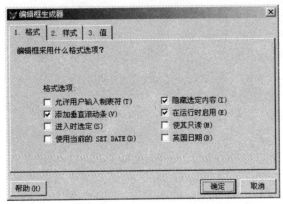

图 8-20　"编辑框生成器"对话框的"格式"选项卡

1."格式"选项卡

"格式"选项卡是为编辑框指定多种格式的选项，其"格式选项"的内容和意义分别如下。

允许用户输入制表符：允许用户在编辑框中插入制表符。这可防止在按下 Tab 键时，焦点移动到下一个控件中；但按 Ctrl+Tab 复合键可以将焦点移动到下一个控件中。该选项对应于 AllowTabs属性。

添加垂直滚动条：给编辑框添加竖直滚动条，该选项对应于 ScrollBars 属性。

进入时选定：指定当编辑框有焦点时，选择编辑框中的文本，为 Format 属性添加设置"K"。

使用当前的 SET DATE：向 Format 属性中添加设置"D"，这样输入的日期就会符合SET DATE 当前设置的格式，或者符合"选项"对话框的"区域"选项卡中的"日期格式"设置。

隐藏选定内容：指定当编辑框没有焦点时，是否保持编辑框中选定的文本可见。该选项对应于 Hide Selection 属性。

在运行时启用：指定当运行表单时，是否启用编辑框。该选项对应于 Enabled 属性。

使其只读：不允许用户更改编辑框中的文本。该选项对应于 ReadOnly 属性。

英国日期：向 Format 属性中添加设置"E"，这样输入的日期就会符合 SET DATE 当前设置的英国格式，或者符合"选项"对话框中"区域"选项卡中的"日期格式"设置。

2．其他选项卡

"样式"选项卡指定编辑框的外观形式、边框和对齐方式。"值"指定存储编辑框的值的字段。

【例 8-7】 设计表单，控件有一个文本框和一个编辑框，分别输入一段文字，表单名为"编辑框与文本框的区别"。

本例首先设计界面，见图 8-21 所示的画面。然后修改属性，把 Form1 的 Caption 修改为"编辑框与文本框的区别"；再用一段文字在"属性"窗口的"属性设置框"替换 Text1 和 Edit1 的 Value。最后运行表单。在运行状态，用户可以在文本框和编辑框中进行编辑、修改，感受两者之间的异同，见图 8-22 所示的表单。

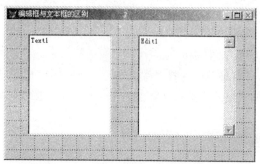

图 8-21 添加"编辑框"与"文本框"控件

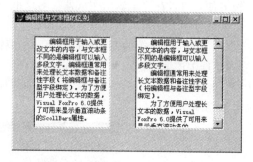

图 8-22 编辑框与文本框的区别

编辑框中常用的属性见表 8-4。

表 8-4 编辑框中常用的属性

属　性	功　　能
AllowTabs	指定编辑框中是否使用 Tab 键
Value	指定控件的当前状态
HideSelection	指定当控件失去焦点时，控件中选定的文本是否仍为选定状态
ReadOnly	是否为只读状态
ScollBars	是否使用垂直滚动条
ControlSource	指定与对象建立关联数据源

8.4 选项按钮组和复选框

选项按钮组里可以有若干个按钮，但运行时只能选其中的一个按钮；复选框则允许用户有多个选择。

1. 选项按钮组

【例 8-8】 用选项按钮组来表示例 8-3 中性别的值。

❶ 删除图 8-5 中的"性别"文本框，按照图 8-23 调整其他标签和文本框的位置。

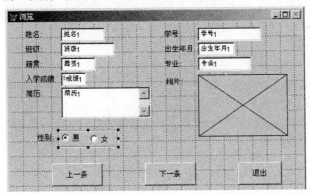

图 8-23 设置"选项按钮组"

❷ 在"表单设计器"中创建"选项按钮组"控件。在"表单控件"工具栏单击"选项按钮组"，将该控件放置在表单上。初始的单选按钮的 Caption 的值是 Option1 和 Option2。

❸ 设置属性。右击表单上的选项按钮组，在快捷菜单中单击"生成器"命令，在"选项组生成器"的"按钮"选项卡中，可设置按钮的数目及其他。因为性别只有两个值，因此，本例按钮的数目可默认为两个，在"标题"列把 Option1 改为"男"，把 Option2 改为"女"；在"布局"选项卡中，把按钮布局设置为"水平"；在"值"选项卡中，打开这个表单对应的表文件，并在下拉式列表中选择"学生信息.性别"字段，设置完后，单击"确定"按钮（见图 8-23 所示的画面）。

图 8-24 是设置"选项按钮组"后的运行结果。每个记录中的性别以"选项按钮组"形式显示。

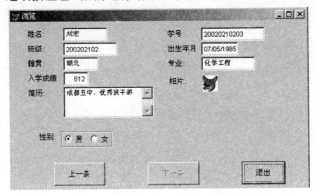

图 8-24 设置"选项按钮组"后的运行结果

2. 使用复选框

复选框是从多个选项中选择任意个选项，可以选一个，也可以选择多个或者全部选项。下面用一个具体的实例来说明复选框的使用。

【例 8-9】 利用复选框来控制文字的格式。

❶ 创建表单。进入表单设计器，添加一个形状控件 Shape1、一个标签控件 Label1、一个文本框控件 Text1 以及 4 个复选框控件 Check1、Check2、Check3 和 Check4。

❷ 在"属性"窗口分别对各控件设置属性，如图 8-25 所示的表单。

选中形状控件 Shape1，把 SpecialEffect 设置为 0（三维）。

把标签 label1 置于形状控件 Shape 的边线之上，将标签 label1 的 Caption 的值改为"显示下面文字的不同格式："，把 FontName 设置为楷体，FontSize 设置为 18，FontBold 设置为.T.。

把文本框的 Value 的值改为"文字可以设置不同的格式"，FontSize 设置为 20。

复选框 Check1 的 Caption 改为"粗体"、Check2 的 Caption 改为"斜体"、Check3 的 Caption 改为"下画线"、Check4 的 Caption 改为"删除线"。

❸ 编写事件代码。

复选框 Check1 的 Click 事件代码为：

    thisform.text1.fontbold=this.value　　&& this.value 表示文本框里的文字

复选框 Check2 的 Click 事件代码为：

    thisform.text1.fontitalic=this.value

复选框 Check3 的 Click 事件代码为：

    thisform.text1.fontunderline=this.value

复选框 Check4 的 Click 事件代码为：

    thisform.text1.fontstrikethru=this.value

❹ 运行该表单，其结果如图 8-26 所示。若选了几个选项，那么这几个选项都同时对字体产生效果。

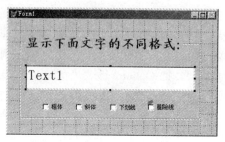

图 8-25　添加控件后设置属性

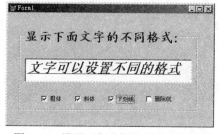

图 8-26　设置"复选框"后的运行结果

8.5　列表框、组合框和页框

8.5.1　列表框

使用"列表框"可以把相关的信息以列表的形式显示出来，列表框的右侧有垂直滚动条。

【例 8-10】 用列表框控件来表示例 8-3 中籍贯的值。

❶ 删除图 8-5 中"籍贯"文本框，按照图 8-27 调整其位置。

❷ 在"表单设计器"中创建"列表框"控件。在"表单控件"工具栏单击"列表框"，然后将该控件放置在表单上，如图 8-27 上显示的列表框 List1。

❸ 设置属性。右键单击表单上的列表框 List1，在快捷菜单中选择"生成器"，在"列表框生成器"的"列表项"选项卡中选择"表或视图中的字段"和表文件的"籍贯"字段（如图 8-28 所示）；在"值"选项卡的"字段名"下拉式列表中选择"学生信息.籍贯"字段（如图 8-29 所示）。设置完后单击"确定"按钮。

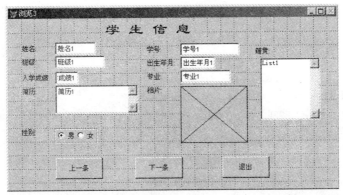

图 8-27　在表单中添加"列表框"

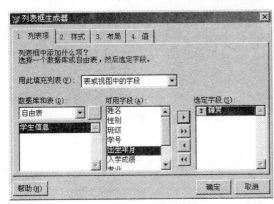

图 8-28　"列表框生成器"的"列表项"选项卡

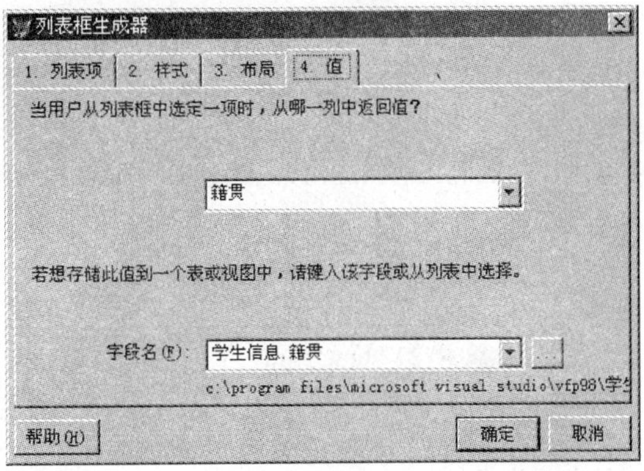

图 8-29　"列表框生成器"的"值"选项卡

图 8-30 是添加了"列表框"后的运行结果。在列表框 List1 每条记录中的"籍贯"是以"列表框"的形式显示的。

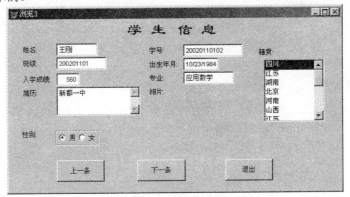

图 8-30　在表单中添加"列表框"后的运行结果

【例 8-11】　用列表框控件来显示九九乘法表。

❶ 在"表单设计器"中创建"列表框"控件，在"表单控件"工具栏单击"列表框"，然后将该控件放置在表单上。图上显示列表框 List1，再添加两个命令按钮 Command1 和 Command2。

❷ 分别为控件设置属性：

⊙ 表单 Form1 的 Caption 设置为"九九乘法表"。

⊙ 命令按钮 Command1 的 Caption 设置为"显示"，FontSize 设置为 12。

⊙ 命令按钮 Command2 的 Caption 设置为"退出"，FontSize 设置为 12。

⊙ 列表框 List1 的 ColumnCount 设置为 10、ColumnLines 设置为假（.F.）、ColumnWidths 设置为 20, 20, 20, 20, 20, 20, 20, 20, 20, 20。

❸ 编写事件代码。

Command1 的 Click 代码为：

```
thisform.list1.clear
thisform.list1.addlistitem(" *",1,1)
for k=1 to 9
  thisform.list1.addlistitem(str(k,2),1,k+1)
endfor
for n=1 to 9
  thisform.list1.addlistitem(str(n,2),n+1,1)
  for k=1 to n
    thisform.list1.addlistitem(str(k*n,2),n+1,k+1)
  endfor
endfor
```

Command2 的 Click 代码为：

```
thisform.release
```

❹ 运行表单。图 8-31 是利用列表框控件制作的"九九乘法表"表单的运行结果。列表框中常用的属性如表 8-5 所示。

图 8-31　九九乘法表

表 8-5　列表框中常用的属性

属　性	功　　能
ColumnCount	指定列对象的数目
ControlSource	指定与对象建立联系的数据源
MoverBars	指定是否显示滚动条
RowSource	指定控件中数据值的来源
RowSourceType	指定控件中数据值的来源的类型

8.5.2　组合框

使用"组合框"可以把相关的信息以列表框的形式显示出来，组合框的右侧有下拉列表按钮。

【例 8-12】　用组合框控件来表示例 8-3 中籍贯的值。

❶ 删除图 8-5 中"籍贯"文本框，按照 8-32 调整其位置。

❷ 在"表单设计器"中创建"组合框"控件。在"表单控件"工具栏单击"组合框"，然后将该控件放置在表单上。图上显示组合框 Combo1，如图 8-32 所示的画面。

❸ 设置属性。右键单击表单上的组合框 Combo1，在快捷菜单中选择"生成器"，弹出"组合框生成器"对话框。

在"组合框生成器"的"列表项"选项卡中，选择"表或视图中的字段"，并选择表文件的"籍贯"字段，见图 8-28；列表项是从表或数组中指定，以便在组合框中显示。

"样式"选项卡是指定控件的 Style 和 SpecialEffect 属性，包括三维或平面样式，下拉组合框或下拉列表，如图 8-33 所示。在"样式"选项卡中选择"三维"，并选择下拉组合框或下拉列表。若指定组合框为下拉组合框，则该选项对应于将 Style 属性设置为 0。若指定组合框为下拉列表，则该选项对应于将 Style 属性设置为 2。

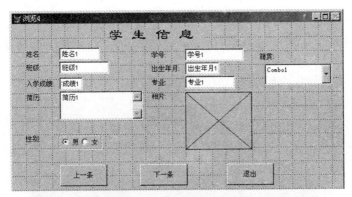

图 8-32　在表单中添加"组合框"

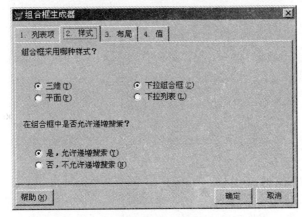

图 8-33　"组合框生成器"的"样式"选项卡

"布局"选项卡，指定控件的 Width 和 ColumnWidths 属性。

"值"选项卡，在打开的表文件的下拉式列表中选择"学生信息.籍贯"字段，设置完后，单击"确定"按钮。

❹ 图 8-34 是添加了"组合框"后的运行结果。在组合框 Combo1 每个记录中的籍贯以下拉组合框的形式显示。下拉组合框可以显示数据，还可以输入数据，而下拉列表框只能查看数据。

图 8-34　在表单中添加"组合框"后的运行结果

8.5.3　页框

页框是包含页面的容器对象，页面又可包含控件。可以在页框、页面或控件级上设置属性。表单上一个页框可有多个页面。表单中可以包含一个或多个页框。

页框定义了页面的位置和页面的数目，页面的左上角固定在页框的左上角。控件能放置在超出页框尺寸的页面上。这些控件是活动的，但如果不从程序中改变页框的Height和Width属性，那么这些控件不可见。

【例 8-13】 在表单中创建一个有选项卡的页框，该页框有 2 个页面，页面中各有一个文本框和形状控件。在页面 1，显示今天是星期几；在页面 2，显示今天的日期。

❶ 将页框添加到表单。在"表单控件"工具栏中，选择"页框"按钮并在"表单设计器"窗口拖动鼠标，产生一个页框控件 PageFrame1。在页面 Page1 和页面 Page2 分别添加一个形状 Shape1、一个文本框 Text1，如图 8-35 所示。

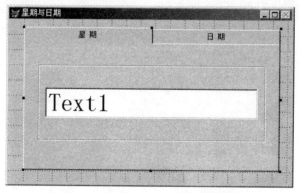

图 8-35 在表单中添加"页框"控件

❷ 设置 PageCount 属性。默认的页面数为 2，若要改变页面数，则可用 PageCount 属性指定页框中包含的页面数。和其他容器控件一样，必须选择页框，并从用鼠标右键弹出的快捷菜单中选择"编辑"命令，或在"属性"窗口选择页面 Page1 或 Page2。这样，才能先选择这个容器，再往正在设计的页面中添加控件。在添加控件前，如果没有将页框作为容器激活，则控件将添加到表单中而不是页面中，即使看上去好像是在页面中。其他控件的属性分别为：

⊙ 表单 Form1 的 Caption 修改为"星期与日期"。

⊙ 页面 Page1 的 Caption 为"星期"。

⊙ 形状 Shape1 的 SpecialEffect 为 0-3 维，BackStyle 为 0-透明。

⊙ 文本框 Text1 的 FontSize 为 28。

⊙ 页面 Page2 的 Caption 为"日期"。

⊙ 形状 Shape1 的 SpecialEffect 为 0-3 维，BackStyle 为 0-透明。

⊙ 文本框 Text1 的 FontSize 为 28。

❸ 编写事件代码。

pageframe1.page1 的 Click 的事件代码为：

```
thisform.pageframe1.page1.text1.value="今天是："+cdow(date())
```

pageframe1.page2 的 Click 的事件代码为：

```
thisform.pageframe1.page2.text1.value="今天是："+dtoc(date())
```

❹ 运行表单，其运行结果如图 8-36 所示。单击页面 Page1，文本框 Text1 显示今天是星期几；单击页面 Page2，文本框 Text1 显示今天的日期。

表 8-6 列出了在设计时常用的页框属性。

如果把页框属性的 Tabs 设置为.F.，此时无选项卡，图 8-36 运行的结果就是图 8-37 所示的画面。

不管页框是否具有选项卡，都可以从程序中使用 ActivePage 属性来激活一个页面。例如，下面列出表单中一个命令按钮的 Click 事件过程代码：

图 8-36 "页框"控件的运行结果

图 8-37 "页框"控件无选项卡的运行结果

表 8-6 常用的页框属性

属 性	说 明
Tabs	确定页面的选项卡是否可见
TabStyle	选项卡是否都是相同的大小，并且都与页框的宽度相同
PageCount	页框的页面数

thisform.pgfoptions.ActivePage=2

它将表单中页框的活动页面改为第 2 页面。

8.6 其他常用控件

8.6.1 容器控件

容器控件和表单一样，具有封装性，即在容器里可以添加一些其他控件。当容器移动时，它所包含的控件将随着容器的移动而移动。容器外表具有立体感，因此，可以用容器来为程序的界面进行修饰。

【例 8-14】 利用容器控件设计验证口令的表单，在输入口令时字符仅显示相同个数的"*"。

❶ 在表单设计器中按图 8-38 所示的内容添加表单控件，分别为：1 个标签 Label1、一个文本框 Text1、1 个命令按钮 Command1 和 1 个容器控件 Container1。

要在容器中添加控件，必须先选择容器，然后单击右键，在弹出的快捷菜单中选择"编辑"命令，选中容器控件 Container1 后，才能在其中加入 1 个标签 Label1 和 1 个文本框 Text1。

❷ 在"属性"窗口为控件设置以下属性：

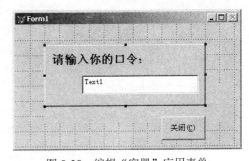

图 8-38 编辑"容器"应用表单

⊙ 将标签 Label1 的 Caption 初始值设置为空字符串、FontSize 设置为 28、FontBold 设置为.T.。

⊙ 把命令按钮 Command1 的 Caption 值设置为"关闭(\<C)"。

⊙ 把 Container1.Text1 的 PasswordChar 设置为"*"、Value 的初始值设置为空字符串、FontSize 设置为 18、FontBold 设置为.T.。

⊙ 把 Container1. Label1 的 Caption 值设置为"请输入你的口令:"、FontSize 设置为 18、FontBold 设置为.T.。

❸ 编写代码。

容器控件 Container1.Text1 的 Valid 的代码：

```
thisform.Command1.TabStop=.F.
```

```
    a=lower(this.Value)
    if a="abcd"
        thisform.label1.Top=this.Parent.Top
        thisform.label1.Caption="欢迎使用本系统！"
        thisform.Command1.TabStop=.T.
        this.Parent.Visible=.f.
    else
        messagebox("对不起,口令错！请重新输入！",48,"口令")
        this.SelStart=0
        this.SelLength=len(rtrim(this.Value))
    endif
```
命令按钮"Command1"的"Click"代码：
```
    Thisform.Release
```
❹ 运行表单：完成代码的输入后，保存文件，就可运行这个表单，输入口令后回车。口令正确时显示图 8-39 的左图，口令错误时显示图 8-39 的右图。

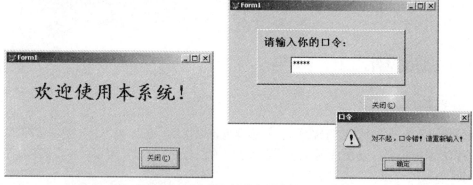

图 8-39　"容器"控件应用表单的运行结果

8.6.2　微调控件

利用微调控件，可以按一定的增量来调整数据，微调控件也可以反映相应字段或变量的数值变化，并可以将值写回到相应字段或变量中。

【例 8-15】　用微调控件显示"学生信息.dbf"表文件中的"入学成绩"。

❶ 在图 8-30 中添加一个"微调"控件 Spinner1。

❷ 为"微调"控件 Spinner1 设置属性：把 ControlSource 设为"学生信息.入学成绩"。

❸ 运行表单。图 8-40 是该表单的运行结果，单击上、下箭头按钮可以查看"入学成绩"的值。

图 8-40　"微调"控件应用表单的运行结果

微调控件常用的属性如表 8-7 所示。

表 8-7　微调控件的常用属性

属　　　性	说　　　明
ControlSource	指定与对象建立相关联的数据源
SpinnerHighValue	通过单击向上箭头，微调控件可达到的最大值
SpinnerLowValue	通过单击向下箭头，微调控件可达到的最小值
Increment	指定在单击向上或向下箭头时增加或减少可增加的值

8.6.3　图像控件

使用图像控件，就是把一幅图像或者图形放置在表单上。图像放在表单上，可以增加表单的感染力，吸引读者，有的图像还可作为表单的背景。

【例 8-16】　利用图像控件，在表单上插入一幅图像。

将"图像"控件添加到表单。

❶ 在"表单控件"工具栏中，选择"图像"按钮并在"表单设计器"窗口拖动鼠标，产生一个图像控件 Image1。再添加 1 个标签 Label1。

❷ 设置如下属性：

⊙ 把表单 Form1 的 Caption 值改为"黄河"。

⊙ 把标签 Label1 的 Caption 值改为"黄河大合唱"、FontName 设置为楷体、FontSize 设置为 18、FontBold 设置为.T.、BackStyle 设置为 0-透明。

⊙ 设置图像 Image1 的 Picture 属性，选择一幅以文件形式保存的图像，利用 BorderStyle 可设置边框，本例为默认设置 0，表示无边框。

❸ 运行表单。运行该表单的结果如图 8-41 所示。

图 8-41　"图像"控件应用于表单的运行结果

8.6.4　计时器控件

计时器（Timer）控件由系统时钟控制，可以在指定的时间内执行某操作或检查数据。计时器控件与用户的操作彼此独立，是后台任务，当指定时间一到，后台计时器就会启动，执行相应的任务。计时器在表单中以图标的方式存在，不会受其大小和位置的影响，在运行时该图标不可见。

【例 8-17】　在例 8-13 中的页框里添加一个页面，用来显示当前时间。

❶ 在增加新控件之前，先设置 Pageframe1 的 PageCount 属性。默认的页面数为 3，在鼠标右键弹出的快捷菜单中选择"编辑"命令，在添加控件前，如果没有将页框作为容器激活，则控件

将添加到表单中而不是页面中，即使看上去好像是在页面中。设置 Pageframe1 的 PageCount 属性后，再往正在设计的页面中添加控件。在新的页面（Page3）添加一个形状 Shape1、一个文本框 Text1 和一个计时器 Time1。

❷ 其他控件的属性的设置：

⊙ 表单 Form1 的 Caption 修改为"星期、日期及时间"。

⊙ 页面 Page3 的 Caption 设置为"时间"。

⊙ 形状 Shape1 的 SpecialEffect 设置为 0（3 维）、BackStyle 设置为 0（透明）。

⊙ 文本框 Text1 的 FontSize 设置为 28、Alignment 设置为 2（中间）。

⊙ 计时器 Time1 的 InterVal 的值设置为 1000。InterVal 属性是时间间隔属性（单位为毫秒），计时器 Time1 以间隔的时间（近似等间隔）接受一个事件（Timer）、Enabled 属性.T.，表示启动计时器（如图 8-42 所示）。

❸ 编写代码。

Time1 的 Time 代码：

```
if thisform.pageframe1.page3.text1.value!=time()
    thisform.pageframe1.page3.text1.value=time()
endif
```

❹ 运行表单。该表单的运行结果如图 8-43 所示。单击页面 Page1，文本框 Text1 显示今天是星期几；单击页面 Page2，文本框 Text1 显示今天的日期；单击页面 Page3，显示当前的系统时间。

图 8-42　添加"计时器"控件　　　　　　图 8-43　"计时器"控件的运行结果

8.6.5　表格控件

表格（Grid）控件是在表单中以表格的形式来显示有关的数据。表格控件是一个容器类控件。

【例 8-18】　用表格控件来显示"学生信息.dbf"表文件。

❶ 将"表格"控件添加到表单。在"表格控件"工具栏中，选择"表格"按钮并在"表单设计器"窗口拖动鼠标直到合适的尺寸，产生一个表格控件 Grid1。再添加 1 个标签 Label1。

❷ 设置属性：把表单 Form1 的 Caption 值改为"表格应用"；把标签 Label1 的 Caption 值改为"学生信息"、FontName 设置为楷体、FontSize 为 18、FontBold 设置为.T.；右键单击表格控件 Grid1，在出现的快捷菜单中选择"生成器"命令，在"表格项"选项卡中导入数据源；在"样式"选项卡中选择"浮雕型"；在"布局"选项卡中设置列的标题，选择各列控件的类型，此处选文本框。设置后的表单如图 8-44 所示。

❸ 运行表单。该表单的运行结果如图 8-45 所示。可用水平或垂直滚动条来显示表中的其他数据。单击相应的单元格，还可以编辑、修改数据。

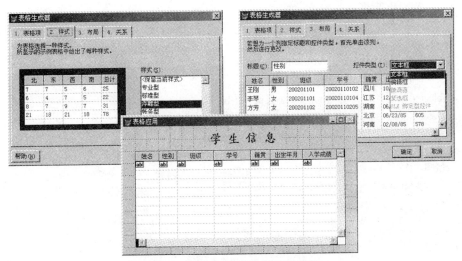

图 8-44　设置“表格”控件的属性

表格应用

学 生 信 息

姓名	性别	班级	学号	籍贯	出生年月	入学成绩
王刚	男	200201101	20020110102	四川	10/23/84	560
李琴	女	200201101	20020110104	江苏	12/11/84	589
方芳	女	200201102	20020110205	湖南	06/15/85	610
谭新	女	200201102	20020110206	北京	06/23/85	605
刘江	男	200201102	20020110207	河南	02/08/85	578
王长江	男	200201102	20020110208	山西	03/09/84	588
张强	男	200202101	20020210108	江苏	12/01/83	595
江海	男	200202101	20020210109	江苏	10/23/84	598
明天	男	200202101	20020210110	河南	07/08/84	613

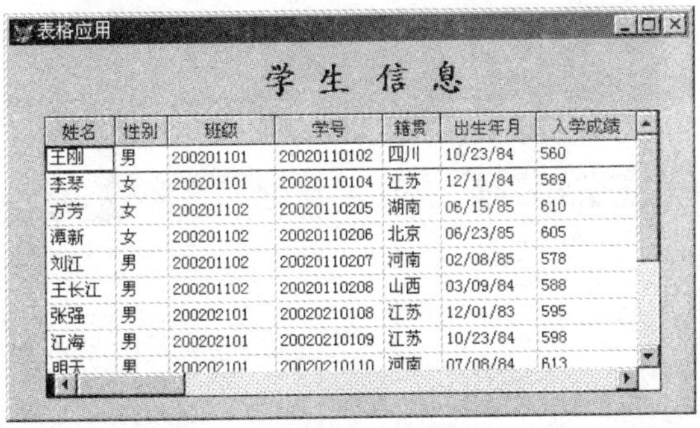

图 8-45　“表格”控件的运行结果

【例 8-19】　利用两个表文件 COURSE 和 SCORE1 设计表单（如图 8-46 所示）。表单的标题为“成绩查询”；表单左侧有“输入学号”的标签（Label1）、用于输入学号的文本框（Text1）和“查询”（Command1）及“退出”（Command2）两个命令按钮；表单右侧有一个表格控件（Grid1）。

Course

课程号	课程名	开课单位	学时数	学分	开课学期
0001	基础会计	会计系	36	2	
0004	唐诗鉴赏	中文系	18	1	
0002	管理学	经管系	54	3	
0003	法学原理	法律系	36	2	
0006	信息管理	信息系	72	4	
0005	财务管理	财政系	54	3	
0007	美学基础	中文系	36	2	
0008	体育	体育组	36	2	
0009	审计学	会计系	72	4	
0010	科技概论	政教组	36	2	
0011	数据库原理	信息系	54	3	
0012	运筹学	信息系	54	3	

Score1

学号	课程号	成绩
993503438	0001	92
993503438	0002	86
993503437	0001	87
993503438	0005	80
993503433	0009	74
993503433	0010	66
993501122	0004	56
993501122	0007	85
993502235	0006	77
993502235	0001	63
993503412	0009	95
993506112	0010	84
993504228	0005	57
993504228	0002	88
993511236	0005	74
993511236	0007	64
993503234	0004	87
993501122	0001	45
993502235	0009	50

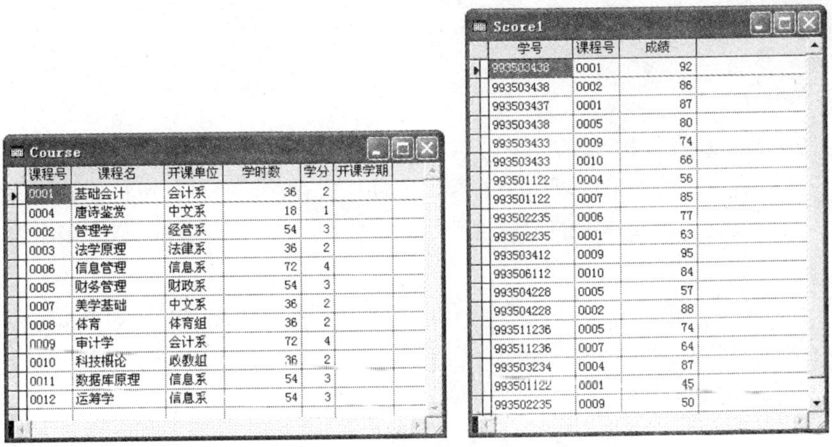

图 8-46　在“成绩查询”表单中添加各控件

表单运行时，用户先在文本框输入学号，然后单击“查询”按钮。如果输入的学号正确，在表单右侧以表格（Grid1）形式显示该生所选课程名和成绩，否则提示“学号不存在，请重新输入学号”。

❶ 按图 8-47 将各控件添加到表单。

❷ 设置属性和编写代码：把表单 Form1 的 Caption 值改为"成绩查询"；把标签 Label1 的 Caption 值改为"输入学号"、Command1 的 Caption 值改为"查询"、Command2 的 Caption 值改为"退出"。"查询"的"Click"事件代码如下：

```
Select a.课程名,b.成绩  from course a, score1 b;
where b.学号=thisform.text1.value and a.课程号= b.课程号  into dbf aa
use aa
count to b
if b=0
    messagebox("学号不存在，请重新输入学号！")
else
    thisform.grid1.recordsourcetype=0
    thisform.grid1.recordsource="aa.dbf"
endif
use
```

"退出"的"Click"事件代码如下：

```
thisform.release
```

❸ 运行表单。该表单的运行结果如图 8-48 所示，查询结果显示在右侧的表格控件之中。

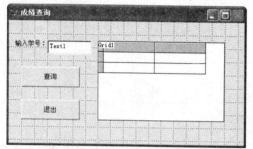
图 8-47　在"成绩查询"表单中添加各控件

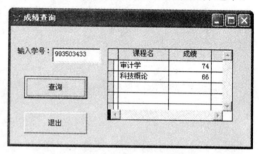
图 8-48　查询结果显示在"表格"控件中

8.7　表单集

1．创建表单集

表单集（FormSet）是多个相关表单的集合，是一个容器类。也就是说，一个表单集可以包含多个表单。表单集所包含的表单都以单个的 .scx 文件形式存在，并且都可彼此独立地定义数据环境，可自动地同步改变多个表单中的记录指针。如果要在一个应用程序中包含多个表单，可以创建表单集。

创建表单集，首先进入"表单设计器"，在"表单"菜单中选择"创建表单集"命令，即可创建一个新的表单集 FormSet1，如图 8-49（a）所示。

新建的表单集 FormSet1 是一个不可见的父层次的容器。它包含了原有的一个表单 Form1，此时，可以往表单集 FormSet1 中添加新的表单或其他操作。

如果要往表单集 FormSet1 中添加新的表单，可在"表单"菜单中选择"添加新表单"命令，即可创建一个新的表单 Form2。如图 8-49（b）所示，再新建表单，依此类推。

如果要删除表单集 FormSet1 中的表单，首先在"属性"窗口的对象列表框中选择要删除的表单，然后在"表单"菜单中选择"移除表单"命令，即可删除表单。

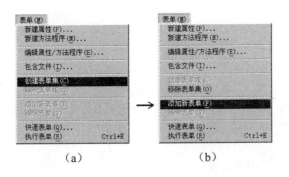

（a）　　　　　　　　　　（b）

图 8-49　创建表单集和添加新表单

如果要删除表单集 FormSet1，可在"表单"菜单中选择"移除表单集"命令，即可删除表单集 FormSet1。

创建表单集后，如果把原来表单中定义的属性和方法移到表单集中，则在对象的事件或方法代码中的引用必须加以修改。

2．表单集的应用

【例 8-20】　利用表单集，实现两个表单之间的数据通信。

❶ 创建表单集：进入"表单设计器"，在"表单"菜单中选择"创建表单集"命令，即可创建一个新的表单集 FormSet1（此时，Form1 已在 FormSet1 之中），然后在"表单"菜单中选择"添加新表单"命令，即可创建一个新的表单 Form2。在表单 Form1 和表单 Form2 中分别添加文本框 Text1。

❷ 设置属性：分别为表单 Form1 和表单 Form2 设置属性。

把表单 Form1 的 Caption 值改为"表单 1"，表单 Form2 的 Caption 值改为"表单 2"；把 Form1 和 Form2 文本框 Text1 的 FontSize 设置为 28、FontBold 设置为.T.；在"属性"窗口的"对象列表"中选定 Formset1，然后在"表单"菜单的"新建属性"对话框中新建一个属性"tongxin"，如图 8-50 所示。

❸ 编写代码。双击表单 1，在 Form1 的 Click 事件过程中加入下列代码：

```
thisformset.tongxin="表单之间通信！"
thisform.text1.value=thisformset.tongxin
```

双击表单 2，在 Form2 的 Click 事件过程中加入下列代码：

```
thisform.text1.value=thisformset.tongxin
```

❹ 运行表单。运行后分别单击表单 1 和表单 2，其结果见图 8-51 所示的画面，两个表单之间实现了数据通信。

图 8-50　在"新建属性"对话框中新建"tongxin"属性

图 8-51　两个表单之间的数据通信

习 题 8

8.1 思考题

1. 什么是数据环境？它在表单设计中起什么作用？

2. 命令按钮和命令按钮组有什么异同？命令按钮组是容器类控件吗？容器类控件有什么特点？

3. 文本框和编辑框有什么异同？

4. 列表框和组合框有什么异同？

5. 选项按钮组和复选框有什么异同？

8.2 选择题

1. 下列文件的类型中，表单文件的扩展名是(　　　)。

(A) .dbc　　　　　(B) .dbf　　　　　(C) .prg　　　　　(D) .scx

2. 线条控件中，控制线条倾斜方向的属性是(　　　)。

(A) BorderWidth　　　　(B) LineSlant　　　　(C) BorderStyle　　　　(D) DrawMode

3. 在创建表单时，用(　　　)控件创建的对象用于保存不希望用户改动的文本。

(A) 标签　　　　(B) 文本框　　　　(C) 编辑框　　　　(D) 组合框

4. 在表单内可以包含的各种控件中，下拉列表框的默认名称为(　　　)。

(A) Combo　　　　(B) Command　　　　(C) Check　　　　(D) Caption

5. VFP 的表单对象可以包括(　　　)。

(A) 任意控件　　　　　　　　　　(B) 所有的容器对象

(C) 页框或任意控件　　　　　　　(D) 页框、任意控件、容器或自定义对象

6. 在表单中加入一个复选框和一个文本框，编写 Checkl 的 Click 事件代码如下：

　　　　Thisform.Textl.Visible=This.Value

当单击复选框后，(　　　)。

(A) 文本框可见

(B) 文本框不可见

(C) 文本框是否可见由复选框的当前值决定

(D) 文本框是否可见与复选框的当前值无关

7. 在表单中加入两个命令按钮 Command1 和 Command2，编写 Command1 的 Click 事件代码如下：

　　　　Thisform.Parent.Command2.Enabled=.F.

当单击 Commandl 后，(　　　)。

(A) Command1 命令按钮不能激活　　　　(B) Command2 命令按钮不能激活

(C) 事件代码无法执行　　　　　　　　　(D) 命令按钮组中的第 2 个命令按钮不能激活

8. 在 VFP 控件中，标签的默认名字为(　　　)。

(A) List　　　　(B) Label　　　　(C) Edit　　　　(D) Text

9. 在运行某个表单时，下列有关表单事件引发次序的叙述中正确的是(　　　)。

(A) 先 Activate 事件，然后 Init 事件，最后 Load 事件

(B) 先 Activate 事件，然后 Load 事件，最后 Init 事件

(C) 先 Init 事件，然后 Activate 事件，最后 Load 事件

(D) 先 Load 事件，然后 Init 事件，最后 Activate 事件

10. 若某表单中有一个文本框 Text1 和一个命令按钮组 CommandGroup1，其中，命令按钮组包含了 Command1 和 Command2 两个命令按钮。如果要在命令按钮 Command1 的某个方法中访问文本框 Text1 的 Value 属性值，下列选项中正确的是(　　　)。

(A) This.ThisForm.Text1.Value　　　　(B) This.Parent.Text1.Value

(C) Parent.Parent.Text1.Value　　　　(D) This.Parent.Parent.Text1.Value

11. 在当前目录下有 M.prg 和 M.scx 两个文件，在执行命令 DO FORM M 后，实际运行的文件是(　　　)。

(A) M.prg　　　　(B) M.scx　　　　(C) 随机运行　　　　(D) 都运行

12. 在表单中，有关列表框和组合框内选项的多重选择，正确的叙述是(　　　)。

(A) 列表框和组合框都可以设置成多重选择

(B) 列表框和组合框都不可以设置成多重选择

(C) 列表框可以设置成多重选择，而组合框不可以

(D) 列表框不可以设置成多重选择，而组合框可以

13. 以下所述的有关表单中"文本框"与"编辑框"的区别，错误的是(　　　)。

(A) 文本框只能用于输入数据，而编辑框只能用于编辑数据

(B) 文本框内容可以是文本、数值等多种数据，而编辑框内容只能是文本数据

(C) 文本框只能用于输入一段文本，而编辑框则能输入多段文本

(D) 文本框不允许输入多段文本，而编辑框能输入一段文本

14. 设计表单时向表单添加控件，可以利用(　　　)。

(A) 表单设计器工具栏　　　　　　　　(B) 布局工具栏

(C) 调色板工具栏　　　　　　　　　　(D) 表单控件工具栏

15. 以下有关 VFP 表单的叙述中，错误的是(　　　)。

(A) 所谓表单，就是数据表清单。

(B) VFP 的表单是一个容器类的对象

(C) VFP 的表单可用来设计类似于窗口或对话框的用户界面

(D) 在表单上可以设置各种控件对象

16. 下面关于事件的不正确说法是(　　　)。

(A) 事件是预先定义好的，能够被对象识别的动作

(B) 对象的每一个事件都有一个事件过程

(C) 用户可以建立新的事件

(D) 不同的对象能识别的事件不尽相同

17. 将文本框的 PasswordChar 属性值设置为星号（*），那么，在文本框中输入"计算机 2007"时，文本框中显示的是(　　　)。

(A) 计算机 2007　　(B) *****　　(C) ********　　(D) 错误设置，无法输入

8.3　填空题

1. 在命令窗口中执行_____命令，即可以打开表单设计器窗口。

2. 向表单中添加控件的方法是，选定表单控件工具栏中某一控件，然后再_____，便可添加一个选定的控件。

3. 编辑框控件与文本框控件最大的区别是，在编辑框中可以输入或编辑 _____行文本，而在文本框中只能输入或编辑 _____行文本。

4. 表单中有一个文本框和一个命令按钮，要使文本框获得焦点，应该使用的语句是_____。

5. 如果想在表单上添加多个同类型的控件，可在选定控件按钮后，单击 _____按钮，然后在表单的不同位置单击，就可以添加多个同类型的控件。

6. 利用_____工具栏中的按钮可以对选定的控件进行居中、对齐等多种操作。

7. 数据环境是一个对象，泛指定义表单或表单集时使用的_____，包括表、视图和关系。

8. 若要为控件设置焦点，则控件的 Enabled 属性和_____属性必须为.T.。

9. 控件的数据绑定是指将控件与某个_____联系起来。

10. 在表单中添加控件后，除了通过属性窗口为其设置各种属性外，也可以通过相应的_____对话框为其设置常用属性。

11. 要编辑容器中的对象，必须首先激活容器。激活容器的方法是右击容器，在弹出的快捷菜单中选定_____命令。

12. 在程序中为了隐藏已显示的 Myforml 表单对象，应当使用的命令是_____。

13. 将设计好的表单存盘时，会产生扩展名为_____和_____的两个文件。

14. 把控件与通用型字段绑定的方法是在控件的 ControlSource 属性中指定_____。

本章实验

【实验目的和要求】

- ⊙ 掌握使用表单向导和表单设计器的方法。
- ⊙ 掌握表单设计的方法。
- ⊙ 掌握各种控件及常用属性、事件和方法的使用。

【实验内容】

- ⊙ 向表单中添加对象。
- ⊙ 练习使用表单各控件，并在表单中针对各控件的不同事件过程编写代码。
- ⊙ 利用表单设计器，创建一个简单计算器。
- ⊙ 设计一个倒计时系统。
- ⊙ 利用表单设计器，创建时钟。

【实验指导】

1. 向表单中添加对象

（1）添加标签控件

① 在"学生成绩.dbf"表文件中添加一个"平均分"字段。

② 在"项目管理器"的"文档"选项卡中，双击"表单"组件下的"学生成绩"，打开"表单设计器"窗口、"表单控件"和"属性"窗口。表单运行后如图 8-52 所示。

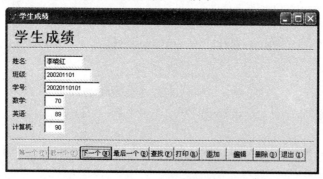

图 8-52　运行后的"学生成绩"表单文件

③ 单击"表单控件"工具栏上的"标签"按钮 A，在如图 8-53 所示的平均分位置上拉出一个框，添加了一个"Label2"标签。

④ 在"属性"窗口中的对象选择下拉列表框中选择"Label2"，在下面的"全部"选项卡中选择"Caption"属性，然后输入"平均分"。选择"FontName"属性，将其值设置为"黑体"；选择"FontSize"属性，将其值设置为"11"；选择"FontBold"属性，将其值设置为".T."。

（2）添加文本框控件

① 单击"表单控件"工具栏上的"文本框"按钮 ![abl]，然后在平均分下面要添加文本框的位置处单击鼠标，添加了一个文本框 Text1，如图 8-53 所示。

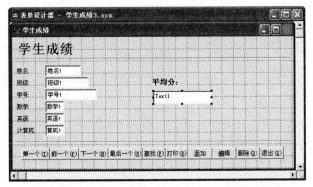

图 8-53　添加的"平均分"标签和"文本框"控件

② 双击文本框 Text1，在"代码"窗口为"Text1"的"Click"事件编写代码，如图 8-54 所示。

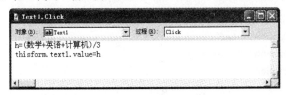

图 8-54　Text1 的 Click 代码

③ 单击"运行"按钮，运行"学生成绩.scx"表单后，单击"Text1"，就会显示当前记录中学生的 3 门功课的平均分，如图 8-55 所示。

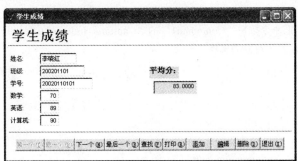

图 8-55　"学生成绩.scx"的运行窗口

2．练习使用表单各控件，并在表单中针对各控件的不同事件过程编写代码

（1）输入 a、b、c　3 个不同的数，然后将它们从大到小排列

① 从"新建"命令进入"表单设计器"，按图 8-56 添加表单控件，分别为 4 个标签、3 个文本框和 1 个命令按钮。将标签"Label1"的"Caption"值设为"请输入 3 个不同的数："，把命令按钮"Command1"的"Caption"值设为"排序"。

② 在"属性"窗口设置各对象的属性。3 个文本框的 Value 属性为 0。

③ 双击"排序"命令按钮，在弹出的"Command1"的"Click"代码窗口中输入下面的代码：

图 8-56　排序结果

```
a=thisform.text1.value
b=thisform.text2.value
c=thisform.text3.value
if b>a
    d=a
    a=b
    b=d
endif
if c>a
    d=a
    a=c
    c=d
endif
if c>b
    d=b
    b=c
    c=d
endif
thisform.label2.caption=str(a,6)
thisform.label3.caption=str(b,6)
thisform.label4.caption=str(c,6)
```

④ 在代码输入完成后，用"另存为"命令把表单文件保存为"abc.scx"，就可运行该表单。单击"排序"命令按钮，其运行结果如图 8-56 所示。

（2）求 1+2+3+…+100 的值

① 从"新建"命令进入"表单设计器"，按图 8-57 添加表单控件，分别为：2 个标签、1 个文本框和 1 个命令按钮。将标签"Label1"的"Caption"的值设置为"求 1+2+3+…+100 的值"，标签"Label2"的"Caption"的值设置为"累加和："，把命令按钮"Command1"的"Caption"值设置为"计算"。

② 在"属性"窗口设置各对象的属性。

③ 双击"计算"命令按钮，在弹出的"Command1"的"Click"代码窗口中输入下面的代码：

```
s=0
n=1
do while n<=100
    s=s+n
    n=n+1
enddo
thisform.text1.value=s
```

④ 在完成了代码的输入后，用"另存为"命令把表单文件保存为"100 的累加.scx"，就可运行这个表单。单击"计算"命令按钮，其运行结果如图 8-57 所示。

（3）利用选项按钮组，选择计算圆的面积、周长以及面积和周长的值

① 从"新建"命令进入"表单设计器"，按图 8-58 所示添加表单控件，分别为：2 个标签、1 个文本框和 1 个选项按钮组。将标签"Label1"的"Caption"的值设置为"请输入圆的半径："，标签"Label2"的"Caption"的值设置为"无"。

② 选项按钮组"Optiongroup1"设置：首先选中"Optiongroup1"，然后单击鼠标右键，在弹出的快捷菜单中单击"生成器…"命令，在"1. 按钮"选项卡中将"Optiongroup1"设置为 3 个按钮，按钮的标题分别为："面积"、"周长"和"面积与周长"；在"2. 布局"选项卡中将按钮布局设置为水平，如图 8-59 所示。

③ 在"属性"窗口设置各对象的属性。

图 8-57　"100 的累加"运算结果

图 8-58　在"表单设计器"中编辑圆的计算表单

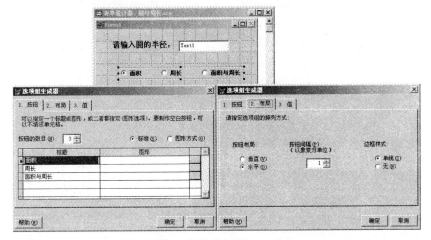

图 8-59　设置"Optiongroup1"

③ 在"属性"窗口设置各对象的属性。

④ 编写代码。

选项按钮组"Optiongroup1"的"Click"代码为：

```
thisform.text1.keypress(13)
```

文本框"Text1"的"KeyPress"代码为：

```
LPARAMETERS nKeyCode, nShiftAltCtrl
if nkeycode=13
    r=Val(this.value)
    do case
        case thisform.optiongroup1.value=1
          c=pi()*r*r
          thisform.label2.caption="圆的面积为："+str(c,8,4)
        case thisform.optiongroup1.value=2
          c=2*pi()*r
          thisform.label2.caption="圆的周长为："+str(c,12,4)
        case thisform.optiongroup1.value=3
          c=pi()*r*r
          s=2*pi()*r
          thisform.label2.caption="圆的面积为："+str(c,8,4)+chr(13)+"圆的周长为："+str(s,8,4)
    endcase
    this.selstart=0
    this.sellength=len(allt(this.text))
```

endif

⑤ 在完成了代码的输入后，用"另存为"命令把表单文件保存为"圆与周长.scx"。运行表单，其运行结果如图 8-60 所示。

3. 利用表单设计器，创建一个简单计算器（如图 8-61 所示）

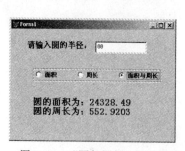

图 8-60 "圆与周长"运算结果

图 8-61 简单计算器

（1）首先建立用户界面

在表单设计器中新建表单，添加 1 个文本框（Text1）、1 个命令按钮（Command1）和 1 个命令按钮组（CommandGroup1），并将命令按钮组的 ButtonCount 属性设置为 16。

（2）设置对象属性（如表 8-8 所示）

表 8-8 命令按钮组（CommandGroup1）中各对象和命令按钮（Command1）的属性

对 象	属 性	属 性 值
Command1～Command10	Caption	依次分别为：1、2、3、4、5、6、7、8、9、0
	FontBold	.T.
Command11～Command16	Caption	依次分别为：.、=、+、−、*、/
	FontBold	.T.
Command1	Caption	清除

（3）编写表单的事件代码

① 编写 CommandGroup1 的 Click 事件代码：

```
if thisform.tag="T"
    thisform.text1.value=allt(right(str(this.value),1))
    thisform.tag=""
else
    a=allt(thisform.text1.value)
thisform.text1.value=a+allt(right(str(this.value),1))
endif
```

② 编写"."按钮（Command11）的 Click 事件代码：

```
a=allt(thisform.text1.value)
thisform.text1.value=a+"."
```

③ 编写"="按钮（Command12）的 Click 事件代码：

```
a=allt(thisform.text1.value)
thisform.text1.value=allt(str(&a,12,2))
thisform.tag="T"
```

④ 编写"+"按钮（Command13）的 Click 事件代码：

```
a=allt(thisform.text1.value)
thisform.text1.value=a+"+"
thisform.tag=""
```

⑤ 编写"-"按钮（Command14）的 Click 事件代码：

```
a=allt(thisform.text1.value)
thisform.text1.value=a+"-"
thisform.tag=""
```

⑥ 编写"*"按钮（Command15）的 Click 事件代码：

```
a=allt(thisform.text1.value)
thisform.text1.value=a+"*"
thisform.tag=""
```

⑦ 编写"/"按钮（Command16）的 Click 事件代码：

```
a=allt(thisform.text1.value)
thisform.text1.value=a+"/"
thisform.tag=""
```

⑧ "清除"命令按钮（Command1）的 Click 事件代码：

```
thisform.text1.value=""
thisform.gotfocus
```

4．设计一个倒计时系统

① 从"新建"命令进入"表单设计器"，按图 8-62 所示添加表单控件，分别为：1 个标签、1 个文本框、1 个命令按钮和一个计时器控件。将标签"Label1"的"Caption"的值设为"请输入倒计时的分钟数："；把命令按钮"Command1"的"Caption"值设为"计时开始"。

② 在"属性"窗口设置各对象的属性。

Timer 的 Enabled 属性设置为.F.。

Timer 的 Interval 属性设置为 1000（毫秒数，指每隔 1000 毫秒，激发一次 Timer 事件）。

③ 编写代码。

计时器"Timer1"的"Timer"代码为：

图 8-62　编辑"计时器"应用表单

```
m=val(this.tag)-1              && 秒钟数
this.tag=allt(str(m))
if m<0
thisform.timer1.enabled=.f.
messagebox("预定时间到了",0,"倒计时")
thisform.label1.caption="请输入倒计时的分钟数"
thisform.text1.value=0
thisform.command1.enabled=.t.
thisform.text1.alignment=0
else
a1=int(m/60)                   && 分钟数
a2=int(a1/60)                  && 时钟数
b0=iif(m%60<10,"0"+str(m%60,1),str(m%60,2))
b1=iif(a1%60<10,"0"+str(a1%60,1),str(a1%60,2))
b2=iif(a2%60<10,"0"+str(a2%60,1),str(a2%60,2))
thisform.text1.value=allt(b2+":"+b1+":"+b0)
endif
```

命令按钮"Command1"的"Click"代码为：

```
thisform.timer1.enabled=.t.
a=val(thisform.text1.value)
thisform.timer1.tag=allt(str(a*60))
thisform.label1.caption="现在开始倒计时："
this.enabled=.f.
```

④ 完成代码的输入后，用"另存为"命令把表单文件保存为"倒计时.scx"，就可运行该表单。单击"计时开始"命令按钮，倒计时开始。时间到时，将会弹出对话框，如图 8-63 右所示。

图 8-63 "倒计时系统"的运行结果

5．利用表单设计器，创建时钟

（1）建立用户界面

在表单设计器中新建表单，按图 8-64 所示添加相关控件，1 个形状控件（Shape1）、1 个计时器（Timer1）、4 个标签（Lebal1～Lebal4）、8 个刻度（Line1～Line8）和 3 个指针（Line9～Line11）。

（2）设置各对象的属性（见表 8-9）

表 8-9 组成时钟各对象的属性及属性值

对　　象	属　　性	属　性　值
Shape1	Curvature	99
	BackColor	255，255，255
	BorderWidth	2
Line9（秒针）	BorderWidth	1
	BorderColor	255，0，0
Line10（分针）	BorderWidth	3
Line11（时针）	BorderWidth	4
Lebal1	Caption	III
	BackStyle	0-透明
Lebal2	Caption	VI
	BackStyle	0-透明
Lebal3	Caption	IX
	BackStyle	0-透明
Lebal4	Caption	XII
	BackStyle	0-透明
Timer1	Interval	1000

按图 8-64 调整 Line1～Line8 的方位、长度和位置，使其成为时钟的刻度。

（3）编写表单的事件代码

① 编写表单 form1 的 Activate 事件代码：

```
public top1,left1
public a(3)
public t(3)
public length(3)
a(1)=thisform.line9
a(2)=thisform.line10
a(3)=thisform.line11
for i=1 to 3
   length(i)=a(i).height
```

```
        endfor
        top1=thisform.shape1.top+thisform.shape1.height/2
        left1=thisform.shape1.left+thisform.shape1.width/2
```

② 编写表单 form1 的 destroy 事件代码:

```
        a=0
```

表单的 destory 事件是在表单被释放时触发，a=0 的目的是把数组 a 置 0，释放所引用的对象。若无此代码，表单将不能被关闭。

③ 计时器 timer1 的 timer 事件代码:

```
        t(1)=sec(datetime())
        t(2)=minute(datetime())
        tim=hour(datetime())
        t(3)=iif(tim>=12,tim-12,tim)*5+t(2)/12
        for i=1 to 3
          kuan=length(i)*cos(pi()*(15-t(i))/30)
          gao=length(i)*sin(pi()*(15-t(i))/30)
          with a(i)
            .height=abs(gao)
            .width=abs(kuan)
          endwith
        do case
          case t(i)>=0.and.t(i)<15
            a(i).top=top1-abs(gao)
            a(i).left=left1
            a(i).lineslant="/"
          case t(i)>=15.and.t(i)<30
            a(i).top=top1
            a(i).left=left1
            a(i).lineslant="\"
          case t(i)>=30.and.t(i)<45
            a(i).top=top1
            a(i).left=left1-abs(kuan)
            a(i).lineslant="/"
          case t(i)>=45.and.t(i)<60
            a(i).top=top1-abs(gao)
            a(i).left=left1-abs(kuan)
            a(i).lineslant="\"
        endcase
        endfor
```

时钟的运行状态如图 8-65 所示。

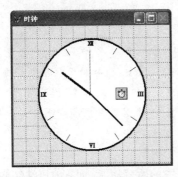

图 8-64 添加时钟的各控件

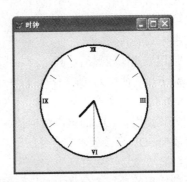

图 8-65 时钟的运行状态

第 9 章　结构化查询语言（SQL）

本章要点：
- ☞　SQL 概述
- ☞　SQL 数据定义语言
- ☞　SQL 数据操纵语言
- ☞　SQL 数据查询语言

9.1　SQL 概述

结构化查询语言（Structured Query Language，SQL）是一种介于关系代数和关系演算之间的结构化查询语言，其功能不仅仅是查询，是一个通用的、功能极其强大的关系数据库语言。在 Visual FoxPro 中，不仅具有 Visual FoxPro 命令，同时支持结构查询语言命令，一条 SQL 命令可以代替多条 Visual FoxPro 命令。

9.1.1　SQL 的特点

SQL 已经被国际标准化组织（ISO）认定为关系数据库标准语言，其核心是数据查询。所有的关系数据库管理系统都支持 SQL。SQL 语言具有如下特点。

（1）一体化语言

SQL 是一体化语言，是指它集数据定义、数据操作、数据查询及数据控制于一体，可以完成数据库活动中的几乎所有功能，包括：定义数据库和表结构，录入数据，建立数据库查询、更新、维护和重构及数据库安全性控制等一系列操作，从而为数据库应用系统的开发提供良好的环境。

（2）高度非过程化

用 SQL 进行数据操作时，用户只需提出"做什么"，而不必指明"如何去做"，因此大大减轻了用户的负担，提高了程序设计的生产率和系统的数据独立性。

（3）集合化操作方式

SQL 采用集合化操作方式，不仅查找结果可以是记录的集合，而且操作对象的一次插入、删除、更新也可以是记录的集合。

（4）应用方式灵活

SQL 的使用方式比较灵活，既是自含式语言，又是嵌入式语言。作为自含式语言，它能够独立地用于联机交互的使用方式，用户可以在键盘上直接输入 SQL 命令对数据库进行操作。作为嵌入式语言，SQL 语句能够嵌入到高级语言（如 C、FORTRAN 等）程序中以程序方式使用。无论 SQL 以何种方式使用，SQL 的语法结构基本上是一致的，绝大多数数据库应用开发工具或高级程序设计语言都把 SQL 直接融入到自身的语言环境中。

（5）语言简洁，易学易用

SQL 所能实现的功能十分强大，几乎覆盖了数据库中的所有功能。而它的语法结构十分简练，易学，只使用了很少的几条命令 CREATE、DROP、ALTER、SELECT、INSERT、UPDATE、DELETE、GRANT、REVOKE 就可以完成数据定义、数据操纵、数据控制和数据查询等核心功能，十分接近自然语言的特点。

9.1.2 数据定义语言

数据定义语言（data definition language）是用于向数据库管理系统声明数据库结构的语言，由 CREATE、DROP 和 ALTER 命令组成。下面针对表对象对其进行讲解。

1. 建立表结构命令 CREATE TABLE

功能：创建一个含有指定字段的表。

语法：

CREATE TABLE | DBF TableName1 [FREE]

FieldName1 FieldType [(nFieldWidth [, nPrecision])][NULL | NOT NULL]

[CHECK lExpression1 [ERROR cMessageText1]][DEFAULT eExpression1]

[PRIMARY KEY | UNIQUE][REFERENCES TableName2 [TAG TagName1]]

[, PRIMARY KEY eExpression2 TAG TagName2|, UNIQUE eExpression3 TAG TagName3]

[, FOREIGN KEY eExpression4 TAG TagName4 REFERENCES TableName3]

[, CHECK lExpression2 [ERROR cMessageText2]) | FROM ARRAY ArrayName

TableName1 ——指定要创建的表的名称。TABLE 和 DBF 选项的作用相同。

FREE ——指定所创建的表是一个自由表，不添加到数据库中。

FieldName1 FieldType [(nFieldWidth [, nPrecision])] ——分别指定字段名、字段类型、字段宽度和字段精度（小数位数）。nFieldWidth 和 nPrecision 不适用于 D, T, I, Y, L, M, G 和 P 类型。

NULL | NOT NULL ——用于说明属性允许或不允许为空值。

CHECK lExpression1 ——指定字段的有效性规则。

ERROR cMessageText1 ——指定当字段规则产生错误时，Visual FoxPro 显示的出错信息。

DEFAULT eExpression1 ——指定字段的默认值。eExpression1 的数据类型必须与字段的数据类型相同。

PRIMARY KEY ——将此字段作为主索引。

UNIQUE ——将此字段作为一个候选索引。

REFERENCES TableName2[TAG TagName1] ——指定与之建立永久关系的父表。如果省略了 TAG TagName1，则使用父表的主索引关键字建立关系。

PRIMARY KEY eExpression2 TAG TagName2 ——指定要创建的主索引。eExpression2 指定表中的任一个字段或字段组合，TAG TagName2 指定要创建的主索引标识的名称。

UNIQUE eExpression3 TAG TagName3 ——创建候选索引。

FOREIGN KEY eExpression4 TAG TagName4 ——创建一个外部索引，并建立与父表的关系。

REFERENCES TableName3 ——指定与之建立永久关系的父表。

CHECK lExpression2 [ERROR cMessageText2] ——指定表的有效性规则。ERROR cMessageText2 指定当有效性规则执行时，Visual FoxPro 显示的出错信息。

FROM ARRAY ArrayName ——指定一个已存在的数组名，数组中包含表的每个字段的名称、类型、精度及宽度。

【例 9-1】 使用 SQL 命令建立如表 4-1 所示的"学生.dbf"自由表。

创建该表的 SQL 命令如下：

CREATE TABLE 学生 FREE (姓名 C(8), 性别 C(2), 班级 C(10),学号 C(12),;

籍贯 C(6), 出生年月 D,入学成绩 N(4,1), 专业 C(10),简历 M, 相片 G)

2．修改表结构命令 ALTER TABLE

功能：以编程方式修改表结构。

语法 1 可以添加新的属性，包括属性的类型、宽度、有效性规则、出错信息和默认值，定义索引和联系等。

语法 2 用于修改原有的属性定义，定义和删除字段有效性规则和默认值。

语法 3 用于更改属性名，也可以删除属性。删除指定表中的指定字段、修改字段名、修改指定表的完整性规则，包括主索引、外部关键字、候选索引及表的合法值限定的添加与删除。

语法 1：

ALTER TABLE TableName1

ADD｜ALTER [COLUMN] FieldName1 FieldType [(nFieldWidth [, nPrecision])]

[NULL｜NOT NULL][CHECK lExpression1 [ERROR cMessageText1]]

[DEFAULT eExpression1][PRIMARY KEY｜UNIQUE]

[REFERENCES TableName2 [TAG TagName1]]

语法 2：

ALTER TABLE TableName1   ALTER [COLUMN] FieldName2 [NULL｜NOT NULL]

[SET DEFAULT eExpression2][SET CHECK lExpression2 [ERROR cMessageText2]]

[DROP DEFAULT][DROP CHECK]

语法 3：

ALTER TABLE TableName1

[DROP [COLUMN] FieldName3][SET CHECK lExpression3 [ERROR cMessageText3]]

[DROP CHECK][ADD PRIMARY KEY eExpression3 TAG TagName2 [FOR lExpression4]]

[DROP PRIMARY KEY][ADD UNIQUE eExpression4 [TAG TagName3 [FOR lExpression5]]]

[DROP UNIQUE TAG TagName4]

[ADD FOREIGN KEY [eExpression5] TAG TagName4 [FOR lExpression6]

REFERENCES TableName2 [TAG TagName5]]

[DROP FOREIGN KEY TAG TagName6 [SAVE]]

[RENAME COLUMN FieldName4 TO FieldName5]

TableName1 ——指定要修改其结构的表名。

ADD｜ALTER [COLUMN] FieldName1 ——指定要添加或修改的字段名。

FieldType [(nFieldWidth [, nPrecision])] ——指定新字段或待修改字段的字段类型、字段宽度和字段精度。

CHECK lExpression1 ——指定字段的有效性规则。

ERROR cMessageText1 ——指定字段的有效性检查出现错误时显示的出错信息。

DEFAULT eExpression1 ——指定字段默认值。eExpression1 的数据类型必须与字段的数据类型相同。

PRIMARY KEY ——创建主索引标识，索引标识与字段同名。

UNIQUE ——创建与字段同名的候选索引标识

REFERENCES TableName2 TAG TagName1 ——指定与之建立永久关系的父表。参数 TAG TagName1 指定父表索引标识。

SET DEFAULT eExpression2 ——指定已有字段的新默认值。

SET CHECK lExpression2 ——为已有字段指定新的有效性规则。

ERROR cMessageText2 ——指定有效性检查出现错误时显示的出错信息。

DROP DEFAULT ——删除已有字段的默认值。

DROP CHECK ——删除已有字段的有效性规则。

DROP [COLUMN] FieldName3 ——从表中删除一个字段。

ADD PRIMARY KEY eExpression3 TAG TagName2 [FOR lExpression4] ——往表中添加主索引。eExpression3 指定主索引关键字表达式，TagName2 指定主索引标识名。包含 FOR lExpression4 子句，可以指定只有满足筛选表达式 lExpression4 的记录才可以显示和访问。

DROP PRIMARY KEY ——删除主索引及其标识。

ADD UNIQUE eExpression4 [TAG TagName3 [FOR lExpression5]] ——往表中添加候选索引。

DROP UNIQUE TAG TagName4 ——删除候选索引及其标识。

ADD FOREIGN KEY [eExpression5] TAG TagName4 [FOR lExpression6] ——往表中添加外部关键字索引。

REFERENCES TableName2 [TAG TagName5] ——指定在其上建立了永久关系的父表。

DROP FOREIGN KEY TAG TagName6 [SAVE] ——删除索引标识为 TagName6 的外部关键字。如果省略 SAVE 参数，将从结构索引中删除索引标识。

RENAME COLUMN FieldName4 TO FieldName5 ——允许改变表中字段的字段名。FieldName4 指定待更改的字段名，FieldName5 指定新的字段名。

【例 9-2】 使用 SQL 命令为"学生.dbf"表增加一个"电话"字段 C(12)。

ALTER TABLE 学生 ADD 电话 C(12)

【例 9-3】 使用 SQL 命令修改"学生.dbf"数据库表中的"入学成绩"字段 N(4,1)为 N(5,1)，并设置该字段的值大于 520。

该命令只能用于数据库表，因此可以先建立数据库，例如，先建立 JXGL，再建立"学生"表，最后进行修改。

CREATE DATABASE JXGL

CREATE TABLE 学生 (姓名 C(8), 性别 C(2), 班级 C(10),学号 C(12),;

籍贯 C(6), 出生年月 D,入学成绩 N(4,1), 专业 C(10),简历 M, 相片 G)

ALTER TABLE 学生 ALTER 入学成绩 N(5,1) CHECK 入学成绩>520;

ERROR "入学成绩要大于 520!"

【例 9-4】 在"学生.dbf"数据库表中，删除对"入学成绩"字段的有效性规则，并设置该字段的默认值为 521。

ALTER TABLE 学生 ALTER 入学成绩 DROP CHECK

ALTER TABLE 学生 ALTER 入学成绩 SET DEFAULT 521

3. 删除表命令 DROP TABLE

功能： 直接从磁盘上删除由表名指定的表文件。

语法：

DROP TABLE TableName | FileName | ? [RECYCLE]

【例 9-5】 删除已建立的"学生.dbf"表。

DROP TABLE 学生

9.1.3 数据操纵语言

数据操纵语言是完成数据操作的命令，主要由 INSERT、DELETE、UPDATE 等命令组成。SELECT 也属数据操纵范畴，但一般将其以查询语言单独出现。

1. 插入 INSERT 命令

功能：在指定的表尾追加一个包含指定字段值的记录。

语法 1：

INSERT INTO dbf_name [(fname1 [, fname2, ...])]

VALUES (eExpression1 [, eExpression2, ...])

语法 2：

INSERT INTO dbf_name FROM ARRAY ArrayName | FROM MEMVAR

dbf_name ——指定要追加记录的表名。如果指定的表没有打开，则先在一个新工作区中以独占方式打开该表，再把新记录追加到表中。此时并未选定这个新工作区，选定的仍然是当前工作区。如果所指定的表是打开的，该命令就把新记录追加到这个表中；如果表不在当前工作区中打开，则追加记录后，表所在的工作区仍然不是选定区，选定的仍然是当前工作区。

fname1 [, fname2, ...] ——指定新记录的字段名。

eExpression1 [, eExpression2, ...] ——新插入记录的字段值。如果需要插入表中所有字段的数据时，表名后面的字段名可以省略，但插入的数据必须按照表结构定义字段的顺序来指定字段值。

ARRAY ArrayName ——指定一个数组，数组中的数据将被插入到新记录中。

MEMVAR ——把内存变量的内容插入到与它同名的字段中。如果某一字段不存在同名的内存变量的值，则该字段为空。

【例 9-6】 向"学生成绩表.dbf"中添加记录。

INSERT INTO 学生成绩表 VALUES("刘玲","200202102","20020210201",85,98,90,91,0)

【例 9-7】 用数组向"学生成绩表.dbf"中添加记录。

DIMENSION A(8)

A(1)="流星"

A(2)="200202102"

A(3)="20020210202"

A(4)=87

A(5)=89

A(6)=88

A(7)=88

A(8)=0

INSERT INTO 学生成绩表 FROM ARRAY A

若只需要插入表中某些字段的数据，就需要列出插入数据的字段名。

【例 9-8】 利用内存变量向"学生成绩表.dbf"中添加记录。

姓名="刘宏"

班级="200202102"

学号="20020210203"

数学=90

英语=80

计算机=70

平均成绩=80

名次=0

INSERT INTO 学生成绩表 FROM MEMVAR

2. 删除 DELETE 命令

功能：标记删除记录。

语法：

    DELETE FROM [DatabaseName!]TableName

    [WHERE FilterCondition1 [AND｜OR FilterCondition2 ...]]

[DatabaseName!]TableName ——指定表中哪些记录标记为删除。DatabaseName 指定包含表的非当前数据库名。

WHERE FilterCondition1 [AND｜OR FilterCondition2 ...] ——指定 Visual FoxPro 标记删除的记录的规则。FilterCondition1 指定一条件，符合该条件的记录将标记为删除。可以包含任意数量的过滤条件，使用 AND 或 OR 操作符连接。

【例 9-9】 将"学生基本信息.dbf"表中所有"入学成绩"<600 的记录逻辑删除。

DELETE FROM 学生基本信息 WHERE 入学成绩<600

注意：逻辑删除的记录并没有从物理上删除，因此还可以用 RECALL 命令取消删除。只有执行了 PACK 命令，逻辑删除的记录才会真正地从物理上删除。

3．更新 UPDATE 命令

功能：以新值更新表中的记录。

语法：

    UPDATE [DatabaseName1!]TableName1

    SET Column_Name1 = eExpression1[, Column_Name2 = eExpression2 ...]

    WHERE FilterCondition1 [AND｜OR FilterCondition2 ...]]

[DatabaseName1!]TableName1 ——指定要更新记录的表。

SET Column_Name1 = eExpression1[, Column_Name2 = eExpression2 ...] ——指定要更新的列以及这些列的新值。如果省略了 WHERE 子句，在列中的每一行都用相同的值更新。

WHERE FilterCondition1 [AND｜OR FilterCondition2 ...]] ——指定要更新的记录。

该命令只能用来更新单个表中的记录。

【例 9-10】 将"学生成绩表.dbf"中所有"数学"字段<60 的用 60 去更新。

    UPDATE 学生成绩表 SET 数学=60 WHERE 数学<60

9.1.4 创建临时表

临时表是一个带有名称的、临时的只读表，用以保存查询的结果。临时表可用于浏览、生成报表或用于其他目的，直到将其关闭。

创建临时表的 SQL 命令如下：

    CREATE CURSOR alias_name(fname1 type [(precision [, scale])[NULL｜NOT NULL]

    [CHECK lExpression [ERROR cMessageText]][DEFAULT eExpression]]

    [, fname2 ...])｜FROM ARRAY ArrayName

alias_name ——指定要创建的临时表名。

fname1 ——指定临时表中的字段名。

type ——指定字段的数据类型。

precision ——指定由 fname 指定的字段的宽度。

scale ——为指定的数据类型指定小数位数。

CHECK lExpression ——指定字段的有效性规则。

ERROR cMessageText ——指定当字段有效性规则产生错误时显示的出错信息。

DEFAULT eExpression ——指定字段的默认值。

ArrayName ——指定一个已经存在的数组的名称，其中包含有临时表的每个字段的名称、类型、精度和比例。

9.2 SQL 的数据查询功能

9.2.1 查询语句

查询语句 SELECT 用于从一个或多个表中检索数据。其格式如下：

SELECT [ALL｜DISTINCT] [TOP nExpr [PERCENT]]
[Alias.] Select_Item [AS Column_Name] [, [Alias.] Select_Item [AS Column_Name] ...]
FROM [DatabaseName!]Table [[AS] Local_Alias]
[[INNER｜LEFT [OUTER]｜RIGHT [OUTER]｜FULL [OUTER] JOIN
DatabaseName!]Table [[AS] Local_Alias][ON JoinCondition …]
[[INTO Destination]｜[TO FILE FileName [ADDITIVE]｜TO PRINTER [PROMPT]
｜TO SCREEN]][PREFERENCE PreferenceName][NOCONSOLE][PLAIN][NOWAIT]
[WHERE JoinCondition [AND JoinCondition ...]
[AND｜OR FilterCondition [AND｜OR FilterCondition ...]]]
[GROUP BY GroupColumn [, GroupColumn ...]][HAVING FilterCondition]
[UNION [ALL] SELECTCommand]
[ORDER BY Order_Item [ASC｜DESC] [, Order_Item [ASC｜DESC] ...]]]

在 SELECT 子句中指定在查询结果中包含的字段、常量和表达式。

ALL ——查询结果中包含所有记录，包括重复记录。

DISTINCT ——在查询结果中剔除重复的行。

FROM 子句 ——用于指定记录的来源，列出所查的表或视图名，也可以加上表的别名。

WHERE ——用于指明查询结果中的记录满足的条件。

GROUP BY 短语 ——将查询结果按某一列（或多个列）的值进行分组。HAVING 子句只与 GROUP BY 配合使用，用于说明分组条件。

ORDER BY 短语 ——将查询结果按升序或降序排列。

INTO Destination ——指定在何处保存查询结果。INTO ARRAY ArrayName 将查询结果存入数组中；INTO CURSOR alias_name 将查询结果存入临时表中；INTO TABLE TableName 将查询结果存入新表中；TO FILE FileName 将查询结果存入文本文件中。

查询语句中的条件表达式可以使用如下运算符：

BETWEEN…AND…——表示值在某个范围内，包括边界，如年龄 BETWEEN 15 AND 20。

IN ——表示值属于指定集合的元组，如 IN(张三, 李四, 王小二)。

LIKE ——用于字符串的匹配，可以使用通配符。"%" 表示 0 个或多个字符，"_" 表示任何一个字符。例如，姓名 LIKE "刘%"。

ANY ——字段的内容满足一个条件就为真。

ALL ——满足子查询中所有值的记录。

SELECT 命令的基本结构是 SELECT...FORM...WHERE，包含输出字段...数据来源...查询条件。在这种固定模式中，可以不要 WHERE，但是 SELECT 和 FROM 是必备的。

9.2.2 查询分类

1. 简单查询

简单查询是基于一个表的查询，查询结果的数据来自一个表，命令形式是 FROM 短语后只列出一个表名,可以由 SELECT 和 FROM 短语构成无条件查询,也可以由 SELECT、FROM 和 WHERE 短语构成条件查询。SELECT 短语指定表中的属性,WHERE 短语用于指明查询条件。

【例 9-11】 列出"学生基本信息.dbf"表的数据。

  OPEN DATABASE E:\教学管理\教学管理   &&打开"教学管理"数据库

  SELECT * FROM 学生基本信息

  BROWSE

屏幕上将显示出"学生基本信息.dbf"表中的数据。

【例 9-12】 列出"学生信息.dbf"表中的所有记录中的姓名、学号、高考成绩和专业字段。

  SELECT 姓名,学号,入学成绩 AS "高考成绩",专业 FROM 学生信息

屏幕上将显示出"学生信息.dbf"表中姓名、学号、入学成绩(以"高考成绩"列显示)和专业字段的数据。

记录号	姓名	学号	高考成绩	专业
1	王刚	20020110102	560	应用数学
2	李琴	20020110104	589	应用数学
3	方芳	20020110205	610	应用数学
4	潭新	20020110206	605	应用数学
5	刘江	20020110207	578	应用化学
6	王长江	20020110208	588	应用化学
7	张强	20020210108	595	应用化学
8	江海	20020210109	598	应用化学
9	明天	20020210110	613	计算机应用
10	希望	20020210111	620	计算机应用
11	昭辉	20020110103	621	计算机应用
12	李晓红	20020110101	620	计算机应用
13	刘玲	20020210201	605	化学工程
14	流星	20020210202	600	化学工程
15	刘宏	20020210203	601	化学工程

【例 9-13】 求出"学生信息.dbf"表中"应用数学"专业学生入学成绩平均分。

  SELECT 专业,AVG(入学成绩) AS "入学成绩平均分" FROM 学生信息;

  WHERE 专业="应用数学"

记录号	专业	入学成绩平均分
1	应用数学	591.00

【例 9-14】 列出"学生信息.dbf"表中非"应用数学"专业的学生名单。

  SELECT 姓名,学号,入学成绩 AS "高考成绩",专业;

  FROM 学生信息 WHERE 专业<>"应用数学"

记录号	姓名	学号	高考成绩	专业
1	刘江	20020110207	578	应用化学
2	王长江	20020110208	588	应用化学
3	张强	20020210108	595	应用化学
4	江海	20020210109	598	应用化学
5	明天	20020210110	613	计算机应用
6	希望	20020210111	620	计算机应用
7	昭辉	20020110103	621	计算机应用
8	李晓红	20020110101	620	计算机应用
9	刘玲	20020210201	605	化学工程
10	流星	20020210202	600	化学工程

| 11 | 刘宏 | 20020210203 | 601 | 化学工程 |

上述结果也可以用下面命令实现：

```
SELECT 姓名,学号,入学成绩 AS "高考成绩",专业;
FROM 学生信息    WHERE 专业 IN("应用化学","计算机应用","化学工程")
```

【例 9-15】 列出"学生信息.dbf"表中入学成绩在 570～620 分之间的学生名单。

```
SELECT 姓名,学号,入学成绩 AS "高考成绩",专业;
FROM 学生信息    WHERE 入学成绩 BETWEEN 570 AND 620
```

【例 9-16】 列出"学生信息.dbf"表中所有姓"刘"学生的姓名、学号、高考成绩和专业。

```
SELECT 姓名,学号,入学成绩  AS "高考成绩",专业;
FROM 学生信息    WHERE 姓名 LIKE "刘%"
```

记录号	姓名	学号	高考成绩	专业
1	刘江	20020110207	578	应用化学
2	刘玲	20020210201	605	化学工程
3	刘宏	20020210203	601	化学工程

2．嵌套查询

嵌套查询是一类基于多个关系的查询。在一个 SELECT 命令的 WHERE 子句中出现另一个 SELECT 命令，WHERE 短语后面的逻辑表达式中含有对其他表的查询，这种查询称为嵌套查询。在嵌套查询中，有两个 SELECT…FROM 查询块。虽然嵌套查询是基于多个关系的查询，但它的最终查询结果却是一个关系，数据源是外层查询的 FROM 短语所指定的表。

【例 9-17】 首先建立如表 9-1 所示结构和表 9-2 所示的数据库表"学生公寓"，然后列出公寓为 2-102-2 所在班学生的姓名和平均成绩。

表 9-1　"学生公寓.dbf"表结构

字 段 名	类 型	宽 度
姓名	字符型	8
班级	字符型	10
性别	字符型	2
公寓	字符型	7

表 9-2　"学生公寓.dbf"表数据

姓 名	班 级	性 别	公 寓
王刚	200201101	女	2-102-2
李琴	200201101	女	2-102-2
方芳	200201101	女	2-102-2
潭新	200201101	女	2-102-2
刘江	200202101	男	1-202-1
王长江	200202101	男	1-202-2
张强	200202101	男	1-202-3
江海	200202101	男	1-203-1
明天	200207101	男	1-301-1
希望	200207101	男	1-301-2
昭辉	200207101	女	2-301-1
李晓红	200207101	女	2-301-2
刘玲	200202102	女	2-202-2
流星	200202102	女	2-202-3
刘宏	200202102	男	1-401-3

操作步骤如下：

```
USE 学生信息
COPY TO 学生公寓 FIELDS 姓名, 班级, 性别
```

打开表设计器，添加"学生公寓.dbf"表结构中的"公寓"字段，然后添加如表 9-2 所示的数据。继续执行如下命令：

SELECT 姓名,平均成绩 FROM 学生成绩表;
WHERE 班级=(SELECT 班级 FROM 学生公寓 WHERE 公寓="2-102-2")

记录号	姓名	平均成绩
1	王刚	83.0
2	李琴	81.7
3	方芳	70.7
4	潭新	60.7

上面的 SQL 语句执行了两个过程,先在"学生公寓.dbf"表中找出"公寓"字段值为 2-102-2 的班级,再在"学生基本信息.dbf"表中列出该班级学生的姓名和平均成绩。

【例 9-18】 根据"学生成绩表.dbf"和"学生公寓.dbf",列出公寓为 2-102-2 所在班学生平均成绩>80 的学生的姓名和平均成绩。

SELECT 姓名,平均成绩 FROM 学生成绩表 WHERE 平均成绩>80;
AND 班级=(SELECT 班级 FROM 学生公寓 WHERE 公寓="2-102-2")

记录号	姓名	平均成绩
1	王刚	83.0
2	李琴	81.7

3. 连接查询

（1）简单的连接查询

连接是基于多个关系的查询,即 FROM 后面有多个表。SELECT 后面的属性可以来自多个表,如果不同表中含有相同的字段,必须用表名指出字段所在的表,其格式为:

表名.字段名

WHERE 短语后面指出连接条件。为了避免使用表名的麻烦,可以使用表别名。

【例 9-19】 根据"学生信息.dbf"表和"学生成绩表.dbf"输出所有学生的姓名、学号、性别、入学成绩和平均成绩。

SELECT 学生信息.姓名,学生信息.学号,学生信息.性别,学生信息.入学成绩,学生成绩表.平均成绩
FROM 学生信息,学生成绩表 WHERE 学生信息.学号=学生成绩表.学号

或

SELECT A.姓名,A.学号,A.性别,A.入学成绩,B.平均成绩;
FROM 学生信息 A,学生成绩表 B WHERE A.学号=B.学号

记录号	姓名	学号	性别	入学成绩	平均成绩
1	王刚	20020110102	女	560	83.0
2	李琴	20020110104	女	589	81.7
3	方芳	20020110105	女	610	70.7
4	谭新	20020110106	女	605	60.7
5	刘江	20020210107	男	578	66.7
6	王长江	20020210106	男	588	89.0
7	张强	20020210108	男	595	86.3
8	江海	20020210109	男	598	72.3
9	明天	20020710110	男	613	82.0
10	希望	20020710111	男	620	60.7
11	昭辉	20020710103	女	621	63.0
12	李晓红	20020710101	女	620	92.0
13	刘玲	20020210201	女	605	91.0
14	流星	20020210202	女	600	88.0
15	刘宏	20020210203	男	601	80.0

（2）自连接查询

自连接查询是指一个表自己和自己连接。能够实现自连接的前提是该关系中的两个属性具有相同的值域。在实现自连接时，必须为表指定别名。

【例 9-20】 输出"学生成绩表.dbf"中所有平均成绩>学号为 20020110104 的学生平均成绩的姓名、学号、数学、英语、计算机和平均成绩。

       SELECT A.姓名,A.学号,A.数学,A.英语,A.计算机,A.平均成绩

       FROM 学生成绩表 A,学生成绩表 B

       WHERE A.平均成绩>B.平均成绩 AND B.学号='20020110104'

记录号	姓名	学号	数学	英语	计算机	平均成绩
1	王刚	20020110102	70	89	90	83.0
2	王长江	20020210106	90	88	89	89.0
3	张强	20020210108	80	89	90	86.3
4	明天	20020710110	88	78	80	82.0
5	李晓红	20020710101	95	89	92	92.0
6	刘玲	20020210201	85	98	90	91.0
7	流星	20020210202	87	89	88	88.0

（3）超连接查询

超连接查询是两个关系的查询，首先保证一个关系中满足条件的记录都出现在结果中，然后将满足连接条件的记录与另一个关系中的记录进行连接；若不满足连接条件，就把来自另一个关系的属性值设置为空值。连接条件应出现在 ON 短语中，一定要紧跟着 JOIN 短语，WHERE 短语置于 ON 短语的后面。超连接有以下几种形式。

INNER JOIN（内连接） ——所有满足连接条件的记录都包含在查询结果中，如前面所举的例子。

LEFT JOIN（左连接） ——系统执行过程是左表的某条记录与右表的所有记录依次比较，若有满足连接条件的，则产生一个真实值记录；若都不满足，则产生一个含有 NULL 值的记录。接着，左表的下一记录与右表的所有记录依次比较字段值，重复上述过程，直到左表所有记录都比较完为止。连接结果的记录个数与左表的记录个数一致。

RIGHT JOIN（右连接） ——系统执行过程是右表的某个记录与左表的所有记录依次比较，若有满足连接条件的，则产生一个真实值记录；若都不满足，则产生一个含有 NULL 值的记录。接着，右表的下一记录与左表的所有记录依次比较字段值，重复上述过程，直到左表所有记录都比较完为止。连接结果的记录个数与右表的记录个数一致。

FULL JOIN（完全连接） ——系统执行过程是先按右连接比较字段值，然后按左连接比较字段值，重复记录不列入查询结果中。

4. 分组查询

分组查询使用 GROUP BY 短语来实现，还可以进一步用 HAVING 短语限定分组的条件。如果语句中还有 WHERE 短语，先用 WHERE 短语限定关系中的元组，对满足条件的元组进行分组，然后用 HAVING 短语限定分组。

【例 9-21】 计算并输出"学生成绩表.dbf"中每个班"数学"的平均成绩。

       SELECT 班级, AVG(数学)   FROM 学生成绩表   GROUP BY 班级

记录号	班级	AVG 数学
1	200201101	69
2	200202101	79
3	200202102	87

| 4 | 200207101 | | 78 |

【例 9-22】 计算并输出"学生成绩表.dbf"中至少有 3 个人的班的"英语"平均成绩。

SELECT 班级, COUNT(*),AVG(英语)　　　FROM 学生成绩表;
GROUP BY 班级　HAVING COUNT(*)>=3

记录号	班级	CNT	AVG 英语
5	200201101	4	76
6	200202101	4	75
7	200202102	3	89
8	200207101	4	71

【例 9-23】 计算并输出"学生成绩表.dbf"中有学生的"平均成绩"大于或等于 200202102 班中所有学生"平均成绩"的班号。

SELECT DISTINCT 班级　　　FROM 学生成绩表　　　WHERE 平均成绩>=ALL ;
(SELECT 平均成绩　　　FROM 学生成绩表　　　WHERE 班级='200202102')

记录号	班级
1	200202102
2	200207101

5. 集合的并运算

并运算符是 UNION。并运算是将两个 SELECT 语句的查询结果合并成一个查询结果，要求两个查询结果具有相同的字段个数，且对应字段的数据类型相同，其值出自同一个值域。

【例 9-24】 查询并输出"学生信息.dbf"表中"应用数学"和"计算机应用"专业学生的姓名、性别、入学成绩和专业。

SELECT 姓名,性别,入学成绩,专业　　　FROM 学生信息　　　WHERE 专业="应用数学" UNION;
SELECT 姓名,性别,入学成绩,专业　　　FROM 学生信息　　　WHERE 专业="计算机应用"

或

SELECT 姓名,性别,入学成绩,专业　　　FROM 学生信息;
WHERE 专业 IN("应用数学","计算机应用")

记录号	姓名	性别	入学成绩	专业
1	王刚	女	560	应用数学
2	李琴	女	589	应用数学
3	方芳	女	610	应用数学
4	潭新	女	605	应用数学
5	明天	男	613	计算机应用
6	希望	男	620	计算机应用
7	昭辉	女	621	计算机应用
8	李晓红	女	620	计算机应用

上面第 1 个查询用了集合的并运算，第 2 个查询用了 IN 子句。

6. 排序

SELECT 的查询结果是按查询过程中的自然顺序输出的,使用 ORDER BY 短语可以将查询结果排序。ORDER BY 短语为:

ORDER BY Order_Item [ASC｜DESC][, Order_Item [ASC｜DESC)...]

排序选项 Order_Item 可以是字段名,也可以是数字。字段名必须是主 SELECT 子句的选项,是 FROM Table 中的字段。数字是表的列序号,第 1 列为 1。

ASC 和 DESC 分别为将指定的排序项按升序排列和降序排列。

【例 9-25】 按专业顺序列出"学生信息.dbf"表中学生的姓名、学号、专业、入学成绩,同一专业的先按入学成绩由大到小后按学号由大到小排序。

```
SELECT 姓名,学号,专业,入学成绩      FROM 学生信息;
ORDER BY 专业,入学成绩 DESC,学号 DESC
```

记录号	姓名	学号	专业	入学成绩
1	刘玲	20020210201	化学工程	605
2	刘宏	20020210203	化学工程	601
3	流星	20020210202	化学工程	600
4	昭辉	20020710103	计算机应用	621
5	希望	20020710111	计算机应用	620
6	李晓红	20020710101	计算机应用	620
7	明天	20020710110	计算机应用	613
8	江海	20020210109	应用化学	598
9	张强	20020210108	应用化学	595
10	王长江	20020210106	应用化学	588
11	刘江	20020210107	应用化学	578
12	方芳	20020110105	应用数学	610
13	谭新	20020110106	应用数学	605
14	李琴	20020110104	应用数学	589
15	王刚	20020110102	应用数学	560

7. 重定向

使用 INTO 选项，可以将 SELECT 的查询结果重定向输出。其格式如下：

[INTO Destination] | [TO FILE FileName [ADDITIVE] | TO PRINTER]

TO FILE FileName [ADDITIVE] ——将结果输出到指定文本文件 FileName 中，而选项 ADDITIVE 表示将结果添加到文件后面。

TO PRINTER ——将结果输出到打印机。

Destination ——可以是 ARRAY ArrayName、CURSOR alias_name 或 TABLE TableName。

【例 9-26】 将例 9-25 的显示结果保存到一个 E9-25.txt 文件中。

```
SELECT 姓名,学号,专业,入学成绩      FROM 学生基本信息;
ORDER BY 专业,入学成绩 DESC,学号 DESC TO FILE E9-25.TXT
```

其结果如图 9-1 所示。

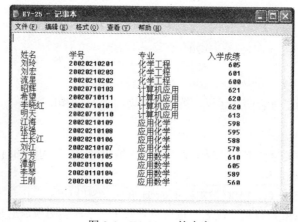

图 9-1　E9-25.txt 的内容

【例 9-27】 将例 9-24 的显示结果保存到一个 E9-24.dbf 文件中。

```
SELECT 姓名,性别,入学成绩,专业      FROM 学生信息      WHERE 专业="应用数学" UNION;
```

SELECT 姓名,性别,入学成绩,专业　　FROM 学生信息　　WHERE 专业="计算机应用";
INTO TABLE E9-24
LIST

或

SELECT 姓名,性别,入学成绩,专业　　FROM 学生信息;
WHERE 专业 IN("应用数学","计算机应用")　INTO TABLE E9-24
LIST

记录号	姓名	性别	入学成绩	专业
1	王刚	女	560	应用数学
2	李琴	女	589	应用数学
3	方芳	女	610	应用数学
4	潭新	女	605	应用数学
5	明天	男	613	计算机应用
6	希望	男	620	计算机应用
7	昭辉	女	621	计算机应用
8	李晓红	女	620	计算机应用

习 题 9

9.1 思考题

1．在 SQL 语句中，用什么短语实现关系的投影操作。

2．简述 SQL 语句的组成。

3．SQL 查询的 WHERE 条件中，BETWEEN…AND 与 IN 有什么区别？

4．查询去向有哪几种？

9.2 选择题

1．在 SQL 语句中，用于创建表的语句是(　　　)。

   (A) CREATE TABLE　　　　　　　　(B) MODIFY STRUCTURE

   (C) CREATE STRUCTURE　　　　　　(D) MODIFY TABLE

2．在 SQL 语句中，SELECT 命令中 JOIN 短语用于建立表之间的联系，连接条件应出现在(　　　)短语中。

   (A) WHERE　　　　(B) ON　　　　(C) HAVING　　　　(D) IN

3．SQL 语句中限定查询分组条件的短语是(　　　)。

   (A) WHERE　　　　(B) ORDER BY　　　(C) HAVING　　　(D) GROUP BY

4．使用 SQL 语句进行分组检索时，为了去掉不满足条件的分组，应当(　　　)

   (A) 使用 WHERE 子句

   (B) 在 GROUP BY 后面使用 HAVING 子句

   (C) 先使用 WHERE 子句，再使用 HAVING 子句

   (D) 先使用 HAVING 子句，再使用 WHERE 子句

5．SQL 语句中将查询结果存入数组中，应该使用(　　　)短语。

   (A) INTO CURSOR　　(B) TO ARRAY　　(C) INTO TABLE　　(D) INTO ARRAY

6．书写 SQL 语句时，若一行写不完，需要写在多行，在行的末尾要加续行符(　　　)。

   (A) :　　　　(B) ;　　　　(C) ,　　　　(D) "

7．从数据库中删除表的命令是(　　　)。

   (A) DROP TABLE　　(B) ALTER TABLE　　(C) DELETE TABLE　　(D) USE

8. DELETE FROM GZ WHERE 工资>3000 语句的功能是(　　　)。

(A) 从 GZ 表中彻底删除工资大于 3000 的记录

(B) GZ 表中工资大于 3000 的记录被加上删除标记

(C) 删除 GZ 表

(D) 删除 GZ 表的工资列

说明：下面的 9～16 题采用表 9-3 和 9-4。

表 9-3　"教师"表

工资号	姓名	职称	年龄	工资	系别
10001	张刚	讲师	29	1000	01
10002	刘洋	讲师	30	1100	02
10003	李理	副教授	35	1700	03
10004	赵强	教授	40	2300	03

表 9-4　"系"表

系别	系名
01	地质
02	化学
03	计算机
03	计算机

9. 根据表 9-3 创建"教师"表，设置工资有效性规则为：工资>1000，默认值为 1000，应该使用 SQL 语句(　　　)。

(A) CREATE TABLE 教师(职工号 C(6), 姓名 C(8), 职称 C(6), 年龄 N(2, 0), 工资 N(7,2) CHECK 工资>1000 DEFAULT 1000, 系别 C(2))

(B) CREATE TABLE 教师(职工号 C(6), 姓名 C(8), 职称 C(6), 年龄 N(2, 0), 工资 N(7,2) ERROR 工资>1000 DEFAULT 1000, 系别 C(2))

(C) CREATE TABLE 教师(职工号 C(6), 姓名 C(8), 职称 C(6), 年龄 N(2, 0), 工资 N(7,2) CHECK 工资>1000 (1000), 系别 C(2))

(D) ALTER TABLE 教师(职工号 C(6), 姓名 C(8), 职称 C(6), 年龄 N(2, 0), 工资 N(7,2) CHECK 工资>1000 DEFAULT 1000, 系别 C(2))

10. 创建"系"表，并与"教师"表之间建立关联，应该使用 SQL 语句(　　　)。

(A) CREATE TABLE 系(系别 C(2), 系名 C(16), FOREIGN KEY 系别 TAG 系别 REFERENCES 教师)

(B) CREATE TABLE 系(系别 C(2), 系名 C(16), FOREIGN KEY 系别 TAG 系别 WITH 教师)

(C) CREATE TABLE 系(系别 C(2), 系名 C(16), FOREIGN KEY 系别 REFERENCES 教师)

(D) CREATE TABLE 系(系别 C(2), 系名 C(16), TAG 系别 REFERENCES 教师)

11. 显示所有姓"刘"的教师信息，应该使用的 SQL 语句是(　　　)。

(A) SELECT 工资号, 姓名, 职称, 年龄, 工资, 系别 FROM 教师, 系 WHERE 教师.系别=系.系别 AND 姓名="刘"

(B) SELECT 工资号, 姓名, 职称, 年龄, 工资, 系别 FROM 教师, 系 WHERE 教师.系别=系.系别 AND 姓名 LIKE "刘%"

(C) SELECT 工资号, 姓名, 职称, 年龄, 工资, 系别 FROM 教师, 系 WHERE 教师.系别=系.系别 AND 姓名 LIKE 刘%

(D) SELECT 工资号, 姓名, 职称, 年龄, 工资, 系别 FROM 教师, 系 WHERE 教师.系别=系.系别 AND 姓名 LIKE "刘-"

12. 显示工资最高的两个教师的信息，应该使用的 SQL 语句是(　　　)。

(A) SELECT * TOP 2 FROM 教师 ORDER BY 工资

(B) SELECT * NEXT 2 FROM 教师 ORDER BY 工资

(C) SELECT * TOP 2 FROM 教师 ORDER BY 工资 DESC

(D) SELECT * TOP 0.5 PERCENT FROM 教师 ORDER BY 工资 DESC

13. 查询"计算机"系的教师信息，使用 JOIN 短语实现连接的 SQL 语句是(　　　)。

(A) SELECT 工资号, 姓名, 职称, 年龄, 工资 FROM 教师 JOIN 系 ON 教师.系别=系.系别 WHERE 系名="计算机"

(B) SELECT 工资号, 姓名, 职称, 年龄, 工资 FROM 教师 JOIN 系 WHERE 系名="计算机" ON

教师.系别=系.系别

  (C) SELECT 工资号, 姓名, 职称, 年龄, 工资 FROM 教师 JOIN 系 WHERE 系名="计算机" AND 教师.系别=系.系别

  (D) SELECT 工资号, 姓名, 职称, 年龄, 工资 FROM 教师 TO 系 ON 教师.系别=系.系别 WHERE 系名="计算机"

14. 查询"张刚"的信息, 将查询结果存入文本文件 ZG 中, 应该使用的 SQL 语句是(　　　　)。

  (A) SELECT 工资号, 姓名, 职称, 年龄, 工资 系别 FROM 教师, 系 WHERE 姓名="张刚" AND 教师.系别=系.系别 INTO TABLE ZG

  (B) SELECT 工资号, 姓名, 职称, 年龄, 工资 系别 FROM 教师, 系 WHERE 姓名="张刚" AND 教师.系别=系.系别 INTO CURSOR ZG

  (C) SELECT 工资号, 姓名, 职称, 年龄, 工资 系别 FROM 教师, 系 WHERE 姓名="张刚" AND 教师.系别=系.系别 INTO FILE ZG

  (D) SELECT 工资号, 姓名, 职称, 年龄, 工资 系别 FROM 教师, 系 WHERE 姓名="张刚" AND 教师.系别=系.系别 TO FILE ZG

15. 查询各系所有教师的平均工资, 应该使用的 SQL 语句是(　　　　)。

  (A) SELECT 系别, AVG(工资) FROM 教师

  (B) SELECT 系别, AVG(工资) FROM 教师 GROUP BY 系别

  (C) SELECT 系别, AVG(工资) FROM 教师 ORDER BY 系别

  (D) SELECT 系别, 平均工资 FROM 教师 GROUP BY 系别

16. 查询"计算机"系教师的人数, 应该使用的 SQL 语句是(　　　　)。

  (A) SELECT CNT(*) FROM 教师, 系 WHERE 系名="计算机" AND 教师.系别=系.系别

  (B) SELECT SUM(*) FROM 教师, 系 WHERE 系名="计算机" AND 教师.系别=系.系别

  (C) SELECT TOTAL(*) FROM 教师, 系 WHERE 系名="计算机" AND 教师.系别=系.系别

  (D) SELECT COUNT(*) FROM 教师, 系 WHERE 系名="计算机" AND 教师.系别=系.系别

17. 只有满足连接条件的记录才包含在查询结果中, 这种连接为(　　　　)。

  (A) 左连接　　　　　(B) 右连接　　　　　(C) 内部连接　　　　　(D) 完全连接

18. SELECT_SQL 语句是(　　　　)。

  (A) 选择工作区语句　　　(B) 数据查询语句　　　(C) 选择标准语句　　　(D) 数据修改语句

19. 在"查询设计器"窗口中建立一个或(OR)条件必须使用的选项卡是(　　　　)。

  (A) 字段　　　　　(B) 连接　　　　　(C) 筛选　　　　　(D) 杂项

20. SQL 支持集合的并运算, 在 Visual FoxPro 中 SQL 并运算符是(　　　　)。

  (A) PLUS　　　(B) UNION　　　(C) +　　　(D) U

21. 下列关于 SQL 对表的定义的说法中, 错误的是(　　　　)。

  (A) 利用 CREATE TABLE 语句可以定义一个新的数据表结构

  (B) 利用 SQL 的表定义语句可以定义表中的主索引

  (C) 利用 SQL 的表定义语句可以定义表的域完整性、字段有效性规则等

  (D) 对于自由表的定义, SQL 同样可以实现其完整性、有效性规则等信息的设置

22. 语句 "DELETE FROM 成绩表 WHERE 计算机<60" 的功能是(　　　　)。

  (A) 物理删除成绩表中计算机成绩在 60 分以下的学生记录

  (B) 物理删除成绩表中计算机成绩在 60 分以上的学生记录

  (C) 逻辑删除成绩表中计算机成绩在 60 分以下的学生记录

  (D) 将计算机成绩低于 60 分的字段值删除, 但保留记录中其他字段值

9.3 填空题

1. 实现将所有职工的工资提高 5%的 SQL 语句是_____教师_____工资=工资*1.05。

2. 计算职称为"教授"的所有教师的平均工资的 SQL 语句是 SELECT_____FROM 教师_____职称

="教授"。

　　3．求"计算机"系所有教师工资的 SQL 语句是：

　　　　　　SELECT 工资　　　　FROM 教师　　　WHERE 系别_____

　　　　　　(SELECT 系别　　　FROM_____　　　WHERE 系名="计算机")

　　4．数组 A 中包含两个数据元素，分别为("04"，"数学")，把数组 A 中的数据元素添加到"系"表中，使用的 SQL 语句是：

　　　　　　_____ INTO 系　　　FROM _____A。

　　5．向"系"表中添加一个新字段"系主任"的 SQL 语句是：

　　　　　　_____TABLE 系_____系主任 C(8)

　　6．用 SQL 语句实现查找"教师"表中"工资"低于 2000 元且大于 1000 元的所有记录：

　　　　　　SELECT _____　　　　FROM 教师　　　WHERE 工资<2000 _____工资>1000

　　7．内部连接是指只有_____的记录才包含在查询结果中。

　　8．在 SQL 语句中，_____命令可以向表中输入数据记录，_____命令可以修改表中的数据，_____命令可以修改表结构。

　　9．SQL SELECT 语句中的 _____ 用于实现关系的选择操作。

　　10．在成绩表中，只显示分数最高的前 10 名学生的记录，SQL 语句为：

　　　　　　SELECT * _____ 10　　　FROM 成绩表 _____ 总分 DESC

本章实验

【实验目的和要求】

　　⊙　掌握 SQL 的数据定义功能。
　　⊙　掌握 SQL 的数据修改功能。
　　⊙　掌握 SQL 的数据查询功能。

【实验内容】

　　⊙　练习数据定义语言。
　　⊙　练习数据操纵语言。
　　⊙　练习数据查询语言。

【实验指导】

　　1．练习数据定义语言

　　（1）按照表 4-3 所示的"学生档案.dbf"表结构，使用 CREATE TABLE-SQL 命令在"学生成绩管理"项目的"学生成绩"数据库中建立"学生档案.dbf"表结构。

　　（2）按照表 4-4 所示的"学生成绩.dbf"表结构，使用 CREATE TABLE-SQL 命令建立"学生成绩.dbf"自由表。

　　（3）使用 ALTER TABLE-SQL 命令在"学生档案.dbf"表结构中添加一个"入学成绩"字段，字段的类型为数值型，宽度为 5，小数位数为 1。

　　（4）使用 ALTER TABLE-SQL 命令将"入学成绩"字段的类型改为整型。

　　（5）为"学生档案.dbf"表添加有效性规则，使字段"入学成绩"的值>460，出错信息为"入学成绩必须>460"。

　　（6）删除已经建立的"学生成绩"表。

　　2．练习数据操纵语言

　　（1）使用 INSERT-SQL 命令向"学生档案.dbf"表添加一条记录：

张宏　　男　　2003080301　　200308030104　　广西　　1983.04　　团员　　汉　　会计学　　465

（2）使用 INSERT-SQL 命令通过数组将下面数据添加到"学生档案.dbf"表中。

向上　　男　　2003080401　　200308040102　　湖南　　1983.08　　团员　　回　　经济与贸易　　470

（3）使用 INSERT-SQL 命令通过内存变量向"学生档案.dbf"中添加如下记录。

刘玲　　女　　2003080301　　200308040101　　湖北　　1984.05　　团员　　汉　　经济与贸易　　468

（4）将"学生档案.dbf"表中所有"入学成绩"<480 的记录逻辑删除。

（5）将"学生档案.dbf"表中所有"专业"为"经济与贸易"的用"经济学"更新。

3．练习数据查询语言

（1）使用 SELECT-SQL 命令显示"学生档案.dbf"表的数据。

（2）使用 SELECT-SQL 命令显示"学生档案.dbf"表中所有记录的姓名、班级、学号、专业和入学成绩数据。

（3）使用 SELECT-SQL 命令求出"应用数学"专业学生"入学成绩"的平均分。

（4）使用 SELECT-SQL 命令列出非"会计学"专业的学生名单。

（5）使用 SELECT-SQL 命令列出"入学成绩"在 580 分到 650 分之间的学生名单。

（6）使用 SELECT-SQL 命令列出所有姓"李"学生的姓名、班级、学号、专业和入学成绩。

（7）根据"学生档案.dbf"和"学生成绩.dbf"数据库表，使用 SELECT-SQL 命令列出所有学生的姓名、学号、性别、入学成绩、数学、英语、计算机和平均成绩。

（8）使用 SELECT-SQL 命令计算并输出"学生成绩.dbf"数据库表中每个班"数学"的平均成绩。

（9）使用 SELECT-SQL 命令查询并输出"会计学"和"经济学"专业学生的姓名、性别和入学成绩。

（10）使用 SELECT-SQL 命令按专业顺序列出学生的姓名、学号、专业、入学成绩，同一专业的先按入学成绩由大到小后按学号由大到小排序。

（11）使用 SELECT-SQL 命令将（10）的排序结果保存到一个文本文件中。

第 10 章　查询与视图

本章要点:
- ☞ 使用向导和查询设计器创建查询
- ☞ 使用视图设计器建立本地视图
- ☞ 视图与查询、视图与表的比较

创建了应用程序的表和表单之后,用户就可以在应用程序中添加查询和报表(见第 12 章),并用这些查询和报表选择和显示用户数据。其中的查询可以将结果输出到不同的目标,这样用户就可以在应用程序的其他地方使用查询结果。

查询帮助用户从数据中获得所需要的结果。视图能够从本地表或远程表中提取一组记录。可以使用视图来处理或更新检索到的记录,并让 Visual FoxPro 将所做的更改发回源表中。当对多个表进行查询时,无论表存于本地还是在远程服务器上,都可以充分利用查询和视图的强大功能。

在应用程序中使用查询或视图时,实际是在使用 SELECT-SQL 语句。这里的 SELECT-SQL 语句可以由"查询设计器"中定义的查询来创建,也可以由"视图设计器"定义的视图来创建。

10.1　查询

10.1.1　查询的概念

查询就是预先定义好的一条 SQL SELECT 语句,在不同的时间可以直接反复使用,从而提高效率。查询是从数据库的一个表、关联的多个表或视图中检索出符合条件的信息,然后按照想得到的输出类型定向输出查询的结果。查询以扩展名 .qpr 的文件保存在磁盘上,可以作为表单和报表的数据来源。

创建查询一般要经过如下步骤。
- ❶ 选择查询字段。
- ❷ 设置查询条件,以筛选符合条件的记录。
- ❸ 设置查询结果的排序和分组选项。
- ❹ 选择查询结果的输出类型。
- ❺ 执行查询,以获得查询结果。

创建查询可以使用向导、查询设计器,也可以直接编辑 .qpr 文件来创建查询。

10.1.2　使用向导创建查询

下面以"教学管理"数据库中的"学生信息.dbf"表为例来说明使用向导创建简单查询的步骤。

❶ 打开"项目管理器",选择"数据"选项卡,选中"查询"组件,单击"新建"按钮,出现如图 10-1 所示的"新建查询"对话框。

❷ 单击"查询向导"按钮,出现如图 10-2 所示的"向导选取"对话框。

图 10-1 "新建查询"对话框

图 10-2 "向导选取"对话框

❸ 选择"查询向导",单击"确定"按钮,进入"查询向导"对话框"步骤 1 - 字段选取"。在"数据库和表"下拉列表框中选择"教学管理"数据库,并选择其中的"学生信息"表,如图 10-3 所示。

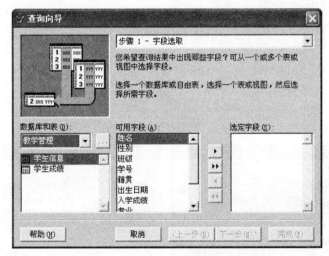

图 10-3 "步骤 1 - 字段选取"对话框

在"可用字段"列表框中显示了"学生信息"表中的全部可供选择的字段。利用"可用字段"列表框右边的全选按钮,将"可用字段"列表框中的全部字段移到"选定字段"列表框中,然后单击"下一步"按钮,出现如图 10-4 所示的对话框"步骤 3 - 筛选记录"。

说明:如果在数据库中选择的不是一个表中的字段,而是两张或两张以上表中的字段,单击"下一步"按钮,就会出现"步骤 2 - 为表建立关系"对话框。这里用的是一张表"学生信息"表中的字段,所以,直接进入到步骤 3。

❹ 按图 10-4 进行记录的筛选,选出"入学成绩"字段大于 500 的记录。单击"预览"按钮,可以看到如图 10-5 所示的经过筛选以后的记录。

❺ 单击"下一步"按钮,在如图 10-6 所示的"步骤 4 - 排序记录"对话框中"可用字段"列表框中选择要按其进行排序的字段"入学成绩",单击"添加"按钮,然后选择"降序"。单击"下一步"按钮,出现如图 10-7 所示的对话框"步骤 4a - 限制记录"。

❻ 单击"下一步"按钮,出现如图 10-8 所示的"步骤 5 - 完成"对话框,单击"预览"按钮,可以看到所建立查询的预览效果。

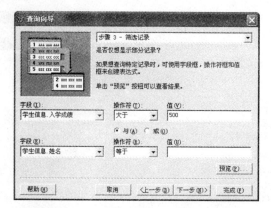

图 10-4 "步骤 3 - 筛选记录"对话框

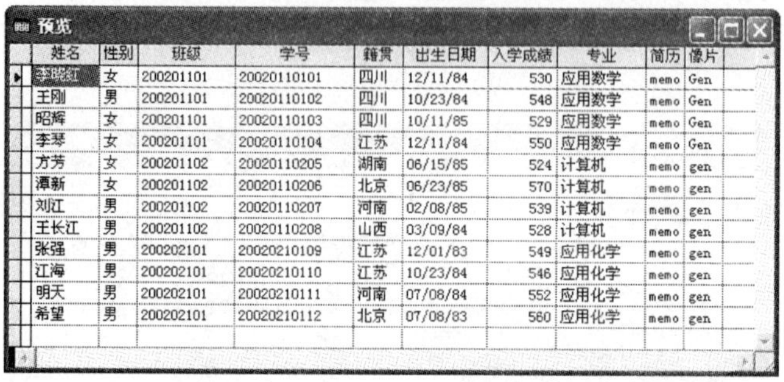

	姓名	性别	班级	学号	籍贯	出生日期	入学成绩	专业	简历	像片
▶	李晓红	女	200201101	20020110101	四川	12/11/84	530	应用数学	memo	Gen
	王刚	男	200201101	20020110102	四川	10/23/84	548	应用数学	memo	Gen
	昭辉	女	200201101	20020110103	四川	10/11/85	529	应用数学	memo	Gen
	李琴	女	200201101	20020110104	江苏	12/11/84	550	应用数学	memo	Gen
	方芳	女	200201102	20020110205	湖南	06/15/85	524	计算机	memo	gen
	谭新	男	200201102	20020110206	北京	06/23/85	570	计算机	memo	gen
	刘江	男	200201102	20020110207	河南	02/08/85	539	计算机	memo	gen
	王长江	男	200201102	20020110208	山西	03/09/84	528	计算机	memo	gen
	张强	男	200202101	20020210109	江苏	12/01/83	549	应用化学	memo	gen
	江海	男	200202101	20020210110	江苏	10/23/84	546	应用化学	memo	gen
	明天	男	200202101	20020210111	河南	07/08/84	552	应用化学	memo	gen
	希望	男	200202101	20020210112	北京	07/08/83	560	应用化学	memo	gen

图 10-5 预览经过筛选后的记录

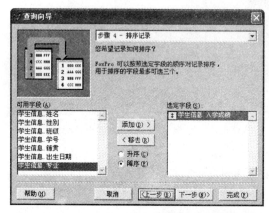

图 10-6 "步骤 4 - 排序记录"对话框 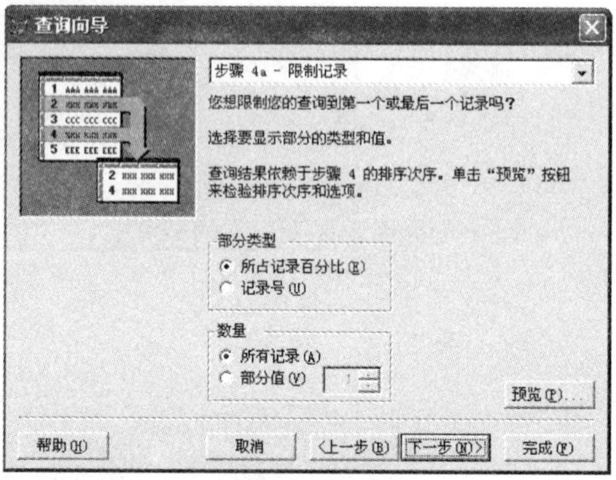   图 10-7 "步骤 4a - 限制记录"对话框

图 10-8 "步骤 5 - 完成"对话框

❼ 单击"完成"按钮，出现"另存为"对话框，选择查询文件的保存路径"e:\教学管理"，文件名为"学生信息.qpr"。这时，在"项目管理器"的"数据"选项卡的"查询"组件下就会出现一个"学生信息.qpr"，如图 10-9 所示。

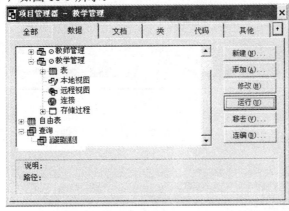

图 10-9　"查询"组件下的"学生信息"

❽ 选中新建的查询"学生信息"，单击"运行"按钮，可以看到查询的结果，如图 10-10 所示。单击"修改"按钮，弹出如图 10-11 所示的"查询设计器"。单击"查询设计器"工具栏中的"查询去向"按钮，或使用系统"查询"菜单的"查询去向"命令，或在"查询设计器"窗口中单击右键，在弹出的快捷菜单中选择"输出设置"命令，可以将查询结果输出到临时表、表、报表或其他文件中，如图 10-12 所示。默认情况下，查询结果将输出到"浏览"窗口中。

姓名	性别	班级	学号	籍贯	出生年月	入学成绩	专业	简历	相片
昭辉	女	200207101	20020710103	四川	10/11/85	621	计算机应用	Memo	gen
希望	男	200207101	20020710111	北京	07/08/83	620	计算机应用	Memo	gen
李晓红	女	200207101	20020710101	四川	12/11/84	620	计算机应用	Memo	gen
明天	男	200207101	20020710110	河南	07/08/84	613	计算机应用	Memo	gen
方芳	女	200201101	20020110105	湖南	06/15/85	610	应用数学	Memo	gen
潭新	女	200201101	20020110106	北京	06/23/85	605	应用数学	Memo	gen
刘玲	女	200202102	20020210201	江西	09/09/86	605	化学工程	memo	gen
刘宏	男	200202102	20020210203	湖北	07/05/85	601	化学工程	Memo	Gen

图 10-10　查询的结果

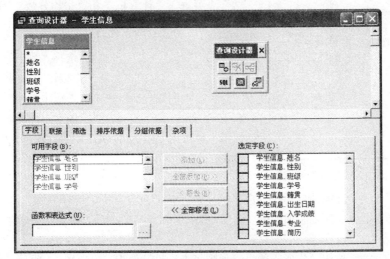

图 10-11　"查询设计器"窗口

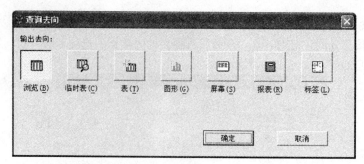

图 10-12 "查询去向"对话框

❾ 单击"显示 SQL 窗口"按钮![SQL]，可以查看到使用"查询向导"或"查询设计器"的 SQL 语句。如图 10-13 所示。

图 10-13 SQL 窗口

注意：运行查询，还可以用命令"DO QueryFile"，其中 DO QueryFile 是查询文件名，这时必须给出查询文件的扩展名 .qpr。

10.1.3 使用查询设计器创建查询

使用"查询设计器"建立查询没有向导规定的固定步骤，可以根据需要进行灵活的查询。使用"查询设计器"建立查询一般分为以下几步完成：启动"查询设计器"添加表，设置表间关联，选择显示字段，设置筛选记录条件，排序、分组查询结果，设置查询输出类型。

下面以"学生信息.dbf"和"学生成绩表.dbf"文件为例，建立"综合查询.qpr"，查询其中的"姓名"、"性别"、"学号"、"入学成绩"、"专业"、"数学"、"英语"、"计算机"和"平均分数"字段。

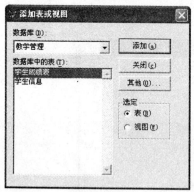

图 10-14 "添加表或视图"对话框

1. 启动"查询设计器"添加表

① 打开"项目管理器"，选择"数据"选项卡，选中"查询"组件，再单击"新建"按钮，出现如图 10-1 所示的"新建查询"对话框，单击"新建查询"按钮，出现如图 10-14 所示的"添加表或视图"对话框。

也可以用 CREATE QUERY 命令打开"查询设计器"建立查询。

② 在"添加表或视图"对话框中选择需要添加的表。

先在"数据库"框中选择添加表所在的数据库，然后在"选定"框中选择单选按钮"表"，最后在"数据库中的表"框中选择要添加的表。例如，选择"教学管理"数据库中的"学生基本信息"表和"学生成绩表"。

③ 单击"添加"按钮。将所需的表添加到"查询设计器"，如图 10-15 所示。单击"关闭"按钮，关闭"添加表或视图"对话框。

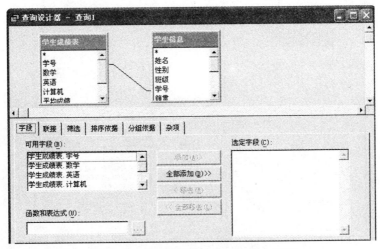

图 10-15　在"查询设计器"中添加的表

2．设置表间关联

图 10-15 中显示的是"学生信息"表和"学生成绩表"之间已建库的表间关联，属内部联接。如果添加的表之间没有建立关联，可以通过"查询设计器"建立表间关联。其方法如下：

❶ 在"查询设计器"窗口中，单击"联接"选项卡，进行如图 10-16 所示的操作。

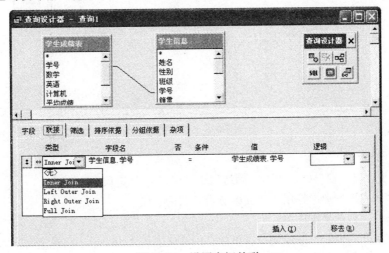

图 10-16　设置表间关联

❷ 在"类型"列中选择联接类型，在"字段名"列中选择主工作表字段，在"条件"列中选择一种操作符，在"值"列中选择相关的字段。

也可以通过如图 10-17 所示的"联接条件"对话框设置表之间的联接条件，然后单击"确定"按钮。

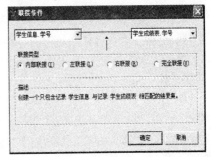

3．选择显示字段

在"字段"选项卡中选择要查询的字段，在"可用字段"框中列出了所添加表的全部字段。从"可用字段"框中选择要查询显示的字段，单击"添加"按钮，将其加入到"选定字段"框。也可以采用拖动或双击"可用字段"框中显示字段的方式完成，如图 10-18 所示。

图 10-17　"联接条件"对话框

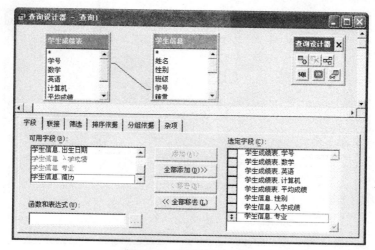

图 10-18　选择显示字段

添加字段后可以单击系统工具栏中的"运行"按钮，浏览查询结果，如图 10-19 所示。

	姓名	学号	性别	数学	英语	计算机	平均成绩	入学成绩	专业
▶	王刚	20020110102	男	70	89	90	83.0	560	应用数学
	李琴	20020110104	女	78	80	87	81.7	589	应用数学
	方芳	20020110105	女	67	79	66	70.7	610	应用数学
	谭新	20020110106	女	63	59	60	60.7	605	应用数学
	刘江	20020110107	男	69	66	65	66.7	578	应用化学
	王长江	20020210106	男	90	88	89	89.0	588	应用化学
	张强	20020210108	男	80	89	90	86.3	595	应用化学
	江海	20020210109	男	79	60	78	72.3	598	应用化学
	明天	20020710110	男	88	78	80	82.0	613	计算机应用
	希望	20020710111	男	64	60	58	60.7	620	计算机应用
	昭辉	20020710103	女	67	60	62	63.0	621	计算机应用
	李晓红	20020710101	女	95	89	92	92.0	620	计算机应用
	刘玲	20020210201	女	85	98	90	91.0	605	化学工程
	流星	20020210202	女	87	89	88	88.0	600	化学工程
	刘宏	20020210203	男	90	80	70	80.0	601	化学工程

图 10-19　查询结果

4. 设置筛选记录条件

在"查询设计器"窗口中，单击"筛选"选项卡，完成以下操作。

❶ 在"字段名"列中选择用于建立筛选表达式的字段。

❷ 在"条件"列选择操作符。

❸ 在"实例"列中输入条件值，这里建立的筛选表达为"学生信息.性别='女'"。

单击系统工具栏中的"运行"按钮，可以浏览满足筛选条件的查询结果，如图 10-20 所示。

5. 排序查询结果

利用"排序依据"选项卡可以设置查询结果的记录顺序，其操作步骤如下。

❶ 单击"查询设计器"中的"排序依据"选项卡。

❷ 在"选定字段"框中选择排序记录所依据的字段，单击"添加"按钮，将所选字段添加到"排序条件"框中。

❸ 在"排序选项"框中选择"升序"或"降序"，在"排序条件"框所选字段的前面标向上或向下箭头，以示升序或降序。例如，选择"平均成绩"作为"排序条件"，在"排序选项"框中选择"降序"。单击系统工具栏中的"运行"按钮，可以浏览满足筛选条件的查询结果，如图 10-21所示。

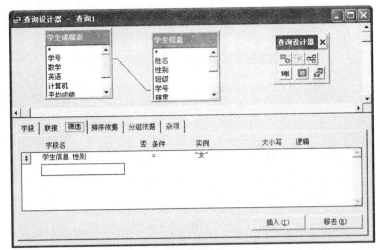

图 10-20　设置筛选记录条件

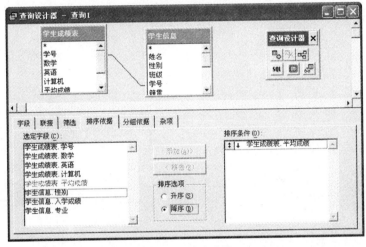

图 10-21　排序查询

可以选择多个排序依据字段。系统首先按第 1 个字段进行排序，若该字段值相同再按所选的第 2 字段排序，以此类推。还可以通过如图 10-22 所示的杂项选项卡设置要显示记录的多少。

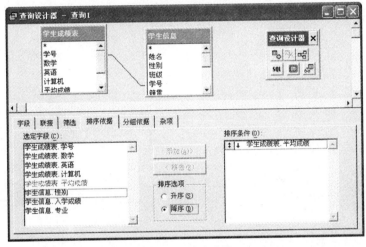

图 10-22　"杂项"选项卡

❹ 关闭"查询设计器"，弹出如图 10-23 所示的对话框，询问是否保存查询结果，单击"是"按钮，弹出"另存为"对话框。

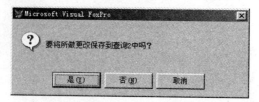

图 10-23　"Microsoft Visual FoxPro"对话框

❺ 在"另存为"对话框中，选择查询文件的保存路径"E:\教学管理"，文件名为"综合查询.qpr"。这时在"项目管理器"的"数据"选项卡的"查询"组件下会出现"综合查询"，如图 10-24 所示。

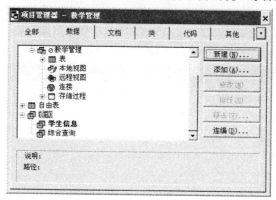

图 10-24　新建的"综合查询.qpr"

❻ 选中新建的"综合查询.qpr"，单击"运行"按钮，可以看到查询的结果；单击"修改"按钮，将重新进入"查询设计器"。

查询结果可以通过"查询去向"对话框进行设置。

10.2　视图

10.2.1　视图的概念

视图兼有"表"和"查询"的特点，与查询相类似的是，可以用来从一个或多个相关联的表中提取有用信息；与表相类似的是，可以用来更新其中的信息，并将更新结果永久保存在磁盘上。可以将视图数据暂时从数据库中分离成为自由数据，以便在主系统之外收集和修改数据。

创建视图时，Visual FoxPro 在当前数据库中保存一个视图定义。该定义包括视图中的表名、字段名以及它们的属性设置。在使用视图时，Visual FoxPro 根据视图定义构造一条 SQL 语句，定义视图的数据。

可以从本地表、其他视图、存储在服务器上的表或远程数据源中创建视图，所以 Visual FoxPro 的视图又分为本地视图和远程视图。远程视图使用远程 SQL 语法从远程 ODBC 数据源表中选择信息，本地视图使用 Visual FoxPro SQL 语法从视图或表中选择信息。用户可以将一个或多个远程视图添加到本地视图中，以便能在同一个视图中同时访问 Visual FoxPro 数据和远程 ODBC 数据源中的数据。

由于视图和查询有很多类似之处，创建视图与创建查询的步骤也十分相似。选择要包含在视图中的表和字段，指定用来连接表的联接条件，指定过滤器选择指定的记录。与查询不同的是，视图可选择如何将在视图中所做的数据修改传给原始文件，或建立视图的基表（在建立一个视图时，由包含在 CREATE SQL VIEW 命令中的 SELECT-SQL 语句所访问的表）。

10.2.2 使用视图设计器建立本地视图

视图是在数据库表的基础上创建的一种虚拟表，即视图的数据是从已有的数据库表或其他视图中提取的，这些数据在数据库中并不实际存储，仅在数据词典中存储数据的定义。

创建视图与创建查询相同，可以创建单表视图，也可以创建多表视图。另外，可以创建本地视图，也可以创建远程视图。

创建本地视图可以采用以下方法：

⊙ 使用视图设计器或 CREATE SQL VIEW 命令创建本地视图。

⊙ 在"项目管理器"中选择一个数据库，选择"本地视图"，然后单击"新建"按钮，打开"视图设计器"。

⊙ 如果熟悉 SQL SELECT，可以使用带有 AS 子句的 CREATE SQL VIEW 命令建立视图。

创建视图和创建查询的过程类似，主要的差别在于视图是可更新的，查询则不行。查询是一种 SQL SELECT 语句，作为文本文件以扩展名 .qpr 存储。若想从本地或远程表中提取一组可以更新的数据，就需要使用视图。

使用"视图设计器"建立视图的步骤与使用"查询设计器"建立查询的步骤基本相似，不同之处在于视图不能设置结果的输出类型，只能将结果显示在"浏览"窗口中。

1. 启动"视图设计器"添加表

❶ 打开"项目管理器"，选择"数据"选项卡，选中"本地视图"组件，再单击"新建"按钮，出现如图 10-25 所示的"新建本地视图"对话框，单击"新建视图"按钮，进入如图 10-26 所示的"添加表或视图"对话框。

图 10-25　"新建本地视图"对话框　　　图 10-26　"添加表或视图"对话框

❷ 在"添加表或视图"对话框中选择需要添加的表。先在"数据库"框中选择添加表所在的数据库，然后在"选定"框中选择单选按钮"表"，最后在"数据库中的表"框中选择要添加的表，如选择"教学管理"数据库中的"学生信息.dbf"表和"学生成绩表.dbf"。

❸ 单击"添加"按钮，将所需的表添加到"视图设计器"，如图 10-27 所示。单击"关闭"按钮，关闭"添加表或视图"对话框。

由图可知，"视图设计器"窗口比"查询设计器"窗口只多了"更新条件"选项卡，其他选项卡都是相同的。

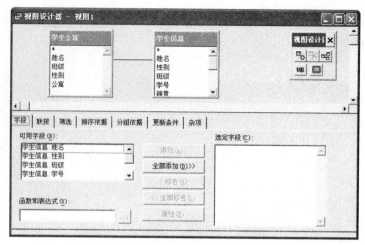

图 10-27 在"视图设计器"中添加的表

2．建立表间关联

在图 10-27 中显示的是"学生信息.dbf"表和"学生公寓.dbf"之间建立的表间关联，此关联属内部关联。如果添加的表之间没有建立关联，与建立查询一样，可通过"联接条件"对话框建立表间关联。

3．选择字段

单击"字段"选项卡，在"可用字段"框中列出了所添加表的全部字段。从"可用字段"框中选择要在视图中显示的字段，单击"添加"按钮，将其加入到"选定字段"框。重复该过程，直到将视图显示字段全部添加到"选定字段"框中为止。

4．设置筛选记录条件

在"视图设计器"窗口中，单击"筛选"选项卡，完成以下操作。

❶ 在"字段名"列中选择用于建立筛选表达式的字段。

❷ 在"条件"列中选择操作符。

❸ 在"实例"列中输入条件值，这里建立的筛选表达式为"学生信息.性别='女'"。

单击系统工具栏中的"运行"按钮，可以浏览满足筛选条件的结果，如图 10-28 所示。

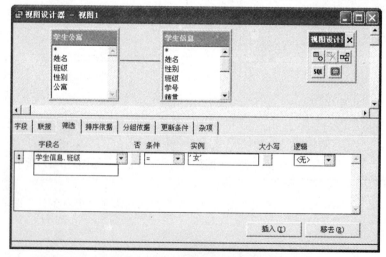

图 10-28 设置筛选记录条件

5. 结果排序

利用"排序依据"选项卡可以设置视图结果的记录顺序。其操作步骤如下：

❶ 单击"查询设计器"中的"排序依据"选项卡。

❷ 在"选定字段"框中选择排序记录所依据的字段，单击"添加"按钮，将所选字段添加到"排序条件"框中。

❸ 在"排序选项"框中选择"升序"或"降序"，在"排序条件"框所选字段的前面标有向上或向下箭头，以示升序或降序。可以选择多个排序依据字段。系统首先按第 1 字段进行排序，若该字段值相同再按所选的第 2 字段排序，依此类推。

6. 设置更新条件

视图与查询都可以检索并显示所需信息，其主要区别在于：视图可以更新源表中字段的内容，查询则不能。

单击"更新条件"选项卡，如图 10-29 所示，其中包括了以下几部分。

① 表：表示视图所基于的表。本例有 2 个基表：学生信息、学生公寓。如果需要更新所有的表，则在此选择"全部表"。如果不希望更新"学生公寓"表，只需要更新"学生信息"表，则在"表"的下拉列表框中就选择"学生信息"表。

② 字段名：包含关键字和更新字段。关键字表示当前视图的关键字字段，当在"视图设计器"中首次打开一个表时，"更新条件"选项卡会显示表中哪些字段被定义为关键字段。单击"关键列"（钥匙形），出现复选框按钮，单击复选框按钮，出现"√"符号，表示选中，以此可以重新设置关键字。图 10-29 中设置的关键字是"学号"。

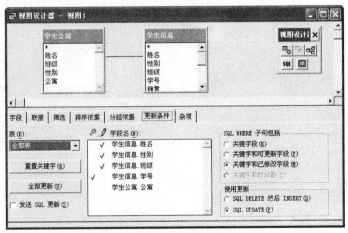

图 10-29 设置更新条件

"可更新列"（笔形）的操作方法与"关键列"相同，有标记的列表示可参与更新操作。参与视图的字段不一定都要参与更新，有的字段只用于显示。如果字段未标注为可更新，则该字段可以在表单中或"浏览"窗口中修改，但修改的值不会返回到源表中。

③ 重置关键字：单击该按钮，系统会检查源表并利用这些表中的关键字字段，重新设置视图的关键字字段。如果已经改变了关键字字段，而又想把它们恢复到源表中的初始设置，可选择"重置关键字"。

④ 全部更新：如果要使用"全部更新"，必须在表中有已定义的关键字段。"全部更新"不影响关键字段，表示将全部字段设置为可更新字段。

⑤ 发送 SQL 更新：当用户指定更新字段，设置"发送 SQL 更新"选项，就可以按指定的更

新字段在视图中修改字段的内容，然后系统便用修改后的内容更新源表中相应的记录。

⑥ SQL WHERE 子句：包括了 4 个单选按钮，帮助管理多用户访问同一数据的情况。在不同情况下应该选择的 SQL WHERE 选项如下：

⊙ 关键字段 ——当源表中的关键字段被改变时，使更新失败。

⊙ 关键字和可更新字段 ——当源表中的关键字段和任何标记为可更新的字段被改变时，使更新失败。

⊙ 关键字和已修改字段 ——当关键字段和在本地改变的字段在源表中已被改变时，使更新失败。

⊙ 关键字和时间戳 ——当表上记录的时间戳在首次检索之后被改变时，使更新失败。

关闭"查询设计器"时，将弹出询问对话框，询问是否保存视图结果，单击"是"按钮，弹出"另存为"对话框。在"另存为"对话框中输入视图文件名"学生信息"。这时，在"项目管理器"的"数据"选项卡的"视图"组件下出现"学生信息"（"学生信息.vcx"），如图 10-30 所示。

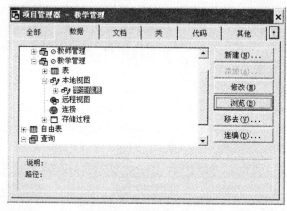

图 10-30　新建的本地视图

完成上述操作后，单击"视图设计器"工具栏中的"SQL"按钮，可以看到视图的内容如下：

```
SELECT 学生信息.姓名, 学生信息.性别, 学生信息.班级, 学生信息.学号, 学生公寓.公寓
FROM 教学管理!学生信息      INNER JOIN 教学管理!学生公寓;
ON 学生信息.姓名 = 学生公寓.姓名      WHERE 学生信息.性别 = "女";
ORDER BY 学生信息.学号
```

由此可见，视图文件实际上是一条 SQL 命令。

10.2.3　视图与表、视图与查询的比较

1. 视图与表的比较

视图与表的相同点在于：它们都可以作为查询和其他视图的数据源，其逻辑结构相似，即内容由记录组成，记录由字段组成。

视图与表的不同点如下所述。

① 视图只是一个虚拟表，不保存数据，只是引用数据库中的表，可能是一个表、也可能是多个表。从这些表中取出某些字段，按照表之间的关系，重新加以组合。浏览视图时，视图从引用表中取出数据，将其按照表的格式显示出来，使之看起来像一个表。

② 即使不对视图做任何修改，其显示内容也可能因源表中的数据发生变化而随之变化。而表除非被修改，否则不会发生改变。

③ 视图是数据库的一种组成单元，它只能是数据库的一部分，不能单独存在；而表可以是自

由表，即不属于任何一个数据库。

2．视图与查询的比较

视图与查询的相同点在于：它们都可以从数据源中查找满足一定筛选条件的记录和选定部分字段；它们自身都不保存数据，其查询结果随数据源内容的变化而变化。

视图与查询的不同点在于：

① 视图可以更新数据源表，而查询不能。用户可以显示但不能更新由查询检索到的记录；但当编辑视图中的记录时，可以将更改的数据传给源表，并更新源表。

② 视图是数据库中的一个特有功能，只能存在于数据库中，因此只能从数据库表中查找数据；而查询是一个独立的程序文件，不是数据库的组成部分，它可以从自由表、数据库表以及多个数据库的表中查找数据。

③ 视图可访问远程数据，而查询不能直接访问，需要借助远程视图才能访问。

习 题 10

10.1 思考题

1．视图有几种类型？试说明它们各自的特点。

2．简述视图和查询的异同。

3．简述视图和表的异同。

4．查询的去向有几种？

5．如何修改查询？

10.2 选择题

1．在"查询设计器"中包含的选项卡有(　　　)。

   (A) 字段、筛选、排序依据　　　　　　(B) 字段、条件、分组依据

   (C) 条件、排序依据、分组依据　　　　(D) 条件、筛选、杂项

2．以下关于视图的叙述中，正确的是(　　　)。

   (A) 可以根据自由表建立视图　　　　　(B) 可以根据查询建立视图

   (C) 可以根据数据库表建立视图　　　　(D) 可以根据自由表和数据库表建立视图

3．"视图设计器"中包含的选项卡有(　　　)。

   (A) 联接、显示、排序依据　　　　　　(B) 显示、排序依据、分组依据

   (C) 更新条件、排序依据、显示　　　　(D) 更新条件、筛选、字段

4．在"查询设计器"中，系统默认的查询结果的输出去向是(　　　)。

   (A) 浏览　　　(B) 报表　　　(C) 表　　　(D) 图

5．在"查询设计器"中创建的查询文件的扩展名是(　　　)。

   (A) .prg　　　(B) .qpr　　　(C) .scx　　　(D) .mpr

6．关于视图的操作，错误的说法是(　　　)。

   (A) 利用视图可以实现多表查询　　　　(B) 利用视图可以更新源表的数据

   (C) 视图可以产生表文件　　　　　　　(D) 视图可以作为查询的数据源

7．在"查询设计器"的"筛选"选项卡中，"插入"按钮的功能是(　　　)。

   (A) 用于插入查询输出条件　　　　　　(B) 用于增加查询输出字段

   (C) 用于增加查询表　　　　　　　　　(D) 用于增加查询去向

8．"查询设计器"是一种(　　　)。

(A) 建立查询的方式   (B) 建立报表的方式

(C) 建立新数据库的方式   (D) 打印输出方式

9. 下列关于视图的叙述中，正确的是(   )。

    (A) 当某一视图被删除后，由该视图导出的其他视图也将自动删除

    (B) 若导出某视图的数据库表被删除了，该视图不受任何影响

    (C) 视图一旦建立，就不能被删除

    (D) 视图和查询一样

10. 打开 TEST 视图，可使用的命令是(   )。

    (A) USE TEST.vue   (B) SET VIEW TO TEST.vue

    (C) OPEN VIEW TEST.vue   (D) SET NUE TO TEST

11. 如果要在屏幕上直接看到查询结果，"查询去向"应选择(   )。

    (A) 浏览或屏幕   (B) 临时表或屏幕   (C) 屏幕   (D) 浏览

12. 以下给出的 4 种方法中，不能建立查询的是(   )。

    (A) 选择"文件"菜单中的"新建"选项，打开"新建"对话框，"文件类型"选择"查询"，单击"新建文件"按钮

    (B) 在"项目管理器"的"数据"选项卡中选择"查询"，然后单击"新建"按钮

    (C) 在命令窗口中输入 CREATE QUERY 命令建立查询

    (D) 在命令窗口中输入 SEEK 命令建立查询

13. "查询设计器"中的"筛选"选项卡的作用是(   )。

    (A) 指定查询条件   (B) 增加或删除查询的表

    (C) 观察查询生成的 SQL 程序代码   (D) 选择查询结果中包含的字段

14. 多表查询必须设定的选项卡为(   )。

    (A) 字段   (B) 联接   (C) 筛选   (D) 更新条件

15. 以下关于视图说法错误的是(   )。

    (A) 视图可以对数据库表中的数据按指定内容和指定顺序进行查询

    (B) 视图可以脱离数据库单独存在

    (C) 视图必须依赖数据库表而存在

    (D) 视图可以更新数据

16. 以下关于视图的描述中，正确的是(   )。

    (A) 视图结构可以使用 MODIFY STRUCTURE 命令来修改

    (B) 视图不能同数据库表进行联接操作

    (C) 视图不能进行更新操作

    (D) 视图是从一个或多个数据库表中导出的虚拟表

17. 为视图重命名的命令是(   )。

    (A) MODIFY VIEW   (B) CREATE VIEW   (C) DELETE VIEW   (D) RENAME VIEW

18. 使用视图之前，首先应该(   )。

    (A) 新建一个数据库   (B) 新建一个数据库表   (C) 打开相关的数据库   (D) 打开相关的数据表

10.3 填空题

1. 在"项目管理器"中，每个数据库都包含_____、远程视图、表、存储过程和连接。

2. 视图是在_____的基础上创建的一种虚拟表，在查询中有着广泛的应用。

3. 联接查询是基于多个_____的查询，即 FROM 后面有多个_____。

4. 分组查询使用_____短语来实现，还可以进一步用_____短语限定分组的条件。

本章实验

【实验目的和要求】

- ⊙ 掌握建立和使用查询的方法。
- ⊙ 掌握建立和使用视图的方法。

【实验内容】

- ⊙ 使用查询向导和查询设计器建立查询。
- ⊙ 使用视图向导和视图设计器建立视图。

【实验指导】

1. 使用查询向导和查询设计器建立查询

（1）使用"查询向导"建立查询

打开"学生管理"数据库，选择"学生成绩.dbf"表，使用查询向导建立查询"平均分.qpr"。查询"学生成绩.dbf"中"数学"字段大于或等于85，并且"平均分"字段大于或等于90的记录。

（2）使用"查询设计器"建立查询

使用"查询设计器"建立查询"查询 2.qpr"。查询"学生信息.dbf"和"学生成绩.dbf"中的"姓名"、"性别"、"学号"、"专业"、"平均分"字段。

2. 使用视图向导和视图设计器建立视图

视图与查询基本上类似，区别在于视图可以被更新而查询不能被更新。如果要在.qpr 文件中保存只读的查询结果集，则用查询；如果要从表中提取可更新的数据集，则用视图。视图不能单独存在，必须属于某个数据库。只有打开了所在的数据库才能使用视图。

（1）使用"视图向导"建立视图

使用"学生信息.dbf"和"学生成绩.dbf"，建立"视图 1"。两表之间以"学号"建立关系，筛选出"平均分"大于 85 的记录；要求按"平均分"升序排列。

（2）使用"视图设计器"修改视图

修改视图，筛选出"出生年月大于 1983 年的记录"。

第 11 章　菜单设计

本章要点:

☞　创建和规划菜单系统

☞　使用"菜单设计器"创建菜单

☞　使用"快速菜单"创建菜单

☞　创建快捷菜单

在可视化应用程序中，用户要执行命令或运行程序，最常见的就是通过应用程序的菜单来实现。在应用系统中用菜单系统组织系统的各功能模块，可实现友好的用户界面。在结构化程序设计中，要编写一个菜单程序是很麻烦的，而 Visual FoxPro 提供的"菜单设计器"使建立菜单系统变得很简单，可以帮助用户快速建立实用且高质量的菜单系统。

11.1　菜单设计概述

11.1.1　创建菜单系统

菜单为用户提供了一个结构化的、可访问的途径，便于使用应用程序中的命令和工具。

用户在查找信息之前，首先看到的便是菜单。如果把菜单设计得很好，那么只要根据菜单的组织形式和内容，用户就可以很好地理解应用程序。为此，Visual FoxPro 提供了"菜单设计器"，可以用来创建菜单，提高应用程序的质量。

创建菜单系统的大量工作是在"菜单设计器"中完成的，在那里可创建实际的菜单、子菜单和菜单选项。

创建一个菜单系统包括若干步骤。不管应用程序的规模有多大，欲使用的菜单有多复杂，创建菜单系统都需以下步骤:

❶　规划与设计系统。其内容包括确定需要哪些菜单、出现在界面的何处以及哪几个菜单有子菜单等。

❷　创建菜单和子菜单。使用菜单设计器可以定义菜单标题、菜单项和子菜单。

❸　按实际要求为菜单系统指定任务。指定菜单所要执行的任务，如显示表单或对话框等。如果需要，还可以包含初始化代码和清理代码。初始化代码在定义菜单系统之前执行，其中包含的代码用于打开文件、声明变量，或将菜单系统保存到堆栈中，以便以后可以进行恢复。清理代码中包含的代码在菜单定义代码之后执行，用于选择菜单和菜单项是否可用。

❹　生成菜单程序。

❺　运行生成的程序，以测试菜单系统。

11.1.2　规划菜单系统

应用程序的实用性在一定程度上取决于菜单系统的质量。花费一定时间规划菜单，有助于用户接受这些菜单，同时有助于用户对这些菜单的理解。

在设计菜单系统时，应考虑下列准则。

① 按照用户所要执行的任务组织系统，而不要按应用程序的层次组织系统。只要查看菜单和菜单项，用户就可以对应用程序的组织方法有一个感性的认识。因此，要设计好这些菜单和菜单项，必须弄清用户思考问题的方法和完成任务的方法。

② 给每个菜单一个有意义的菜单标题。

③ 按照估计的菜单项使用频率、逻辑顺序或字母顺序组织菜单项。如果不能预计频率，也无法确定逻辑顺序，则可以按字母顺序组织菜单项。当菜单中包含有 8 个以上的菜单项时，按字母顺序特别有效。太多的菜单项需要用户花费一定的时间才能浏览一遍；如果按字母顺序组织菜单项，则便于查看菜单项。

④ 在菜单项的逻辑组之间放置分隔线。

⑤ 将菜单上菜单项的数目限制在一个屏幕之内。

⑥ 如果菜单项的数目超过了一屏，则应为其中的一些菜单项创建子菜单。

⑦ 为菜单和菜单项设置访问键或键盘快捷键。例如，Alt+F 可以作为"文件"菜单的访问键。

⑧ 使用能够准确描述菜单项的文字。

⑨ 描述菜单项时，应使用日常用语而不要使用计算机术语。同时，说明选择一个菜单项产生的效果时，应使用简单、生动的动词，而不要将名词当做动词使用。

⑩ 在菜单项中混合使用大小写字母。

【例 11-1】 规划一个"教学管理"系统的菜单系统，如图 11-1 所示。该系统中共有 2 级菜单，一级菜单中有 4 个菜单项，其中 3 个菜单项有子菜单。

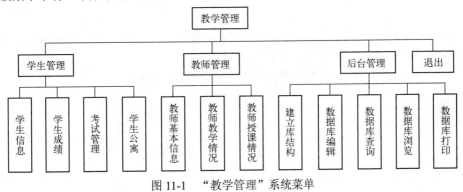

图 11-1 "教学管理"系统菜单

11.2 创建菜单

菜单系统规划好之后，就可以使用"菜单设计器"创建菜单系统。另一种方法是使用快速菜单命令创建菜单系统。

11.2.1 使用菜单设计器创建菜单

1. 菜单设计器

用户可以采用如下任意一种方法打开"菜单设计器"。

⊙ 单击工具栏上的"新建"按钮或执行"文件丨新建"命令，从"新建"对话框中的"文件类型"列表中选择"菜单"，单击"新建文件"按钮，在弹出的"新建菜单"对话框中单击"菜单"按钮（如图 11-2 所示），将出现如图 11-3 所示的窗口。

⊙ 在"项目管理器"中选择"其他"选项卡，选择"菜单"组件，单击"新建"按钮，在弹出的"新建菜单"对话框中单击"菜单"按钮。

图 11-2　"新建菜单"对话框

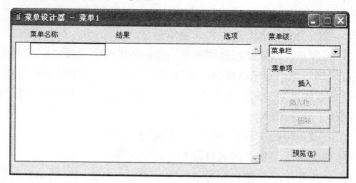

图 11-3　"菜单设计器"对话框

"菜单设计器"中包含以下内容。

① 菜单名称：菜单栏中的各菜单标题、子菜单中的子菜单标题或菜单项。

② 结果：在其下拉列表中可以选择"命令"、"填充名称"、"子菜单"、"过程"。选择"命令"，表示直接调用功能模块程序或执行一条命令；选择"填充名称"，用于指定菜单项的名称；选择"子菜单"，可以通过单击其右侧的"创建"按钮进入下级子菜单的设计窗口；选择"过程"表示需要执行的动作要多条命令才能完成，而又没有相应的程序可被调用，这时可以通过单击其右侧的"创建"按钮，进入过程代码的编辑窗口，输入所需的过程，关闭编辑窗口后，该按钮变为"编辑"按钮。

③ 选项：单击各菜单项的该按钮，将弹出"提示选项"对话框，如图 11-4 所示，可以对用户定义的菜单系统中的各菜单项的以下属性进行设置。

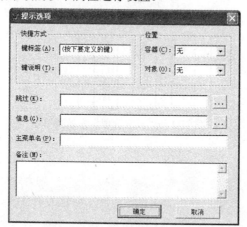

图 11-4　"提示选项"对话框

⊙ 快捷方式 ——将鼠标指针置于"键标签"的文本框中，按下要定义的快捷键。

⊙ 位置 ——主要为在编辑 OLE 对象时菜单栏显示在对象的哪一边，有 4 种选择，分别为无、左、中、右。

⊙ 跳过 ——属于选择逻辑设计。在该文本框中可输入一个逻辑表达式，若该表达式为.T.，表示当前菜单不能被选中（灰色显示）；若该表达式为.F.，则该菜单项可以选择。

⊙ 信息 ——用于输入要提示的信息。

⊙ 主菜单名 ——用于指定当前菜单项的名称。对于一个菜单系统，每个菜单项都有一个提示，如"后台管理"，还有一个该菜单项内部使用的名称。如果用户不指定，则系统在每次运行该菜单时就随机给定一个唯一的名称。若应用程序需要使用菜单项的名称，那么这种随机给定的名称就是一种麻烦，需要根据每次生成的菜单项名称修改应用程序。因此，最好在创建菜单时给每个菜单项指定一个名称。

⊙ 备注 ——为当前菜单项编写一些说明信息，以便于阅读程序时使用。

④ 菜单级：通过该下拉列表框，可以选定创建或编辑当前菜单标题的级别，即菜单栏级或各级子菜单。

⑤ "插入"按钮：在当前菜单前插入一个新的菜单项。

⑥ "删除"按钮：删除当前菜单项。

⑦ "预览"按钮：预览所设计的菜单层次关系及提示等是否正确，但不会执行各菜单的动作。

2. 创建菜单

下面以图 11-1 中的"教学管理"系统为例，说明创建菜单的步骤。

❶ 打开"教学管理"项目管理器，选择"其他"选项卡和"菜单"组件，单击"新建"按钮，弹出如图 11-2 所示的"新建菜单"对话框。

❷ 单击"菜单"按钮，出现如图 11-3 所示的"菜单设计器"对话框。

❸ 建立菜单项。在"菜单名称"下面依次输入一级菜单的名称"学生管理"、"教师管理"、"后台管理"和"退出"。这时"菜单级"框中显示的是"菜单栏"，如图 11-5 所示。

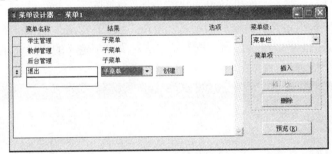

图 11-5　新建菜单项

❹ 创建子菜单。将光标移到"学生管理"所在行，单击"创建"按钮，进入到"学生管理"子菜单的创建，其过程和界面与前一步类似，在"菜单名称"下面依次输入"学生信息"、"学生成绩"、"考试管理"和"学生公寓"。这时"菜单级"组合框中显示的不是"菜单栏"，而是"学生管理"，如图 11-6 所示，表示这时创建的是"学生管理"菜单的子菜单。

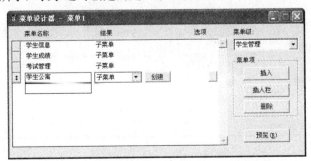

图 11-6　创建"学生管理"子菜单

在"菜单级"组合框中选择"菜单栏"，返回到图 11-5 所示的界面。再按上述方法分别为"教师管理"和"后台管理"菜单创建子菜单。

❺ 定义快捷键。选中要定义快捷键的菜单篦,在"选项"下出现一个无名的按钮,如图 11-6
所示。单击该按钮,出现"提示选项"对话框,如图 11-7 所示。按照对话框中的提示信息,将光
标置于快捷方式框下的"键标签"文本框中,按下要定义的快捷键。例如,要给"学生管理"菜
单项定义快捷键 Alt+S,就将光标置于快捷方式框下的"键标签"文本框中,按 Alt+S 组合键,
定义完成后,单击"确定"按钮。按同样的方法可以给每个菜单项定义快捷键。

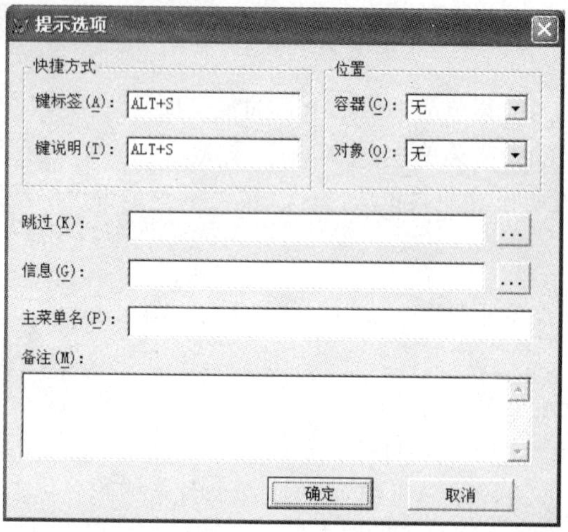

图 11-7 "提示选项"对话框

图 11-8 是对各菜单项定义快捷键后的结果,单击"预览"按钮,可以预览到所设计的菜单,
如图 11-9 所示。在图 11-9 中可以看到,按上述方法对菜单项定义的快捷键并没有显示出来,只
是显示了子菜单项的快捷键。

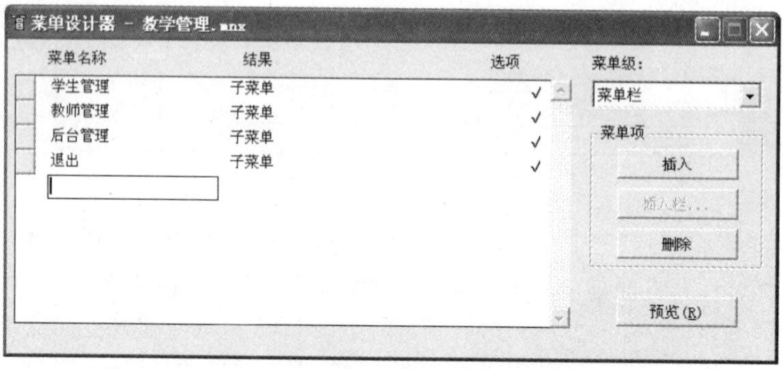

图 11-8 定义快捷键后的"菜单设计器"

图 11-9 菜单设计预览结果

要想在运行时显示菜单项的快捷键,可以在"菜单设计器"的"菜单名称"下面的菜单项名
后面加上"(\<快捷键名)",如图 11-10 所示。这样在预览时,菜单项的快捷键就可如图 11-11 所

示那样显示出来了。

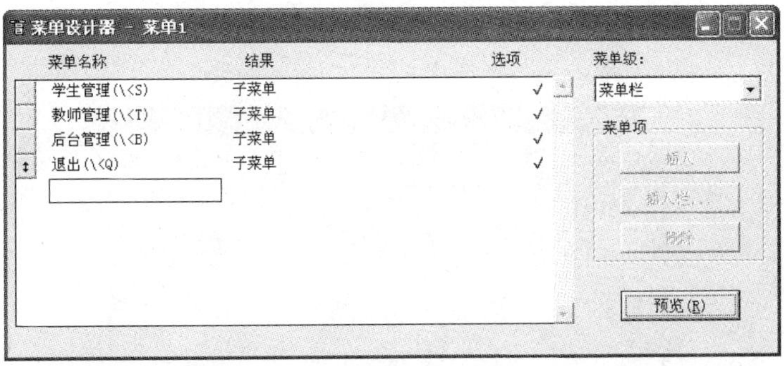

图 11-10　菜单项快捷键表示

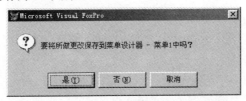

图 11-11　菜单项快捷键的显示

❻ 菜单设计好后，单击"菜单设计器"的关闭按钮，弹出如图 11-12 所示的 Microsoft Visual FoxPro 对话框，确认"要将所做更改保存到菜单设计器 - 菜单 1 中吗？"，单击"是"按钮，将显示如图 11-13 所示的"另存为"对话框。

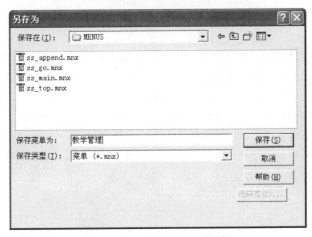

图 11-12　Microsoft Visual FoxPro 对话框

图 11-13　"另存为"对话框

❼ 在"保存在"框中指定保存的位置（如 E:\教学管理\Menus），在"保存菜单为"文本框中输入菜单文件名"教学管理"。如果不指定菜单文件名，系统将给出一个默认的菜单文件名"菜单

N"，如第 1 次为"菜单 1"，保存类型为菜单，即扩展名为 .mnx，如图 11-13 所示。这时在"项目管理器"的菜单组件下产生了一个"教学管理"，如图 11-14 所示。这时生成的菜单文件的扩展名为 .mnx 和 .mnt。

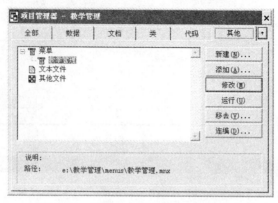

图 11-14　生成的"教学管理"菜单组件

❽ 生成菜单程序文件。在如图 11-14 所示的"项目管理器"中，单击"教学管理"组件，然后单击"修改"按钮，进入"菜单设计器"。在系统菜单中单击"菜单"下的"生成(G)…"命令，弹出如图 11-15 所示的"生成菜单"对话框。

图 11-15　"生成菜单"对话框

❾ 单击"生成"按钮，这时在指定的文件夹中便生成了菜单程序文件"教学管理.mpr"。

注意：这时生成的文件名的扩展名为 .mpr 和 .mpx，这两个文件可以用 DO 命令调用执行。

❿ 从"程序"菜单中选择"运行"命令，弹出"打开"对话框，在"打开"对话框中选择"教学管理.mpr"或在命令窗口中输入"DO <菜单文件名>"，这里选择"教学管理.mpx"运行此菜单程序。

3．为菜单项指定任务

当菜单创建好以后，就可以为菜单指定任务。也就是说，当选择某一菜单命令后，要它执行什么样的任务。例如，在"退出"菜单的"结果"栏中选择"命令"，然后在其后面的文本框中输入：QUIT。执行该命令时，就会退出 Visual FoxPro。

在"学生管理"的下拉菜单中有学生信息、学生成绩、考试管理、学生公寓 4 个选项，选择执行"学生信息"选项时，要想打开"学生信息.dbf"，可按如下方法进行设置。

❶ 在如图 11-6 所示的"菜单设计器"的"学生基本信息"菜单名后的"结果"选项框中选择"过程"选项，在其后出现一个"编辑"按钮，单击"编辑"按钮，弹出"过程"编辑窗口，在该窗口中输入过程代码：

```
USE E:\教学管理\学生信息
BROWSE
```

按 Ctrl+W 组合键关闭该窗口，表示执行"学生信息"命令时，系统会执行"过程"编辑窗口中的命令。

按同样的方法可以为其他菜单项指定任务。若执行某一菜单命令时，只需要执行一条命令，则可在"结果"选项框中选择"命令"选项，然后在其后面的文本框中输入要执行的命令。

❷ 生成菜单程序文件。为菜单项指定完任务后，在系统菜单中单击"菜单"的"生成(G)…"命令，弹出"生成菜单"对话框。单击"生成"按钮，在指定的文件夹中便生成了为菜单项指定了任务的菜单程序文件"教学管理.mpr"。

注意：如果修改了生成的菜单程序（.mpr 文件），将丢失使用"菜单设计器"对菜单所做的修改，需重新生成此菜单程序。

使用"MODIFY COMMAND E:\教学管理\MENUS\教学管理.mpr"命令就可打开该文件，查看到文件的如下内容。

```
*       *************************************************************
*       *
*       * 08/24/09              教学管理.mpr              11:39:24
*       *
*       *************************************************************
*       *
*       * 作者名称
*       *
*       * 版权所有 (C) 2009 公司名称
*       * 地址
*       * 城市,        邮编
*       * 国家
*       *
*       * 说明:
*       * 此程序由 GENMENU 自动生成。
*       *
*       *************************************************************


*       *************************************************************
*       *
*       *                         菜单定义
*       *
*       *************************************************************
*

SET SYSMENU TO
SET SYSMENU AUTOMATIC

DEFINE PAD _1150ozg6x OF _MSYSMENU PROMPT "学生管理(\<S)" COLOR SCHEME 3 ;
    KEY ALT+S, "ALT+S"
DEFINE PAD _1150ozg6y OF _MSYSMENU PROMPT "教师管理(\<T)" COLOR SCHEME 3 ;
    KEY ALT+T, "ALT+T"
DEFINE PAD _1150ozg6z OF _MSYSMENU PROMPT "后台管理(\<B)" COLOR SCHEME 3 ;
    KEY ALT+B, "ALT+B"
DEFINE PAD _1150ozg70 OF _MSYSMENU PROMPT "退出(\<Q)" COLOR SCHEME 3 ;
    KEY ALT+Q, "ALT+Q"
```

```
ON PAD _1150ozg6x OF _MSYSMENU ACTIVATE POPUP 学生管理 s
ON PAD _1150ozg6y OF _MSYSMENU ACTIVATE POPUP 教师管理 t
ON PAD _1150ozg6z OF _MSYSMENU ACTIVATE POPUP 后台管理 b
ON SELECTION PAD _1150ozg70 OF _MSYSMENU QUIT


DEFINE POPUP 学生管理 s MARGIN RELATIVE SHADOW COLOR SCHEME 4
DEFINE BAR 1 OF 学生管理 s PROMPT "学生信息"      KEY CTRL+A, "CTRL+A"
DEFINE BAR 2 OF 学生管理 s PROMPT "学生成绩"      KEY CTRL+B, "CTRL+B"
DEFINE BAR 3 OF 学生管理 s PROMPT "考试管理"      KEY CTRL+C, "CTRL+C"
DEFINE BAR 4 OF 学生管理 s PROMPT "学生公寓"      KEY CTRL+D, "CTRL+D"
ON SELECTION BAR 1 OF 学生管理 s      DO _1150ozg71 ;
    IN LOCFILE("\教学管理\MENUS\教学管理" ,"MPX;MPR|FXP;PRG" ,"WHERE is 教学管理?")


DEFINE POPUP 教师管理 t MARGIN RELATIVE SHADOW COLOR SCHEME 4
DEFINE BAR 1 OF 教师管理 t PROMPT "教师基本信息"      KEY ALT+1, "ALT+1"
DEFINE BAR 2 OF 教师管理 t PROMPT "教师教学情况"      KEY ALT+2, "ALT+2"
DEFINE BAR 3 OF 教师管理 t PROMPT "教师授课情况"      KEY ALT+3, "ALT+3"


DEFINE POPUP 后台管理 b MARGIN RELATIVE SHADOW COLOR SCHEME 4
DEFINE BAR 1 OF 后台管理 b PROMPT "建立库结构"      KEY CTRL+C, "CTRL+C"
DEFINE BAR 2 OF 后台管理 b PROMPT "数据库编辑"      KEY CTRL+E, "CTRL+E"
DEFINE BAR 3 OF 后台管理 b PROMPT "数据库查询"      KEY CTRL+I, "CTRL+I"
DEFINE BAR 4 OF 后台管理 b PROMPT "数据库浏览"      KEY CTRL+B, "CTRL+B"
DEFINE BAR 5 OF 后台管理 b PROMPT "数据库打印"      KEY CTRL+P, "CTRL+P"


*      ********************************************************
*      *
*      * _1150OZG71   ON SELECTION BAR 1 OF POPUP 学生管理 s
*      *
*      * Procedure Origin:
*      *
*      * From Menu:   教学管理.mpr,              Record:      5
*      * Called By:   ON SELECTION BAR 1 OF POPUP 学生管理 s
*      * Prompt:       学生信息
*      * Snippet:       1
*      *
*      ********************************************************
*
PROCEDURE _1150ozg71
USE E:\教学管理\学生信息
BROWSE
```

11.2.2 使用快速菜单命令创建菜单

使用快速菜单命令可以快速创建菜单系统。

❶ 从"项目管理器"中选择"其他"选项卡，再选择"菜单"，然后单击"新建"按钮，弹出如图 11-2 所示的"新建菜单"对话框。

❷ 单击"菜单"按钮，出现如图 11-3 所示的"菜单设计器"。执行系统菜单的"菜单 | 快速菜单"命令，这时"菜单设计器"中包含了关于 Visual FoxPro 主菜单的信息，如图 11-16 所示。

图 11-16　菜单设计器 - 菜单 3

用户通过添加或更改菜单项就可定制出自己的菜单系统。

11.2.3　创建快捷菜单

在 Visual FoxPro 中，在某一控件或对象上单击鼠标右键时，就会弹出快捷菜单，以便对该对象进行快速操作。

【例 11-2】　设计一个包含有"新建"、"打开"、"保存"、"另存为"、"另存为 HTML"、"页面设置"、"打印预览"、"打印"、"退出" 9 个菜单项的快捷菜单。

❶ 在"项目管理器"中选择"其他"选项卡，单击"菜单"组件。

❷ 单击"新建"按钮，弹出如图 11-2 所示的"新建菜单"对话框，单击"快捷菜单"按钮，出现"快捷菜单设计器"窗口，如图 11-17 所示。

❸ 单击"插入栏…"按钮，弹出"插入系统菜单栏"对话框，如图 11-18 所示，从中选择相应的项，然后单击"插入"按钮，如此继续选择其他选项，直到选择完成。然后关闭"插入系统菜单栏"对话框，所设计的快捷菜单如图 11-19 所示。单击"预览"按钮，可以看到预览的效果。

❹ 关闭"快捷菜单设计器"，系统显示"Microsoft Visual FoxPro"提示对话框，提示是否保存所设计的快捷菜单。单击"是"按钮，弹出"另存为"对话框，在对话框中指定要保存的位置和菜单名，如指定菜单名为"快捷菜单"。

❺ 单击"保存"按钮。这时在"项目管理器"的菜单组件下产生了一个"快捷菜单"组件，如图 11-20 所示。

❻ 生成菜单程序文件。其方法与上一节使用"菜单设计器"创建菜单相同，不再赘述。

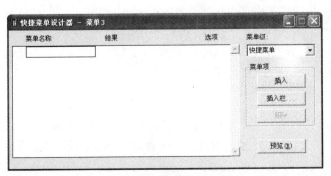

图 11-17　"快捷菜单设计器"窗口

图 11-18　"插入系统菜单栏"对话框

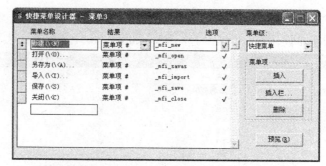

图 11-19 设计的快捷菜单项

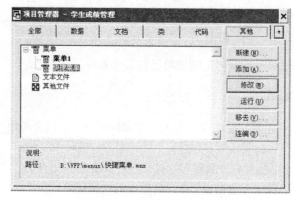

图 11-20 "快捷菜单"组件

11.2.4 有关菜单的其他操作

有关菜单的内容还比较多，在实际运用中，还需要掌握一些技巧，比如，怎样把用户的菜单加入到系统菜单中、怎样设计顶层菜单等。

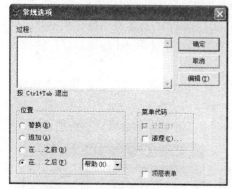

图 11-21 "常规选项"对话框

1. 把用户的菜单加入到系统菜单

系统菜单集成了 Visual FoxPro 的许多功能，将用户的菜单添加到系统菜单中，形成一个新的菜单系统，以达到扩展 Visual FoxPro 功能的目的。

❶ 在菜单设计器中设计菜单。

❷ 在"显示"菜单中单击"常规选项"命令，在出现的如图 11-21 所示的"常规选项"对话框中选择"在…之后"选项，单击"确定"按钮。

❸ 单击"程序"菜单的"运行"命令，出现"运行"对话框，运行"菜单.mpr"菜单程序文件，此时用户的菜单就出现在系统菜单的"帮助"之后，如图 11-22 所示的画面。

2. 顶层表单的设计

用户开发了一个数据库管理系统，其用户界面往往要用到顶层表单，如图 11-23 所示的界面。

❶ 按图 11-24 的创建表单界面，并完成以下的设置（表单文件名为 form_menu）：表单的 Caption 属性设置为"学生管理系统"；表单的 Show Windows 属性设置为"2-作为顶层表单"；在表单的 Init 事件代码中写入代码"DO 菜单程序名.MPR WITH THIS"。

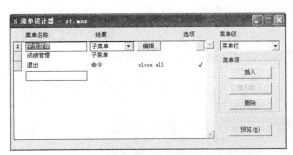

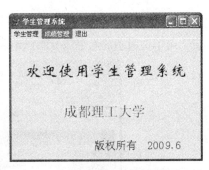

图 11-22 用户菜单和系统菜单已经融为一体　　　　　图 11-23 顶层表单

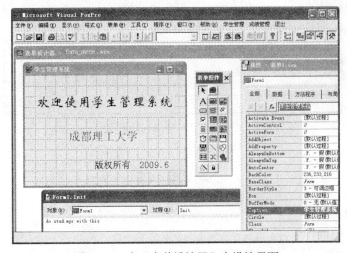

图 11-24 在"表单设计器"中设计界面

❷ 按图 11-25 设计菜单，并完成以下的设置：选中菜单设计器，在"显示"菜单中单击"常规选项"命令，在出现的如图 11-26 所示的对话框中勾选"顶层表单"复选框，单击"确定"按钮；"退出"菜单名称选择"过程"，其代码为"form_menu.release"；在"菜单"菜单中单击"生成"命令。

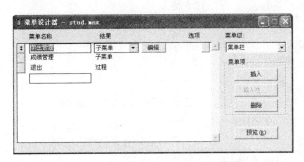

图 11-25 在"菜单设计器"中设计菜单

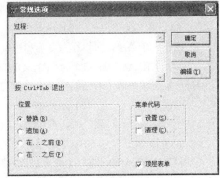

图 11-26 选中"顶层表单"复选框

❸ 运行表单，完成表单的顶层表单的设计，出现如图 11-23 所示的画面。

3．菜单命令的分组标记——菜单中水平线的设定

菜单中的命令，如果需要，可以把若干个命令分为一组，分组的标记是在组与组之间，加一条水平线。操作是：在菜单设计器中单击"插入"按钮，出现菜单名称"新菜单项"，将这个名称

改为"\-";单击"菜单"菜单,再单击其中的"生成"命令;运行该菜单后,就会出现如图11-27 "编辑"菜单中所示的水平线分组标记。

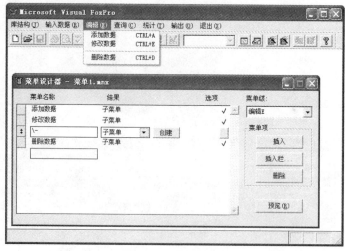

图 11-27 "编辑"菜单中所示的水平线分组标记

习 题 11

11.1 思考题

1. 使用"菜单设计器"可以建立哪几种类型的菜单?

2. 简述创建菜单的步骤。

3. 如何打开"菜单设计器"?

11.2 选择题

1. 以下( )不是标准菜单系统的组成部分。

    (A) 菜单栏   (B) 菜单标题   (C) 菜单项   (D) 快捷菜单

2. 用户可以在"菜单设计器"窗口右侧的( )列表框中查看菜单项所属的级别。

    (A) 菜单级   (B) 预览   (C) 菜单项   (D) 插入

3. 创建一个菜单,可以在命令窗口中键入( )命令。

    (A) CREATE MENU   (B) OPEN MENU   (C) LIST MENU   (D) CLOSE MENU

4. 在定义菜单时,若要编写相应功能的一段程序,则在结果一项中选择( )。

    (A) 命令   (B) 子菜单   (C) 填充名称   (D) 过程

5. 使用"菜单设计器"时,选中菜单项后,如果要设计它的子菜单,应在"结果"中选择( )。

    (A) 命令   (B) 子菜单   (C) 填充名称   (D) 过程

6. 用 CREATE MENU TEST 命令进入"菜单设计器"窗口建立菜单时,存盘后将会在磁盘上出现( )。

    (A) TEST.MPR 和 TEST.MNT   (B) TEST.MNX 和 TEST.MNT

    (C) TEST.MPX 和 TEST.MPR   (D) TEST.MNX 和 TEST.MPR

7. 在使用菜单设计器时,输入建立的菜单后,若要使其执行一段程序,应在结果(result)中选择( )。

    (A) 填充名称(pad name)   (B) 命令(command)   (C) 过程(procedure)   (D) 子菜单(submenu)

8. 执行 SET SYSMENU TO 命令后,( )。

    (A) 将当前菜单设置为默认菜单   (B) 将屏蔽系统菜单,使菜单不可用

    (C) 将系统菜单恢复为默认配置   (D) 将默认配置恢复成 Visual FoxPro 系统菜单的标准配置

11.3 填空题

1. 快捷菜单一般是由一个或一组具有上下级关系的_____组成。
2. 启动"菜单设计器"的命令是_____。
3. Visual FoxPro 主要使用_____和_____两种形式的菜单。
4. 可运行的菜单文件的扩展名是_____。
5. 在"菜单设计器"窗口中，要为菜单项定义快捷键，可以利用_____对话框。

本章实验

【实验目的和要求】

- ⊙ 通过实验学习使用菜单设计器。
- ⊙ 掌握设计菜单的方法。
- ⊙ 掌握快捷菜单的设计方法。

【实验内容】

- ⊙ 菜单的设计。
- ⊙ 快捷菜单的设计。

【实验指导】

1. 菜单的设计

（1）菜单系统的设计

设计一个具有如图 11-28 所示功能模块的菜单系统，给每个菜单项定义一个快捷键，如表 11-1 所示。

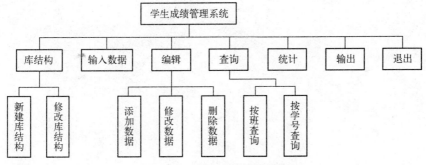

图 11-28　学生成绩管理系统

表 11-1　学生成绩管理系统菜单快捷键

菜单名称	快捷键	菜单名称	快捷键	菜单名称	快捷键
库结构	Alt+J	输出	Alt+O	修改数据	Ctrl+U
输入数据	Alt+R	退出	Alt+X	删除数据	Ctrl+D
编辑	Alt+E	新建库结构	Ctrl+N	按班查询	Ctrl+B
查询	Alt+C	修改库结构	Ctrl+M	按学号查询	Ctrl+H
统计	Alt+T	添加数据	Cul+A		

（2）创建菜单

利用"菜单设计器"创建上述菜单系统。

（3）为菜单项指定任务

当菜单创建好以后，就可以为菜单指定任务，即选择某一菜单命令后，要执行什么样的任务。例如，在"库结构"菜单下有两条命令：新建库结构、修改库结构，选择执行"新建库结构"命令时，可以为其指定要执行的命令或程序。

通过为菜单项指定任务，使该菜单系统成为一个完善的菜单系统，能够完成图 14-29 所定义的功能。

2．快捷菜单的设计

在 Visual FoxPro 中，当在某一控件或对象上单击鼠标右键时，就会出现快捷菜单，以便对该对象进行快速操作。

（1）菜单系统的设计

设计一个包含有"新建"、"打开"、"保存"、"另存为"、"另存为 HTML"、"页面设置"、"打印预览"、"打印"、"退出" 8 个菜单项的快捷菜单。

（2）菜单系统的创建

利用"快捷菜单设计器"创建上述菜单系统。

第 12 章　报表和标签的设计

本章要点：

☞　创建报表

☞　设计报表

☞　设计分组报表

☞　设计多栏报表

☞　报表输出

☞　标签设计

报表和标签为在打印文档中显示并总结数据提供了灵活的途径。报表包括两个基本组成部分：数据源和布局。数据源通常是数据库中的表，也可以是视图或临时表。视图将筛选、排序、分组数据库中的数据；报表的布局定义了报表的打印格式，布局必须满足专用纸张的要求。在定义了一个表或一个视图后，便可以创建报表或标签。

12.1　创建报表

Visual FoxPro 提供了 3 种创建报表的方法，即报表向导、快速报表、报表设计器。每种方法创建的报表布局文件都可以用"报表设计器"进行修改，从而得到用户满意的报表。

创建报表必须制定报表的布局格式，常规的报表布局有列报表、行报表、一对多报表和多栏报表 4 种形式。报表文件的扩展名是.frx，这种文件存储报表的详细说明。每个报表文件还有扩展名为.frt 的相关文件。报表文件只存储一个特定报表的位置和格式信息，不存储每个数据字段的值。

12.1.1　使用报表向导创建报表

使用报表向导创建报表的方法如下：执行"工具｜向导｜报表"命令，弹出如图 12-1 所示的"向导选取"对话框。

如果数据源是一个表就选择"报表向导"，数据源包括父表和子表，就选择"一对多报表向导"，然后单击"确定"按钮，出现"报表向导"对话框，步骤 1 - 字段选取，如图 12-2 所示。

通过"报表向导"创建报表的 6 个步骤是：字段选取（如图 12-2 所示）、分组记录（如图 12-3 所示）、选择报表样式（如图 12-4 所示）、定义报表布局（如图 12-5 所示）、排序记录（如图 12-6 所示）、完成（如图 12-7 所

图 12-1　"向导选取"对话框

示），就可创建报表的文件了。

图 12-8 是通过上面 6 个过程，得到的"学生信息"报表的前部分预览结果。其中，字段选取的是：班级、姓名、性别、学号、高考成绩、专业；分组记录选择的是：班级；报表样式选择的是：经营式；报表布局定义的是：1 列纵向；排序记录选择的是：按入学成绩降序排列。

最后可以将该结果保存到指定的地方。

图 12-2　步骤 1 - 字段选取

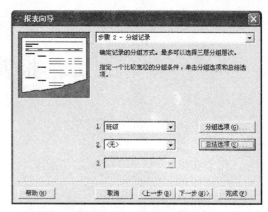

图 12-3　步骤 2 - 分组记录

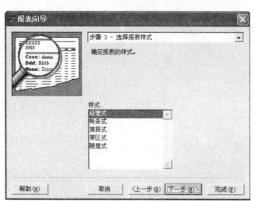

图 12-4　步骤 3 - 选择报表样式

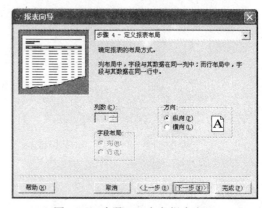

图 12-5　步骤 4 - 定义报表布局

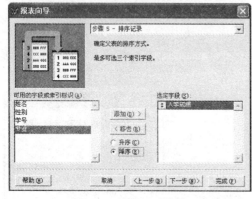

图 12-6　步骤 5 - 排序记录

图 12-7　步骤 6 - 完成

12.1.2　使用报表设计器创建报表

利用报表设计器可以直观地创建和修改报表，打开报表设计器的方法有以下几种。

⊙ 在"项目管理器"窗口中选择"文档"选项卡，选中"报表"组件，单击"新建"按钮，
在弹出的"新建报表"对话框中单击"新建报表"按钮。

⊙ 执行"文件 | 新建"命令，在"新建"对话框中的"文件类型"选择"报表"，单击"新
建文件"按钮。

⊙ 执行命令：

　　CREATE REPORT [<报表文件名>]打开报表设计器。

学生信息
12/27/12

班级	姓名	性别	学号	入学成绩	专业
200202101					
	希望	男	20020210112	560	应用化学
	明天	男	20020210111	552	应用化学
	张强	男	20020210109	549	应用化学
	江海	男	20020210110	546	应用化学
200201102					
	潭新	女	20020110206	570	计算机
	刘江	男	20020110207	539	计算机
	王长江	男	20020110208	528	计算机
	方芳	女	20020110205	524	计算机
200201101					
	李琴	女	20020110104	550	应用数学
	王刚	男	20020110102	548	应用数学
	李晓红	女	20020110101	530	应用数学
	昭辉	女	20020110103	529	应用数学

图 12-8　预览结果

这时可以看到"报表设计器"窗口。默认情况下，在"报表设计器"窗口中显示如图 12-9 所示的 3 个带区。

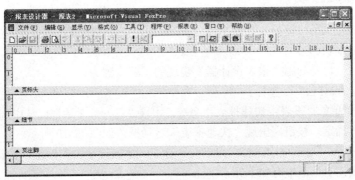

图 12-9　"报表设计器"窗口

⊙ 页标头 ——"报表设计器"窗口中的一个带区，所包含的信息在每份报表中只出现一次。一般来讲，出现在报表标头中的项包括报表标题、栏标题和当前日期；

⊙ 细节 ——报表中的一块区域，一般包含来自表中的一行或多行记录；

⊙ 页注脚 ——在"报表设计器"窗口中的一个带区，包含出现在页面底部的一些信息（如页码、节等）。

一个分隔符栏位于每一带区的底部。带区名称显示于靠近蓝箭头的栏，蓝箭头指示该带区位于栏之上，而不是之下。

除此之外，还可以给报表添加以下带区：

⊙ 列标头 ——在"报表设计器"窗口中的一个带区，所包含的信息在每份报表中只出现一次。一般来讲，出现在报表标头中的项包括报表标题、栏标题和当前日期。

⊙ 列注脚 ——在"报表设计器"窗口中的一个带区，所包含的信息在每份报表中只出现一次。一般来讲，包含出现在页面底部的一些信息（如页码、节等）。

⊙ 组标头 ——报表上的一个带区，可在其上定义对象，每当分组表达式的值改变时，打印此对象。组标头通常包含一些说明后续数据的信息，即数据前面的文本。

⊙ 组注脚 ——报表上的一个带区，可在其上定义对象，每当分组表达式的值改变时，打印此对象。组注脚通常包含组数据的计算结果值。

⊙ 标题 ——报表中的标题区域，一般在报表开头打印一次。标题通常包含标题、日期或页码、公司徽标、标题周围的框。

⊙ 总结 ——报表中的一块区域，一般在报表的最后出现一次。

另外，在"报表设计器"中设有标尺，可以在带区中精确地定位对象的垂直和水平位置。把标尺和"显示"菜单的"显示位置"命令一起使用可以帮助定位对象。

标尺刻度由系统的测量设置决定。用户可以将系统默认刻度（英寸或厘米）改变为 Visual FoxPro 中的像素。如果要修改系统的默认值，可修改操作系统的测量设置。可以用如下方法将标尺刻度的英寸改为像素。

❶ 从"格式"菜单中选择"设置网格刻度"。显示"设置网格刻度"对话框。

❷ 在"设置网格刻度"对话框中选定"像素"，单击"确定"按钮。

❸ 标尺的刻度设置为像素，并且状态栏中的位置指示器（如果在"显示"菜单上选中了"显示位置"）也以像素为单位显示。

可以先利用"报表设计器"方式创建一个空白报表，以后再对这个报表进行修改以满足实际需要。

12.1.3 创建快速报表

Visual FoxPro 提供了快速报表功能来创建一个简单的报表，然后，对这个简单报表进行修改就能达到快速构造报表的目的。

快速报表的创建也是利用"报表设计器"实现的，其步骤为：

❶ 打开"报表设计器"。

❷ 执行系统菜单的"报表 | 快速报表"命令，出现"打开"对话框，从中选择欲建报表的数据源，然后单击"确定"按钮，出现"快速报表"对话框，如图 12-10 所示。

❸ 在"快速报表"对话框中选择字段布局、标题和字段，单击"确定"按钮。

在"快速报表"对话框中有如下元素：

⊙ "字段布局"下面的左侧按钮用于选择生成列报表，右侧按钮用于选择生成行报表。

⊙ "标题"复选框可以为报表中每个字段添加标签控件，用于显示字段名标题。

⊙ "添加别名"复选框用于显示表的别名。

⊙ "将表添加到数据环境中"复选框可以定义报表的数据环境。

⊙ "字段"按钮用于字段的选择。单击该按钮，弹出如图 12-11 所示的"字段选择器"对话框，选择所需的字段后单击"确定"按钮，选中的项便出现在"报表设计器"中。

经过上述操作后，便可保存、预览和运行该报表。

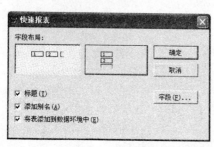

图 12-10 "快速报表"对话框

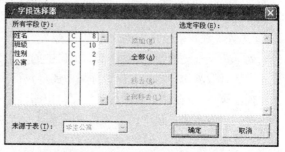

图 12-11 "字段选择器"对话框

12.2 设计报表

利用 12.1 节介绍的 3 种方法创建的报表文件，或者是空白报表，或者是布局很简单的报表。要想得到满意的报表，还需要在报表设计器中进行修改，设置报表的数据源，更改布局，添加控件或设计数据分组。

12.2.1 设置报表数据源

设计报表时，必须首先确定报表的数据源，可以在数据环境中简单地定义报表的数据源，用它们来填充报表中的控件。在数据环境中，可打开表或视图，用来收集报表所需的数据，并在关闭或释放报表时关闭它。可以添加表或视图并使用一个表或视图的索引来排序数据。

利用"报表设计器"设计的空白报表设置报表数据源的步骤如下：

❶ 打开报表文件。可以使用命令"MODIFY REPORT <报表文件名>"打开报表文件。

❷ 单击"报表设计器"工具栏的"数据环境"按钮，出现"数据环境设计器"窗口，如图 12-12 所示。

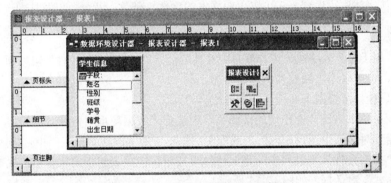

图 12-12　"数据环境设计器"窗口

❸ 选择执行系统菜单的"数据环境|添加"命令，弹出"添加表或视图"对话框，从中选择作为数据源的表或视图，单击"关闭"按钮。

12.2.2 设计报表布局

设置完报表的数据源后，就可进行报表的布局设置了。在"报表设计器"中，报表上可以有不同类型的带区用来控制数据在页面上的打印位置。除了默认"报表设计器"窗口中的"页标头"、"细节"、"页注脚"外，用户还可以设置"列标头"、"列注脚""组标头"、"组注脚"、"标题"和"总结"。

在"报表设计器"的带区中，可以插入各种控件，它们包含打印的报表中所需的标签、字段、变量和表达式。例如，在电话号码列表布局中，应该把字段控件置成人名和电话号码，同时应设置标签控件和列表顶端的列标题。要增强报表的视觉效果和可读性，还可以添加直线、矩形、圆角矩形等控件，也可以包含图片/OLE 绑定型控件。控件的高度必须小于带区的高度，因此可能需要调整带区的高度以适应所添加的控件。带区的高度可以通过拖动带区标识栏进行调整，也可以双击带区标识栏，在弹出的对话框中直接调整带区的高度，如图 12-13 所示的"页标头"对话框。

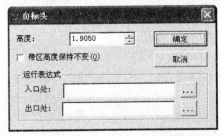

图 12-13　"页标头"对话框

在"页标头"对话框中选择"带区高度保持不变"复选框，可防止带区的移动。可设置"入口处"和"出口处"的运行表达式。

12.2.3 利用控件设计报表

在"报表设计器"中，可以使用"报表控件"工具栏在报表或标签上创建控件。可以添加的控件有标签、域控件、线条等，如图12-14所示。

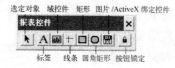

图12-14 "报表控件"工具栏

1. 标签

"标签"控件是一种存放文本的控件，用于对表单上的区域或其他控件加以说明，显示与记录无关的数据或者文字。

在"报表设计器"中插入标签的方法为：单击"报表控件"工具栏中的"标签"按钮，在报表指定位置单击鼠标，在出现光标的位置处即可输入文本；选择系统菜单的"格式 | 字体"命令，可以设置当前选定"标签"控件的字体；选择系统菜单的"报表 | 默认字体"命令，可以对"标签"控件的默认字体进行设置。还可以更改文本的字体、颜色、背景色以及打印选项。

2. 域控件

"域控件"用于显示表字段、内存变量或其他表达式的内容。"域控件"可以通过"数据环境设计器"添加，也可以用"域控件"按钮添加。

添加"域控件"可选用下面任意一种方法。

- ⊙ 在报表中单击右键，在出现的快捷菜单中选择"数据环境"命令，从弹出的"数据环境设计器"对话框中选择相应的表或视图，把相应的字段拖到报表的指定带区即可。
- ⊙ 单击"报表控件"工具栏中的"域控件"按钮，在报表的指定位置单击鼠标，弹出"报表表达式"对话框，如图12-15所示。

在"表达式"文本框中输入字段名，或单击文本框右侧的┈按钮，在弹出的"表达式生成器"中选择要添加的字段。

如果添加的是可计算字段，单击"报表表达式"对话框中的计算按钮，打开如图12-16所示的"计算字段"对话框，选择一个表达式，通过计算来创建一个域控件。"重置"下拉列表框中是表达式的默认值，即报表尾；用户可以重置表达式的值为"页尾"或"列尾"。"重置"框为报表中的每一组显示一个重置项。"计算"框内的选项指定在报表表达式中执行的计算。

"报表表达式"对话框中"域控件位置"区域内有3个单选按钮，其中：

- ⊙ 浮动 ——指定选定字段相对于周围字段的大小移动。
- ⊙ 相对于带区顶端固定 ——使字段在报表中保持指定的位置，并维持其相对于带区顶端的位置。
- ⊙ 相对于带区底端固定 ——使字段在报表中保持指定的位置，并维持其相对于带区底端的位置。

"报表表达式"对话框中的"备注"文本框可以向 .frx 或 .lbx 文件添加注释。

"报表表达式"对话框中可以更改插入的域控件的数据类型和打印格式，使之适应用户的需要。选择了表达式后，单击"格式"文本框右侧的┈按钮，将弹出如图12-17所示的"格式"对话框。在这里可以选择域控件的格式。对于可选项"字符型"、"数值型"和"日期型"，每一种格式都有若干"编辑选项"，图12-17中显示的是"字符型"的"编辑选项"。

单击"报表表达式"对话框的"打印条件"按钮，打开"打印条件"对话框，如图12-18所示。

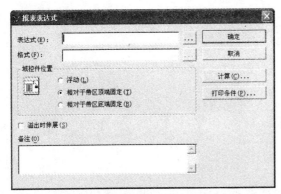

图 12-15 "报表表达式"对话框

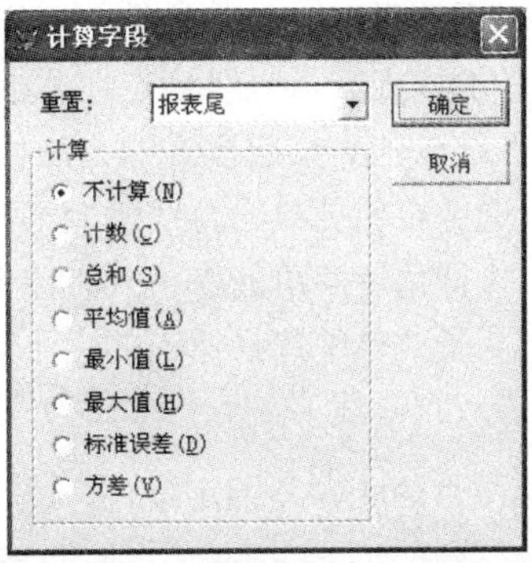

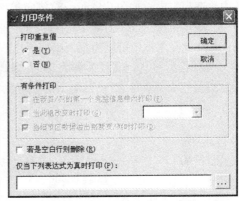

图 12-16 "计算字段"对话框

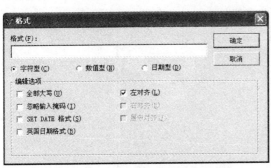

图 12-17 "格式"对话框

图 12-18 "打印条件"对话框

在"打印条件"对话框的"打印重复值"框中的选项用于"字段"对象的打印控制。通过"有条件打印"框中的 3 个复选按钮控制如何打印各信息带中的对象。选择"若是空白行则删除"复选框可以避免打印空白记录。在"仅当下列表达式为真时打印"文本框中可以重新设置表达式，根据其值对一个对象进行条件打印。

3．线条、矩形和圆角矩形

通过"报表控件"工具栏上提供的"线条"、"矩形"和"圆角矩形" 3 个按钮可以为报表添加相应的图形。单击所要选择的图形按钮，直接在报表中的带区进行光标拖曳，就可生成相应的图形。在添加的图形控件上单击鼠标，通过图形件上出现的控点对控件大小进行设置。在添加的图形控件上双击鼠标，可以打开相应的属性对话框对添加的图形进行属性设置。图 12-19 是"圆角矩形"的属性对话框。

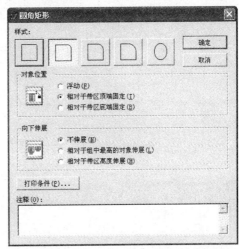

若某个带区中有多个控件，可以进行控件布局的设置。首先需要选定多个控件，可以在选择一个控件后，按住 Shift 键再选择其他控件，也可以在控件周围按下鼠标并进行拖动以圈选多个控件。选定的多个控件可以作为一个整体进行处理。通过"报表设计器"工具栏的"布局"按钮，打开"布局"工具栏，可以对选定的多个控件进行布局上的设置使这些控件外观整齐一致，并且排列整齐。

图 12-19 "圆角矩形"的属性对话框

可以更改垂直、水平线条、矩形和圆角矩形所用线条的粗细（从细线到 6 磅粗的线），也可以更改线条的样式（从点线到点线和虚线的组合）。

更改线条的大小或样式的方法如下。

❶ 选定希望更改的直线，矩形或圆角矩形。

❷ 执行系统菜单的"格式｜绘图笔"命令。

❸ 从子菜单中选择适当的大小（细线、1 磅、2 磅、4 磅、6 磅）或样式（无、点线、虚线、点画线、双点画线）。

4．图片/ActiveX 绑定控件

利用图片/ActiveX 绑定控件可以把来自通用型字段中的位图、图标或其他信息添加到报表或标签中。在报表中添加图片/ActiveX 绑定控件需要在"报表控件"工具栏中选择"图片/ActiveX 绑定控件"按钮，在报表的一个带区单击并拖曳出文本框，弹出如图 12-20 所示的"报表图片"对话框。在此文本框中可以为报表添加图片，并调整图片的显示方式。

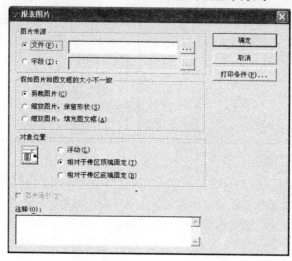

图 12-20 "报表图片"对话框

"报表图片"对话框中的"图片来源"框用于选择在报表中显示的图片，图片来源可以是文件或字段。

插入图片文件的方法是在"图片来源"框中选择"文件"，在其后的文本框中输入所需图片的路径和名称，或者单击 ⋯ 按钮，在弹出的对话框中选择文件。为了在报表中插入以记录中的通用字段表示的图片，需要在"图片来源"框中选择"字段"，在其后面的文本框中输入字段名，或单击 ⋯ 按钮选取所需字段。

在"假如图片和图文框的大小不一致"框中有"剪裁图片"、"缩放图片，保留形状"和"缩放图片，填充图文框" 3 个选项，当出现图片和图文框的大小不一致的情况，可以按照指定的处理方式对图片进行调整。

在"对象位置"框中可以选择图片的如下位置。

⊙ 浮动 ——使所选择的图片相对于周围字段的大小移动。

⊙ 相对于带区顶端固定 ——可以使图片保持在报表中指定的位置，并保持其相对于带区顶端的位置。

⊙ 相对于带区底端固定 ——可以使图片保持在报表中指定的位置，并保持其相对于带区底端的位置。

12.3 设计分组报表

完成报表基本布局设置后，常常需要根据给定字段或其他条件对记录进行分组，以便报表更易于阅读。设计报表时可以设置一个或多个数据分组，用有一个或多个字段组成的分组表达式对报表进行分组，分组后，报表会自动添加"组标头"和"组注脚"带区。组标头带区中包含组所用字段的"域控件"，可以添加线条、矩形、圆角矩形或希望出现在组内第一个记录之前的任何标签。"组注脚"通常包含组总计和其他组总结性信息。

12.3.1 设计报表的记录顺序

作为报表数据源的表中的记录顺序不一定适合于分组，通过为表设置索引，或者在数据环境中使用视图作为数据源，可以把数据进行适当的排序。

可以利用"表设计器"在设计表时对表建立一个或多个索引，也可以通过命令 SET ORDER TO <索引关键字>为表建立索引。

设计报表时在数据环境设计器中指定当前索引的方法如下：单击"报表设计器"工具栏的"数据环境"按钮，弹出"数据环境设计器"窗口，单击右键，在弹出的快捷菜单中选择"属性"，在"属性"窗口中选择"对象"框中的"Cursor 1"，如图 12-21 所示；然后选择"数据"选项卡，在其中的"Order"属性处输入索引名，如图 12-22 所示，或者在索引列表中选定一个索引。

图 12-21　在"属性"窗口中选择对象

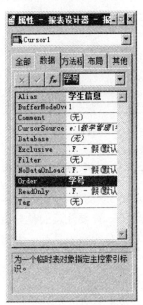

图 12-22　输入索引名

"对象"框用以标识当前选定的对象。单击右端的向下箭头，可看到包含当前表单、表单集和全部控件的列表。如果打开"数据环境设计器"，可以看到"对象"中还包括数据环境、数据环境的全部临时表和关系。可以从列表中选择要更改其属性的表单或控件。

选项卡按分类显示属性、事件和方法程序。

⊙ 全部 ——显示全部属性、事件和方法程序。

⊙ 数据 ——显示有关对象如何显示或怎样操纵数据的属性。

⊙ 方法程序 ——显示方法程序和事件。

⊙ 布局 ——显示所有的布局属性。

⊙ 其他 ——显示其他和用户自定义的属性。

使用属性设置框可以更改属性列表中选定的属性值。如果选定的属性需要预定义的设置值，则在右边出现一个向下箭头。如果属性设置需要指定一个文件名或一种颜色，则在右边出现三点按钮。单击接受按钮☑确认对此属性的更改。单击取消按钮☒取消更改，恢复以前的值。单击函数按钮↗，可打开"表达式生成器"。属性可以设置为原义值或由函数或表达式返回的值。

属性列表是包含了两列的列表，其中显示了所有可在设计时更改的属性和它们的当前值。对于具有预定值的属性，在"属性"列表中双击属性名可以遍历所有可选项。对于具有两个预定值的属性，在"属性"列表中双击属性名可在两者间切换。选择任何属性并按 F1 可得到此属性的帮助信息。

对于设置为表达式的属性，它的前面具有"="。只读的属性、事件和方法程序以斜体显示。

12.3.2 设计单级分组报表

图 12-23 "数据分组"对话框

一个单级分组报表可以基于输入表达式进行一级数据分组。添加分组的方法是：从"报表"菜单中选择"数据分组"，弹出如图 12-23 所示的"数据分组"对话框，在"分组表达式"对话框中输入分组表达式，或者单击⋯按钮，在"表达式生成器"对话框中创建表达式，在"组属性"框中可以选择每组从新的一列上开始、每组从新的一页上开始、每组的页号重新从 1 开始、每页都打印"组标头"。

可以利用"小于右值时组从新的一页上开始"右侧的微调控件设置"组标头"距页面底部的最小距离，以避免出现孤立的组标头行。单击"确定"按钮后就在报表中添加了一个单级分组报表。

12.3.3 设计多级数据分组报表

Visual FoxPro 6.0 的报表内最多可以定义 20 级的数据分组。嵌套分组有助于组织不同层次的数据和总计表达式。需要注意的是分组的级与多重索引的关系。

设计多级数据分组报表是基于多重索引的，所以数据源必须可以分级。若要选择一个分组层次，需要估计一下更改值的可能频度，定义最经常更改的组为第 1 层。然后建立基于关键字表达式的复合索引。

多级数据报表的设计方法如下：单击"报表设计器"工具栏上的"数据分组"按钮，打开"数据分组"对话框，如图 12-23 所示；按照设计单级分组报表的方法，在"分组表达式"对话框中输入分组表达式，或者单击⋯按钮，在"表达式生成器"对话框中创建表达式，可以输入或生成多个"分组表达式"，一个数据分组对应于一组"组标头"和"组注脚"带区，在带区内可以添加控件。

系统按照分组表达式的创建顺序对每个分组表达式编号，分组级别越细，分组的编号越大。编号越大，这个分组表达式的"组标头"和注脚带区离"细节"带区就越近。可以在选定某个分组表达式后，利用"数据分组"对话框下方的组属性对其进行设置。单击"确定"按钮后，就为报表添加了多级分组。

修改分组表达式时可以直接在"分组表达式"列表框中拖动分组表达式以更改分组顺序，还可以利用"插入"按钮在指定位置添加分组表达式。利用"删除"按钮删除指定的分组表达式。当对分组的位置更改后，报表设计器会根据所做的修改，重新对带区进行排序，或者删除相应带区及其内部的控件。

注意：对表建立基于关键字表达式的复合索引时，多重索引的顺序必须与分组表达式的分组顺序相同。对分组表达式的顺序进行修改后，必须重新指定当前的索引才能够正确组织各组的数据。设置索引的方法与单级报表中的方法相同，可在"数据环境设计器"的"属性"窗口中设置。

12.4 设计多栏报表

在设计报表时，有些列的内容较少，可以设计成多栏报表将报表分为多个栏目打印输出。设计多栏报表需要设置"列标头"和"列注脚"带区。

多栏报表的设计方法如下。

❶ 执行系统菜单中的"文件 | 页面设置"命令，弹出如图 12-24 所示的"页面设置"对话框。在该对话框中主要有以下内容：

- ⊙ 列 ——在"列"框中可以设置栏目数以及栏目的宽度和栏目之间的间隔。其中的"列数"指明页面横向打印的记录数目，将列数调节为大于 1，就可以打印多列报表；"宽度"微调框可以指定每一列的宽度；"间隔"指明每一列之间的间隔长度。
- ⊙ 打印区域 ——在"打印区域"框内，如果选择"可打印页"，则由当前选用的打印机驱动程序确定最小页边距；选择"整页"则由打印纸尺寸确定最小页边距。
- ⊙ 左页边距 ——指定左边距宽度。
- ⊙ 打印顺序 ——指定当有多列时记录如何换行。为了在报表中打印出多个栏目来，需要将其设置为"自左向右"。

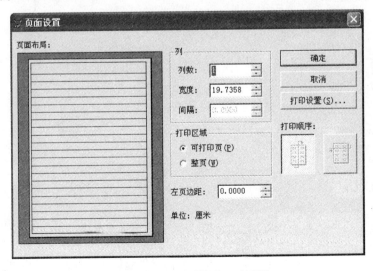

图 12-24 "页面设置"对话框

❷ 单击"打印设置"按钮，弹出如图 12-25 所示的"打印设置"对话框，可以在对话框中选定打印机、打印机路径和纸张设置。

图 12-25　"打印设置"对话框

12.5　报表输出

为了将报表按照预定的格式正确输出，首先要设置报表的页面，为了确保报表正确输出，在输出前最好先进行预览。预览的方法是在"报表设计器"上单击右键，在弹出的快捷菜单中选择"预览"命令，预览可以得到"所见即所得"的结果。

当报表的预览结果满意后，就可以打印报表了。执行系统菜单的"文件丨打印"命令，弹出如图 12-26 所示的"打印"对话框，从中选择打印机、打印范围和打印份数，然后单击"确定"按钮，就可以进行打印。

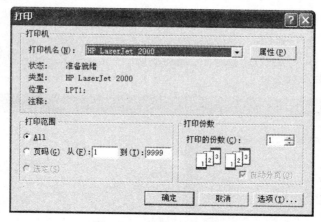

图 12-26　"打印"对话框

12.6　标签设计

标签是多列报表布局，即是一种特殊的报表，为匹配特定标签纸而具有相应的特殊设置。标签的创建和修改方法与报表基本相同，可以使用"标签向导"或"标签设计器"迅速创建标签。

利用"标签向导"是创建标签的简单方法。用向导创建标签文件后，可用"报表设计器"定制标签文件。如果不想使用向导来创建标签，可以使用"标签设计器"来创建布局。"标签设计器"是"报表设计器"的一部分，它们使用相同的菜单和工具栏。两种设计器使用不同的默认页面和纸张。"报表设计器"使用整页标准纸张，"标签设计器"的默认页面和纸张与标准标签的纸张一致。可以像处理报表一样给标签指定数据源并插入控件。

习 题 12

12.1 思考题

1. 报表的基本格式分为几个带区？

2. 报表有哪几种输出方式？

12.2 选择题

1. 报表的数据源可以是数据库表、视图或(　　　　)。

  (A) 表单　　　　　　(B) 记录　　　　　　(C) 临时表　　　　　(D) 以上都不是

2. 在创建快速报表时，基本带区包括(　　　　)。

  (A) 标题、细节和总结　　　　　　　　　　(B) 页标头、细节和页注脚

  (C) 组标头、细节和页注脚　　　　　　　　(D) 报表标题、细节和页注脚

3. 报表布局包括(　　　　)等设计工作。

  (A) 报表的表头和报表的表尾　　　　　　　(B) 报表的表头、字段及字段的安排和报表的表尾

  (C) 字段和变量的安排　　　　　　　　　　(D) 以上都不是

4. 在"报表设计器"中，任何时候都可以使用"预览"功能查看报表的打印效果。以下几种操作中不能实现预览功能的是(　　　　)。

  (A) 直接单击常用工具栏上的"打印预览"按钮

  (B) 在"报表设计器"中单击鼠标右键，从弹出的快捷菜单中选择"预览"

  (C) 打开"显示"菜单，选择"预览"选项

  (D) 打开"报表"菜单，选择"运行报表"选项

5. 不属于常用报表布局的是(　　　　)。

  (A) 行报表　　　　(B) 列报表　　　　(C) 多行报表　　　　(D) 多列报表

6. 报表以视图为数据源是为了对输出记录进行(　　　　)。

  (A) 筛选　　　　　　(B) 分组　　　　　　(C) 排序和分组　　　　(D) 筛选、分组和排序

7. 在"报表设计器"中，可以使用的控件是(　　　　)。

  (A) 标签、域控件和列表框　　　　　　　　(B) 标签、文本框和列表框

  (C) 标签、域控件和线条　　　　　　　　　(D) 布局和数据源

8. 下列关于报表带区及其作用的叙述，错误的是(　　　　)。

  (A) 对于"标题"带区，系统只在报表开始时打印一次该带区所包含的内容

  (B) 对于"页标头"带区，系统只打印一次该带区所包含的内容

  (C) 对于"细节"带区，每条记录的内容只打印一次

  (D) 对于"组标头"带区，系统将在数据分组时每组打印一次该内容

12.3 填空题

1. 报表由数据源和_____两个基本部分组成。

2. 定义报表布局主要包括设置报表页面，设置_____中的数据位置，调整报表带区宽度等。

3. 报表文件的扩展名是_____。

4. 报表布局主要有列报表、_____、一对多报表、多栏报表和标签等5种基本类型。

5. 报表中包含若干个带区，其中_____与_____的内容将在报表的每一页上打印一次。

6. 多栏报表的栏目数可以通过"页面设置"对话框中的_____来设置。

7. 域控件是指与字段、内存变量和表达式计算结果链接的_____。

本章实验

【实验目的和要求】

⊙ 掌握利用报表向导或报表设计器创建报表定义文件的基本方法。

⊙ 掌握设计报表的基本方法，报表页面布局和报表域控件等的基本使用方法。

⊙ 掌握设计标签的基本方法。

【实验内容】

⊙ 使用报表向导和报表设计器。

⊙ 一对多报表的设计。

⊙ 标签的设计。

【实验指导】

1．使用报表向导和报表设计器

（1）使用报表向导输出学生成绩报表

利用前面已经生成的"学生成绩.dbf"，使用报表向导输出"2003 级学生成绩报表"。

（2）报表设计器的使用

使用"报表设计器"对（1）所显示的效果进行修改。

① 将标题居中。

② 将报表加上网格线。

③ 调整数据使其与上面的页标头居中对齐。

2．一对多报表的设计

下面用"平均分.dbf"和"学生成绩.dbf"两个表设计一个报表文件"平均分.frx"。

3．标签的设计

标签设计的步骤与报表设计基本相同。用"平均分.dbf"设计一个"平均分.lbx"标签。

第13章 数据库应用系统开发实例
——QQ 号码管理系统

本章要点：
☞ 数据库应用系统设计
☞ 系统的各功能的定义和实现
☞ 系统的编译和发行

学习 Visual FoxPro 6.0（以下简称 VFP）的主要目的是开发出实用的数据库应用系统。本章通过介绍"QQ 号码管理系统"软件系统的设计过程和具体步骤，讲述如何运用软件工程的思想、VFP 技术和数据库设计等知识进行数据库应用系统的开发过程。

13.1 数据库应用系统设计

建立一个应用系统，首先要对客户的需求进行分析，它是开发的第 1 步也是很重要的一步。通过需求分析，明确系统的功能究竟有哪些，需要达到的性能指标等。也就是说，这个阶段要解决系统"做什么"的问题。

1．设计目标

每个使用 QQ 软件的用户都可能拥有多个好友的 QQ 号码，每个好友又有诸如昵称、年龄、性别、联系方式、相片等信息，对好友的 QQ 号码及相关信息进行归类、修改、查询等管理是"QQ 号码管理系统"的主要设计目标。

2．设计思想

根据设计目标，在本系统中有如下几点设计思想：
① 所开发的系统应尽量采用普通开发者能拥有的软硬件环境。
② 所开发的系统应满足用户对好友资料的常规管理，并达到操作过程中的直观、方便、安全等要求。
③ 所开发的系统应采用模块化的程序设计方案，这样既便于系统功能的各种组合和修改，又便于未参与开发的技术维护人员的补充和维护。
④ 所开发的系统应具备数据库维护功能，能够及时根据用户的需求进行数据的添加、删除、修改和备份等操作。

3．系统功能分析

QQ 号码管理系统主要完成对好友基本资料及好友分组信息的基本管理，因此本系统主要完成和实现的功能有密码的设置、好友文字信息和图像信息管理和好友分组。

（1）密码的设置

一般情况下，信息管理系统都应该具有密码和权限设置功能，以防止非本系统人员进入系统。特别是含有重要资料的管理系统的密码和权限设置显得尤为重要。本系统为了保证用户好友资料的安全，需要具备密码设置和密码修改的功能。

（2）好友文字信息和图像信息管理

本系统将好友的基本资料信息分为文字信息和图像信息。文字信息包括 QQ 号码、昵称、年龄、性别等；图像信息包括好友相片或其他图片。好友文字信息管理要求实现对好友文字信息的添加、修改、删除、查询、浏览、分组等。好友图像信息管理要求实现为每位好友保存多幅相片，并对相片实现添加、删除、浏览等操作。

（3）好友分组

当好友较多时，实现分组管理是一个较好的方式。好友分组功能要求实现对组的添加、删除、浏览功能。

4．系统功能模块设计

在系统功能分析的基础上，考虑 Visual FoxPro 6.0 程序编制的特点，得到如图 13-1 所示的系统功能模块图。

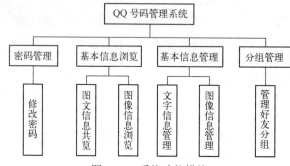

图 13-1　系统功能模块

5．系统表单设计

在 VFP 应用程序中，用户与系统的交互主要是通过表单完成的。表单就是用户所接触的界面，是用户操作的对象。表单的设置和制作在系统中占有非常重要的地位。

根据系统要求按其功能模块确定所需设计的表单，每项功能都由一个或多个表单来实现。表13-1 列出了 QQ 号码管理系统中所有涉及的表单及其功能含义。

表 13-1　"QQ 号码管理系统"中表单及其功能含义一览表

序号	文件名称	功能含义	序号	文件名称	功能含义
1	frmSplash.scx	启动窗口	5	frmListFriend.scx	图文信息共览表单
2	frmLogin.scx	系统登录表单	6	frmAddPhoto.scx	图像信息管理表单
3	frmRepPSW.scx	修改密码表单	7	frmListPhoto.scx	图像信息浏览表单
4	frmAddFriend.scx	文字信息管理表单	8	frmManageGroup.scx	管理好友分组表单

13.2　数据库设计

数据库设计是开发数据库应用系统过程中一个非常重要的环节。数据库设计的好坏将直接影响到应用系统的效率以及实现的效果。一个好的数据库设计可以减少信息在数据库中的存储量，提高数据的完整性和一致性，使系统具有较快的响应速度，简化基于此数据库的应用程序的实现。

数据库设计主要包括数据库逻辑设计和数据库物理设计两方面的内容。逻辑设计是将数据存储在一个或多个数据库中，指明各数据库中表的个数、每个表包含的字段，并安排表之间的关联；物理设计就是用指定的软件来创建数据库，定义数据表，以及表之间的关联。

1. 数据库需求分析

对数据库进行需求分析是数据库结构设计的首要阶段，该阶段的主要任务是收集基本数据，设计好数据结构及数据处理的流程。根据功能分析，本系统需要保存的数据包括用户密码、好友文字信息、好友图像信息、好友分组信息等。为简单起见，本系统只设置一个用户，并设置其初始密码为 Admin，直接采用一个内存文件来存储用户密码。好友文字信息、好友图像信息、好友分组信息存储在数据库中。

图像信息的存储是本系统中一个难点，通常，在处理诸如相片等图像对象时，有两种管理方法：一种是在数据表中存储相片的路径，需要显示相片时，根据表中存储的路径值查找相应的相片文件，再利用开发工具中的图像控件显示出来；另一种方式是把相片内容直接存入到数据库表中，需要显示图像信息时从数据库表中取出数据。

第一种方式的缺点在于难以保持数据库表中存储的文件路径值与实际照片文件路径的一致性；第二种方式的缺点是随着相片数量的增加，库文件的大小会迅速增长，访问速度会有所下降。本系统采用第二种方式保存图像信息。

2. 数据库的逻辑设计

针对本实例所要涉及的多种数据，可以得出设计的数据项和数据结构如下：① 文字信息（QQ号码、分组名称、好友昵称、真实姓名、年龄、省份、城市、移动电话、公司电话、家庭电话、个性签名、备注信息）；② 图像信息（QQ号码、相片）；③ 分组信息（分组名称）。

3. 数据库的物理设计

完成数据库逻辑设计之后，接下来就应该将这些结构转化为 Visual FoxPro6.0 数据库系统所支持的实际数据模型。

根据逻辑设计的结果，本系统设计一个数据库，名为"QQ.dbc"，在这个数据库中建立以下 3张表：① friend.dbf，存储好友的文字信息，其结构及索引如表 13-2 所示；② photo.dbf，存储好友的图像信息，其结构及索引如表 13-3 所示；③ group.dbf，存储好友的分组信息，其结构及索引如表 13-4 所示。

表 13-2　好友文字信息（friend.dbf）

序号	字段名	类型	宽度	索引	索引类型	说　明
1	qqnumber	字符型	10	升序	主索引	QQ 号码
2	groupname	字符型	20	升序	普通索引	好友分组
3	nickname	字符型	20			好友昵称
4	realname	字符型	10			真实姓名
5	age	整型	4			年龄
6	provlnce	字符型	10			省份
7	city	字符型	10			城市
8	mobiletel	字符型	11			移动电话
9	hometel	字符型	11			家庭电话
10	comtel	字符型	11			公司电话
11	signature	备注型	4			个性签名
12	remark	备注型	4			备注信息

表 13-3　好友图像信息（photo.dbf）

序号	字段名	类型	宽度	索引	索引类型	说　明
1	photo	备注型	4			照片
2	qqnumber	字符型	10	升序	普通索引	所属 QQ 号码

表 13-4　好友分组信息（group.dbf）

序号	字段名	类型	宽度	索引	索引类型	说　明
1	groupname	字符型	20	升序	主索引	分组名称

13.3　数据库的实现

系统设计和数据库设计完成之后，就可以利用 Visual FoxPro 6.0 实现该系统了。

1．创建系统目录结构

Visual FoxPro 6.0 提供的项目向导可以帮助创建系统目录结构，由于本系统比较简单，这里采

用手工方式创建目录结构。

在磁盘上创建一个文件夹，用于存储待创建系统的所有文件及文件夹。例如在 D 盘根目录创建文件夹：QQ 号码管理系统。然后，在此文件夹下再创建 DATA、FORMS、GRAPHICS、MENUS、PROGS 5 个子文件夹，分别存放数据文件、表单文件、图像和图标文件、菜单文件、程序文件，以方便分层次管理文件。创建好的目录结构如图 13-2 所示。

图 13-2　系统目录结构

2．创建数据库及表结构

（1）新建数据库

❶ 为方便操作，启动 Visual FoxPro 后设置默认目录为"D:\QQ 号码管理系统"，即上面创建的用于存放本系统文件的主目录。

❷ 新建一个项目文件，文件名为"QQ 号码管理系统.pjx"。

❸ 在项目管理器中，创建一个新的数据库，存储位置为 DATA 子目录，文件名为"QQ.dbc"。

（2）创建数据表

在新创建的数据库 QQ 中创建 3 张数据表，文件名分别为：friend.dbf、group.dbf、photo.dbf，有关各表中的字段设置请参见表 13-2。

（3）建立索引

为 friend 表按 qqnumber 建立主索引，索引名及索引表达式均为 qqnumber；按 groupname 建立普通索引，索引名及索引表达式均为 groupname。

同样，为 group 表建立主索引，索引名及索引关键字均为 groupname。为 photo 表建立普通索引，索引名及索引表达式均为 qqnumber。

（4）建立表间的关系

打开数据库设计器，建立 friend、group 及 photo 表三者之间的关系，建立关系的表如图 13-3 所示。

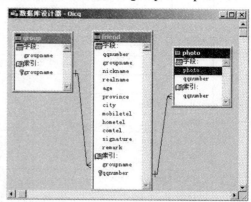

图 13-3　建立永久关系后的数据库

13.4 各功能模块的实现

13.4.1 设计菜单

根据本系统的功能，菜单系统主要由"基本信息浏览"、"基本信息管理"、"分组管理"、"密码管理"4个菜单项及相应子菜单构成。

1. 创建菜单栏

❶ 在项目管理器中选择"其他"选项卡，在列表框中单击"菜单"选项，再单击右侧的"新建"按钮，弹出"新建菜单"对话框。

❷ 单击"新建菜单"对话框的"菜单"按钮，弹出"菜单设计器"。

❸ 按图13-4进行输入和选择。其中，clear events 的作用是退出消息循环，此语句与主程序（本节后面将会讲到）中的 read events 相对应。执行到 clear events 语句后，程序转到主程序的 read events 的后续语句继续执行。

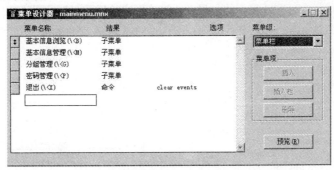

图13-4 菜单栏设计

2. 创建"基本信息浏览"菜单的子菜单

选中"基本信息浏览"菜单栏，单击"创建"按钮，在新出现窗口中的"菜单名称"栏中输入"图文信息共览"，在"结果"栏中选择"命令"，在结果后面的文本框中输入"do form forms\frmListFriend.scx"；在"菜单名称"栏的第 2 行输入"图像信息浏览"，在"结果"栏中选择"命令"，在结果栏后的文本框中输入"do form forms\frmListPhoto.scx"，如图13-5所示。

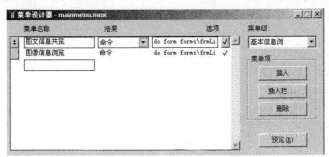

图13-5 基本信息浏览子菜单

3. 创建其他子菜单

按照创建"基本信息浏览"子菜单的方法创建其他子菜单。各子菜单的设置分别如表13-5、表13-6、表13-7所示。

表 13-5　基本信息管理子菜单设置

菜单名称	结果	结果对应内容
文字信息管理	命令	do form forms\frmAddFriend.scx
图像信息管理	命令	do form forms\frmAddPhoto.scx

表 13-6　分组管理子菜单设置

菜单名称	结果	结果对应内容
管理好友分组	命令	Do form forms\frmManageGroup.scx

表 13-7　密码管理子菜单设置

菜单名称	结果	结果对应内容
修改密码	命令	do form forms\frmRepPSW.scx

13.4.2　编写主程序

保证系统正常运行的前提是设置系统运行的环境，这需要通过一个主程序来完成。在主程序设置有关的系统环境，然后进入程序的主界面，等待用户的操作。创建程序文件并保存在 PROGS 子文件夹下，文件名为 main.prg。其代码为：

```
clear screen
clear events
set sysmenu off
set status bar off
set talk off
set delete on
set safety off
clear all
if WEXIST("常用")
    hide window  常用              &&如果常用工具栏存在，则关闭它
endif
set defa to curdir()              &&设置默认目录为当前目录
public psw                        &&设置初始密码
psw="Admin"
if file("PS.mem")                 &&如果存储密码的 PS.mem 文件存在，则载入
    restore from PS.mem addi
endif
open database DATA\QQ
_screen.visible=.f.
do form forms\frmSplash
read events
close database
if file("tmp.bmp")               &&清除临时文件
    delete file tmp.bmp
endif
with _screen
    .controlbox=.t.
    .picture=""
endwith
```

```
    set sysmenu to default
    set status bar on
    if wexist("常用")
        show window 常用
    endif
    set talk on
    set safety on
    return
```

本程序执行过程为：先进行环境设置、初始变量设置，再调用 do form forms\frmSplash.scx 进入启动画面，并调用 read events 进入消息循环，等待用户的操作；在菜单中单击"退出"菜单时，由 clear events 命令结束消息循环，继续执行 read events 后续语句，还原系统初始环境并退出。

13.4.3　设计启动画面

一些应用程序如 Office、Photoshop 等，在用户打开程序运行时，程序并不直接进入程序运行所需的主界面，而是先弹出一幅画面，用以显示程序的版本号以及出版公司的版权及标志等信息，即程序的启动画面。如果应用程序初始化时间较长，弹出一个启动画面，用户就不会对载入和初始化的延迟感到厌烦。有的软件甚至在启动画面中介绍一些使用该软件的经验技巧，这样不仅可以大大增强视觉效果，而且增加了程序界面的友好性，节约了用户的时间。为了使读者对应用系统开发过程有完整的了解，本系统编写一个模拟启动画面。

启动画面编写思路：在启动画面启动时设定启动画面显示的时间，如 3s，然后启动一个计时器，在计时器的 Timer 事件中不停检测等待时间是否已经达到，如果等待时间已到，则退出此表单，进入相应程序界面；如果时间还未达到设定值则继续按一定时间间隔进行检查。

启动画面创建过程如下所述。

1．创建表单

创建一个新的表单文件，存储于 FORMS 子文件夹中，文件名为 frmSplash.scx。

2．设置表单属性

AutoCenter:	.T.-真
AlwaysOnTop:	.T.-真
Caption:	QQ 号码管理系统
ControlBox:	.F.-假
name:	frmSplash
picture:	grpahics\splash.jpg
ShowWindow:	2-作为顶层表单
TitleBar:	0-关闭

读者可以自己找一张合适的图片作为此启动画面的背景，为了便于管理，建议将背景图片存放在本系统文件夹的 GRAPHICS 子文件夹中。

3．添加计时器控件

为表单添加一计时器控件，设置其 InterVal 值为 1000，表示每隔 1s 触发一次 Timer 事件。

4．添加标签控件

为表单添加一标签控件，用于显示本系统标题。设置其属性如下：

Caption:	QQ 号码管理系统

FontSize:　　　　　　36
AutoSize:　　　　　　.T.-真
BackStyle:　　　　　　0-透明

5．为表单创建属性

打开"表单设计器"，选择"表单"菜单的"新建属性"命令，弹出"新建属性"对话框，在对话框的"名称"栏中输入"restseconds"，如图 13-6 所示，然后单击"添加"按钮。

图 13-6　添加 restseconds 属性

利用 restseconds 属性，可以记录关闭启动画面剩余的时间，这里以秒为单位。并在属性对话框中设置其值为 3，表示启动画面将停留 3s。

6．为计时器控件的 Timer 事件编写代码

计时器将会在每隔 InterVal 指定的时间间隔重复激发 Timer 事件，本例中设置值为 1000，即每秒钟执行一次 Timer 事件，在此事件中检查设定的 restseconds 值是否为 0，当 restseconds 为 0 时，表示设置的等待时间已经到达，则启动登录对话框，并销毁启动画面窗口。其代码如下：

```
if thisform.restseconds=0
    do form FORMS\frmLogin
    thisform.release
else
    thisform.restseconds=thisform.restseconds-1
endif
```

13.4.4　设计系统登录界面

当用户进入系统时，必须进行身份验证。通过身份验证可以防止非本系统操作人员的进入，确保系统的安全。

1．系统登录设计思想

当本系统初始运行时，默认密码为 Admin，用户进入系统后可以修改初始密码，修改密码后，将密码存储在名为 PS.mem 的文件中。用户登录系统时先检查 PS.mem 文件是否存在，如果此文件存在，则用此文件里存储的密码与用户输入的密码进行比较，否则用初始密码"Admin"与用户输入的密码进行比较（本系统已在主程序 main.prg 中设置了初始密码，并对 PS.mem 文件检查，并将密码存储在公共内存变量 psw 中，所以此处只需与变量 psw 的值进行比较），如果密码正确则进入系统，如果不正确可以让用户重新输入，如果连续 3 次输入密码错误，则退出系统。

此种方法保存密码是非常简单的方式，只要会用 Visual FoxPro 的用户就很容易破解此密码，最简单的办法是把原用户的密码文件 PS.mem 删除，直接输入初始密码 Admin。实际编写应用系统时应加强密码的保护，如采用对密码加密保存、初始密码在应用系统设计之初就由开发人员写入密码文件，以后若密码文件丢失则不允许登录等方式管理。

2. 系统登录界面的具体设计步骤

❶ 新建一表单，存储在 FORMS 子文件夹中，文件名为 frmLogin.scx。设置如下表单属性：

AlwaysOnTop:	.T.-真
AutoCenter:	.T.-真
controlbox:	.F.
caption:	系统登录
name:	frmLogin
ShowWindow:	2-作为顶层表单

❷ 新建一个文本框对象。设置如下属性：

name:	txtPassword
password:	*

❸ 新建一个标签对象，用于提示用户还可以尝试登录的次数。设置如下属性：

name:	lblmessage
Caption:	空
Visible:	.F.-假
AutoSize:	.T.-真
ForeColor:	255,0,0

新建一个标签对象，置于密码输入文本框的左侧，用于说明密码输入框，设置如下属性：

Caption:	请输入密码:
AutoSize:	.T.-真

❹ 添加两个命令按钮，分别设置其 caption 属性为"进入"和"退出"。选中"进入"按钮，将其 default 属性设置为".T.-真"，系统登录时，当输入完密码后回车，将默认由此按钮响应；选中"退出"按钮，将其 Cancel 属性设置为".T.-真"，系统登录过程中，若想取消登录，按 Esc 键时，默认由此按钮响应。

❺ 为表单添加一个属性，属性名为"trytimes"，用于记录已经尝试登录的次数，并在属性框中设置其初始值为 0。

创建好的表单及属性初始值如图 13-7 所示。

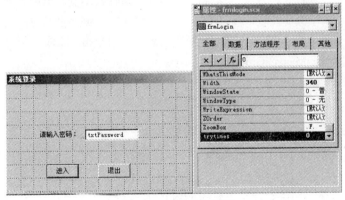

图 13-7　系统登录界面

❻ 为"进入"按钮的单击（click）事件编写代码：

```
thisform.trytimes=thisform.trytimes+1
if thisform.trytimes<=3
    SET EXACT ON
if ALLTRIM(thisform.txtpassword.value)=ALLTRIM(psw)
```

```
        thisform.release
        with _screen
        .visible=.t.                          &&显示主屏幕
        .caption="QQ 号码管理系统"
        .icon="GRAPHICS\QQ.ico"
        .Controlbox=.F.
        .windowstate=2
        endwith
        DO MENUS\mainmenu.mpr                  &&密码正确，执行主菜单
    else
        thisform.lblmessage.caption="密码错误！您还可以尝试" +alltrim(str(3-thisform.trytimes))+"次"
        thisform.lblmessage.visible=.T.
    endif
    else
    release thisform
    clear events                              &&清除消息循环，退出系统
    endif
```

❼ 为"退出"按钮的单击（click）事件编写代码：

```
    release thisform
    clear events
```

13.4.5　管理好友分组的实现

为便于管理 QQ 号码，总是把 QQ 号码分为不同的组别，本节将实现分组类别的管理功能，主要包括添加、删除、修改、查看分组。本节的功能通过表单向导即可完成。

❶ 在项目管理器的"文档"选项卡中选择"表单"，单击"新建"按钮，在弹出的对话框中单击"表单向导"按钮，在弹出的对话框中单击"确定"按钮，出现"表单向导"对话框。

在"表单向导"步骤 1 中，选取 group 表中的 groupname 字段，单击"下一步"按钮，进入步骤 2；在步骤 2 中，在样式栏选择"浮雕式"，按钮类型保持不变，单击"下一步"按钮，进入步骤 3；在步骤 3 中，不改变设置，直接单击"下一步"按钮，进入步骤 4；在表单标题栏中输入"管理好友分组"，选择"保存表单并在设计器中修改"，然后单击"完成"，将表单保存到 FORMS 文件夹下，文件名为 frmManageGroup.scx。

❷ 修改标签控件 LBLGROUPNAME1 和表单的属性。

修改标签控件 LBLGROUPNAME1 的属性：

　　　Caption:　　　　　　　　分组名称:

修改表单属性：

　　　ControlBox:　　　　.F.-假
　　　WindowType:　　　　1-模式

调整各控件的位置，最终设计结果如图 13-9 所示。

图 13-9　管理好友分组界面

13.4.6 文字信息管理的实现

好友文字信息管理的实现方式与管理好友分组类似，采用表单向导完成。

❶ 利用表单向导生成此表单，在第 1 步中选择 Friend 表中所有的字段，在第 2 步中选择"浮雕式"，在第 3 步中保持默认值不变，在第 4 步中设置标题为"文字信息管理"。

❷ 设置表单属性如下：

AutoCenter：	.T.-真
ControlBox：	.F.-假
Name：	frmAddFriend
WindowType：	1-模式

❸ 在数据环境中添加 group 表，并删除原先默认的关系，将 Friend 表中的 groupname 字段拖动到 group 表中的 groupname 索引上，以建立临时关联关系。

❹ 删除表单向导生成的名为 groupname1 的文本框，添加一个组合框，命名为 groupname1。

❺ 利用生成器设置组合框：在"列表项"选项卡中将 group 表的 groupname 字段添加到"选定字段"列表框；在"样式"选项卡中选择"下拉列表"单选按钮；在"值"选项卡中，在"当在组合框中选定一项时，从哪一列中返回值"下拉列表中选择"GROUPNAME"；在"若想存储此值到一个表或视图中，请键入该字段或从列表中选择"下拉列表中选择"Friend.GroupName"。

❻ 将各文本框前面的标签的 Caption 属性改为在 13.2 节字段定义表中对各字段的汉字说明，再根据自己喜好设置各控件的摆放位置，最终结果如图 13-10 所示。

13.4.7 图文信息共览的实现

图文信息共览窗口中可以同时查看好友的文字信息和图像信息。并可以根据好友分组进行浏览。图文信息共览窗口的最终界面如图 13-11 所示。其实现过程如下：

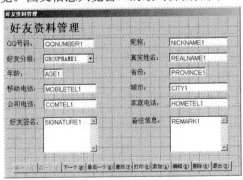

图 13-10 文字信息管理界面　　　　　图 13-11 图文信息共览窗口

❶ 新建一表单，表单文件名为 frmListFriend.scx。设置如下表单属性：

AutoCenter：	.T.-真
Name：	frmListFriend
TitleBar：	0-关闭
WindowType：	1-模式

❷ 设置数据环境：在数据环境中加入本系统所用到的 3 张表，并删除 group 表与 friend 表之间的默认关联关系。

❸ 利用快速表单功能生成基本控件。在快速表单"字段选取"选项卡中选择 friend 表中的所有字段，在"样式"选项卡中选择"浮雕式"，单击"确定"按钮。按照上面的方法设置各标签控件的 Caption 属性。选中所有的文本框控件及编辑框控件设置其属性如下：

BackStyle: 0-透明

ReadOnly: .T.-真

SpecialEffect: 1-平面

❹ 添加 5 个命令按钮控件，属性设置如表 13-8 所示。

表 13-8　文字信息浏览窗口按钮设计表

	Caption 属性值	Name 属性值		Caption 属性值	Name 属性值
按钮 1	上一位	CmdPreFriend	按钮 4	上一张	cmdPrePhoto
按钮 2	下一位	cmdNextFriend	按钮 5	下一张	cmdNextPhoto
按钮 3	关闭	cmdClose			

❺ 添加一个图像控件，并设置其属性：

Name: photo

Stretch: 2-变比填充

❻ 添加一个组合框控件，并设置其属性：

Name: cmbGroup

DisplayValue: 1

❼ 添加 3 个形状控件，并设置其属性：

SpecialEffect: 0-3 维

形状控件在这里起装饰作用，调整各控件的位置及大小，并利用"布局"工具栏将形状控件置后。

❽ 添加 3 个标签控件，分别设置其 Caption 属性为"好友文字信息"、"好友图像信息"、"当前好友分组"，并将 3 个标签放到 3 个形状控件的上部。具体位置参考本节设计图。

❾ 添加一标签按钮，并设置其属性：

AutoSize: .T.-真

BackStyle: 0-透明

Caption: 好友资料浏览

FontBold: .T.-真

FontName: 隶书

FontSize: 24

Name: LblTitle1

❿ 添加一标签按钮，除了 Name 属性设置为 LblTitle2 以外，其他属性同 LblTitle1 的属性设置，并修改以下属性：

Left: =thisform.lblTitle1.left-3

Top: =thisform.lblTitle1.top-3

通过前面各步骤的设置，完成了好友浏览窗口的界面设计，接下来为其添加响应代码：

然后，为表单添加 Init 事件响应代码：

```
thisform.cmbGroup.rowsourcetype=0
thisform.cmbGroup.additem("全部")
select group
scan
    thisform.cmbGroup.additem(groupname)
endscan
thisform.cmbGroup.InterActiveChange
```

说明：在此代码中先向组合框加入可供选择的分组条目，再向该组合框发送 InterActiveChange 消息，以便显示图像。

接下来，为组合框控件 cmbGroup 添加 InterActiveChange 事件代码：

```
curgrp=alltrim(this.value)                && 获取组合框中当前被选中的值
select friend                             && 根据选中的值过滤 friend 表中的记录
if curgrp=="全部"
   set filter to
else
   set filter to groupname="&curgrp"
endif
go top
if bof() or eof()                         && 若 friend 表中没有此分组的记录，则除"关闭"按钮外，其他按
                                          && 钮不可用，并且好友照片栏中显示"无照片"
   thisform.cmdPreFriend.enabled=.F.
   thisform.cmdNextFriend.enabled=.F.
   thisform.photo.picture="GRAPHICS\nophoto.jpg"
   thisform.cmdPrePhoto.enabled=.F.
   thisform.cmdNextPhoto.enabled=.F.
else                                      && 有记录，先判断"上一位"，"下一位"按钮是否可用
   skip
   if eof()
      thisform.cmdNextFriend.enabled=.F.
      go bottom
   else
      thisform.cmdNextFriend.enabled=.T.
      skip -1
   endif
   skip -1
   if bof()
      thisform.cmdPreFriend.enabled=.F.
      go top
   else
      thisform.cmdPreFriend.enabled=.T.
      skip
   endif
   && 用类似 friend 表的处理方法过滤 photo 表，并设置按钮可用性。
   select photo
   set filter to qqnumber=friend.qqnumber
   if eof() or bof()
      thisform.photo.picture="GRAPHICS\nophoto.jpg"
      thisform.cmdPrePhoto.enabled=.F.
      thisform.cmdNextPhoto.enabled=.F.
   else
      copy memo photo to tmp.bmp               && 将照片信息复制到磁盘临时文件 tmp.bmp 中
      thisform.photo.picture="tmp.bmp"         && 再在图像控件 photo 中显示出来
      skip
      if eof()
         thisform.cmdNextphoto.enabled=.F.
```

```
          go bottom
      else
          thisform.cmdNextPhoto.enabled=.T.
          skip -1
      endif
      skip -1
      if bof()
          thisform.cmdPrePhoto.enabled=.F.
          go top
      else
          thisform.cmdPrePhoto.enabled=.T.
          skip
      endif
    endif
  endif
thisform.refresh
```

最后，双击"上一位"按钮，为其添加 Click 事件代码：

```
select friend
*移动 friend 表中记录指针
skip -1
thisform.cmdNextFriend.enabled=.T.
*检查"上一位"按钮是否可用
skip -1
if bof()
  this.enabled=.F.
  go top
else
  this.enabled=.T.
  skip
endif
*由于 friend 表中指针变化，photo 表中指针也应作相应变化
select photo
set filter to qqnumber=friend.qqnumber
if eof() or bof()
  thisform.photo.picture="GRAPHICS\nophoto.jpg"
  thisform.cmdPrePhoto.enabled=.F.
  thisform.cmdNextPhoto.enabled=.F.
else
  copy memo photo to tmp.bmp
  thisform.photo.picture="tmp.bmp"
  skip
  if eof()
    thisform.cmdNextphoto.enabled=.F.
    go bottom
  else
    thisform.cmdNextPhoto.enabled=.T.
```

```
        skip -1
      endif
      skip -1
      if bof()
        thisform.cmdPrePhoto.enabled=.F.
        go top
      else
        thisform.cmdPrePhoto.enabled=.T.
      skip
      endif
    endif
    thisform.refresh
```

双击"关闭"按钮，为其添加 Click 事件代码：

```
    thisform.release
```

双击"上一张"按钮，为其添加 Click 事件代码：

```
    skip -1
    thisform.cmdNextPhoto.enabled=.T.
    copy memo photo to tmp.bmp
    thisform.photo.picture="tmp.bmp"
    skip -1
    if bof()                          &&再移动一次指针，若已到文件头则说明不能再向前移动
      this.enabled=.F.
      go top
    else
      this.enabled=.T.
      skip
    endif
    thisform.refresh
```

请读者参照"上一位"和"上一张"两个按钮的 Click 事件代码，自己实现"下一位"和"下一张"两个按钮的 click 事件代码。

13.4.8 图像信息管理的实现

图像信息管理主要是完成图像信息的添加和删除。

❶ 新建一名为 frmAddPhoto.scx 的表单，并设置表单属性：

```
    AutoCenter:          .T.-真
    ControlBox:          .T.-假
    Name:                frmAddPhoto
    WindowType:          1-模式
```

按图 13-12 所示添加并设置各控件包括：1 个图像控件、5 个标签控件、1 个组合框控件、1 个文本框控件、6 个命令按钮控件、4 个形状控件。

修改 Command1 的属性：

```
    caption:       上一张
    name:          cmdPrev
```

修改 Command2 的属性：

```
    caption:       下一张
    name:          cmdNext
```

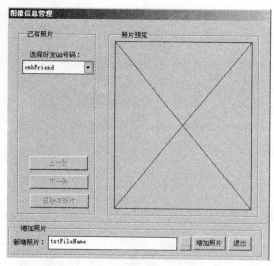

图 13-12 图像信息管理窗口

修改 Command3 的属性：
  caption：删除本照片
  name：cmdDelete
修改 Command4 的属性：
  caption：…
  name：cmdSelectFile
修改 Command5 的属性：
  caption：增加照片
  name：cmdAddPhoto
修改 Command6 的属性：
  caption：关闭
  name：cmdClose
修改 text1 的属性：
  name：txtFileName
修改 Image1 的属性：
  name：photo
修改 combo1 的属性：
  name：cmbFriend

combo1 的其他属性通过生成器设置：① "列表项"选项卡中选中 friends 表，选定 qqnumber，realname 两个字段；② "样式"选项卡中选中三维、下拉列表选项；③ "值"选项卡中选中 qqnumber 字段作为返回值。

❷ 添加数据环境：将 friends 和 photo 两张表添加到数据环境中，并通过 qqnumber 字段建立两表间的临时关联。建立好后的数据环境如图 13-13 所示。

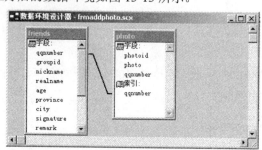

图 13-13 图像信息管理数据环境设计

❸ 响应选择文件按钮（cmdSelectFile）的单击事件：
```
filename = GETFILE("jpg||bmp|gif")
thisform.txtFileName.value=filename
```
❹ 响应"删除"按钮单击事件：
```
select photo
delete
pack
if eof() .or. bof()
   thisform.photo.picture="GRAPHICS\nophoto.jpg"
   thisform.cmdPrevious.enabled=.F.
   thisform.cmdNext.enabled=.F.
   this.enabled=.F.
```

```
        thisform.refresh
        return
     endif
     copy memo photo to tmp.bmp
     thisform.photo.picture="tmp.bmp"
     skip
     if eof()
        thisform.cmdNext.enabled=.F.
        go bottom
     else
        thisform.cmdNext.enabled=.T.
        skip -1
     endif
     skip -1
     if bof()
        thisform.cmdPrevious.enabled=.F.
        go top
     else
        thisform.cmdPrevious.enabled=.T.
        skip
     endif
     thisform.refresh
```

❺ 响应"增加照片"（cmdAddPhoto）按钮的 Click 事件：

```
     QQ=alltrim(thisform.cmbFriend.value)
     filename=alltrim(thisform.txtfilename.value)
     if empty(filename) .or. empty(qq)
        messagebox("相片路径或 qq 号码为空！",16,"错误提示")
        return
     endif
     if file("&filename")                        && 如果文件存在则将照片存入表中
        select photo
        append blank
        replace qqnumber with QQ
        append memo photo from "&filename" overwrite
        thisform.txtFileName.value=""
     else                                        && 文件不存在，提示用户后返回
        messagebox("指定的照片文件不存在！",16,"错误提示")
        return
     endif
     thisform.txtFileName.setFocus
     COPY MEMO photo to tmp.bmp                   && 添加新的图像后，在窗口中显示此图像
     thisform.photo.picture="tmp.bmp"
     skip                                && 根据表中记录情况设置"上一张"、"下一张"按钮的可用性
     if eof()
        thisform.cmdNext.enabled=.F.
        go bottom
     else
        thisform.cmdNext.enabled=.T.
```

```
        skip -1
      endif
      skip -1
      if bof()
        thisform.cmdPrevious.enabled=.F.
        go top
      else
        thisform.cmdPrevious.enabled=.T.
        skip
      endif
      thisform.cmdDelete.enabled=.T.
      THISFORM.REFRESH
```

请读者参考上面"上一张"按钮的 Click 事件代码，完成"上一张"、"下一张"按钮的 Click 事件代码。

13.4.9 图像信息浏览的实现

在"图文信息共览"和"图像信息管理"窗口中都可以查看好友的图像信息，但在这两个窗口中，只能看到图像的缩略图，为了能更清楚地查看图像，特制作一个图像信息浏览窗口。在此窗口中，可以对图像信息进行放大、缩小显示。其设计制作过程如下。

❶ 建立一表单，将其存储在 FORMS 文件夹下，表单文件名为 frmListPhoto.scx，设置表单属性如下：

AutoCenter:	.T.-真
Caption:	好友相片浏览
name:	frmListPhoto
TitleBar:	0-关闭
WindowState:	2-最大化
WindowType:	1-模式

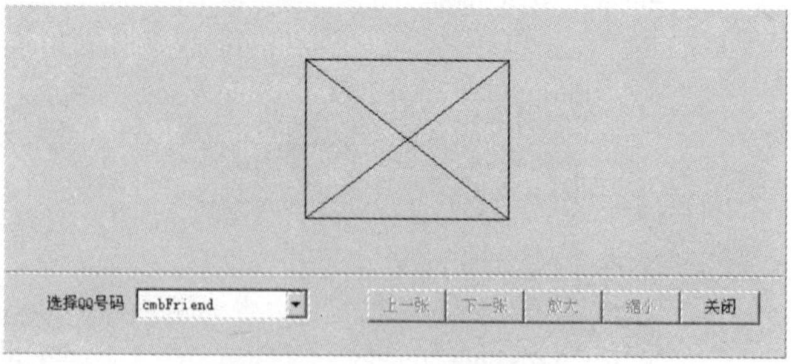

图 13-14 图像信息浏览窗口

按图 13-14 设置各控件。

为表单添加一个图像控件、一个形状控件、一个容器控件，在容器控件中添加一个标签控件、一个组合框控件和五个命令按钮控件，并设置其属性如下。

图像控件：
Name:	photo

形状控件：
Name:	split
SpecialEffect:	0-3 维

容器控件：
Name:	OPTool

标签控件：
Caption:	选择 QQ 号码

组合框控件：
Name:	cmbFriend
RowSource:	friend.qqnumber,nickname
RowSourceType:	6-字段

Style:	2-下拉列表框

"上一张"命令按钮属性:

Caption:	上一张
Name:	cmdPrevious

"下一张"命令按钮属性:

Caption:	下一张
Name:	cmdNext

"放大"命令按钮属性:

Caption:	放大
Name:	cmdZoomIN

"缩小"命令按钮属性:

Caption:	缩小
Name:	cmdZoomOut

"关闭"命令按钮属性:

Caption:	关闭
Name:	cmdClose

❷ 设置数据环境,将 friend 表和 photo 表加上此表单的数据环境。建立 friend 表和 photo 表之间的关联关系,即按住 friend 表中的 qqnumber 字段,拖动到 photo 表的 qqnumber 索引上。

❸ 编写表单 Activate 事件代码:

```
thisform.OPTool.left=(thisform.width-thisform.OPTool.width)/2
thisform.OPTool.top=thisform.height-10-thisform.OPTool.height
thisform.photo.left=(thisform.width-thisform.photo.width)/2
thisform.photo.top=(thisform.height-10-thisform.OPTool.height-thisform.photo.height)/2
thisform.OPTool.cmbFriend.displayvalue=1
thisform.split.top=thisform.OPTool.top-8
thisform.split.left=0
thisform.split.width=thisform.width
thisform.OPTool.cmbFriend.Interactivechange
```

以上代码主要完成各控件位置的调整,然后向组合框控件发送 InteractiveChange 消息。

❹ 编写组合框 InterActiveChange 事件代码:

```
select photo
set filter to qqnumber=friend.qqnumber
if eof() .or. bof()
    thisform.photo.stretch=1
    thisform.photo.width=320
    thisform.photo.height=240
    thisform.photo.picture="GRAPHICS\nophoto.jpg"
    thisform.OPTool.cmdZoomIN.enabled=.F.      &&当无图片显示时,不能放大或缩小
    thisform.OPTool.cmdZoomOut.enabled-.F.
    thisform.OPTool.cmdPrevious.enabled=.F.
    thisform.OPTool.cmdNEXT.enabled=.F.
else
    thisform.OPTool.cmdZoomIN.enabled=.T.      &&改变图片时,使放大按钮可用
    thisform.OPTool.cmdZoomOut.enabled=.T.     &&使缩小按钮可用
    thisform.OPTool.cmdPrevious.enabled=.T.
```

```
thisform.OPTool.cmdNEXT.enabled=.T.
copy memo photo to tmp.bmp
thisform.photo.picture="tmp.bmp"
thisform.photo.stretch=0
if thisform.photo.width>thisform.width
   per=thisform.width/thisform.photo.width
   thisform.photo.width=thisform.width
   thisform.photo.height=thisform.photo.height*per
   thisform.OPTool.cmdZoomIN.enabled=.F.            &&宽已达最大，放大按钮不可用
endif
if thisform.photo.height>thisform.OPTool.top-10
   per=(thisform.OPTool.top-10)/thisform.photo.height
   thisform.photo.height=thisform.OPTool.top-10
   thisform.photo.width=thisform.photo.width*per
   thisform.OPTool.cmdZoomIN.enabled=.F.            &&高已达最大，放大按钮不可用
endif
thisform.photo.stretch=1
if thisform.photo.width<=100 .or. thisform.photo.height<=100
   thisform.OPTool.cmdZoomOut.enabled=.F.           &&当图片的高或宽<=100 时，不再缩小
endif
*判断“下一张”按钮是否可用
skip
if eof()
   thisform.OPTool.cmdNext.enabled=.F.
   go bottom
else
   thisform.OPTool.cmdNext.enabled=.T.
   skip -1
endif
*判断“上一张”按钮是否可用
skip -1
if bof()
   thisform.OPTool.cmdPrevious.enabled=.F.
   go top
else
   thisform.OPTool.cmdPrevious.enabled=.T.
   skip
endif
endif
*使相片在表单中居中显示
thisform.photo.left=(thisform.width-thisform.photo.width)/2
thisform.photo.top=(thisform.OPTool.top-10-thisform.photo.height)/2
thisform.refresh
```

❺ 编写“下一张”事件代码：

```
select photo
skip
```

```
thisform.OPTool.cmdZoomIN.enabled=.T.
thisform.OPTool.cmdZoomOut.enabled=.T.
thisform.OPTool.cmdPrevious.enabled=.T.
copy memo photo to tmp.bmp
thisform.photo.picture="tmp.bmp"
thisform.photo.stretch=0
if thisform.photo.width>thisform.width
   per=thisform.width/thisform.photo.width
   thisform.photo.width=thisform.width
   thisform.photo.height=thisform.photo.height*per
   thisform.OPTool.cmdZoomIN.enabled=.F.
endif
if thisform.photo.height>thisform.OPTool.top-10
   per=(thisform.OPTool.top-10)/thisform.photo.height
   thisform.photo.height=thisform.OPTool.top-10
   thisform.photo.width=thisform.photo.width*per
   thisform.OPTool.cmdZoomIN.enabled=.F.
endif
thisform.photo.stretch=1
thisform.photo.left=(thisform.width-thisform.photo.width)/2
thisform.photo.top=(thisform.OPTool.top-10-thisform.photo.height)/2
if thisform.photo.width<=100 .or. thisform.photo.height<=100
   thisform.OPTool.cmdZoomOut.enabled=.F.
endif
skip
if eof()
   thisform.OPTool.cmdNext.enabled=.F.
   go bottom
else
   thisform.OPTool.cmdNext.enabled=.T.
   skip -1
endif
thisform.refresh
```

❻ 编写"放大"按钮的 Click 事件代码：

```
thisform.OPTool.cmdZoomOut.enabled=.T.        && 当单击放大按钮时，缩小按钮总是可用
thisform.photo.width=thisform.photo.width*1.1 && 每次放大 10%
thisform.photo.height=thisform.photo.height*1.1
if thisform.photo.width>thisform.width
   per=thisform.width/thisform.photo.width
   thisform.photo.width=thisform.width
   thisform.photo.height=thisform.photo.height*per
   this.enabled=.F.
endif
if thisform.photo.height>thisform.OPTool.top-10
   per=(thisform.OPTool.top-10)/thisform.photo.height
   thisform.photo.height=thisform.OPTool.top-10
   thisform.photo.width=thisform.photo.width*per
   this.enabled=.F.
```

```
        endif
        thisform.photo.left=(thisform.width-thisform.photo.width)/2
        thisform.photo.top=(thisform.OPTool.top-10-thisform.photo.height)/2
        thisform.refresh
```
请读者自己实现"上一张"、"缩小"及"关闭"按钮的 click 事件代码。

13.4.10 修改密码的实现

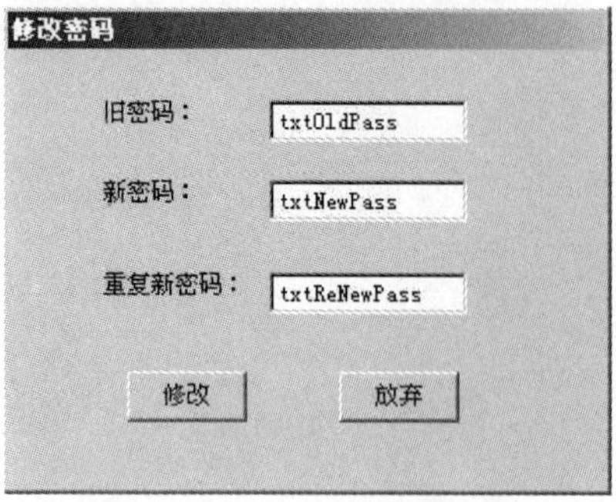

图 13-15 修改密码对话框

❶ 建立名为 frmRepPSW.scx 的表单。修改表单属性如下：

AutoCenter：	.T.-真
Caption：	修改密码
name：	frmRepPSW
ControlBox：	.F.-假
WindowType：	1-模式

❷ 为表单添加 3 个标签控件，3 个文本框控件和两个命令按钮控件。

❸ 参照图 13-15 修改各控件属性。

将 3 个标签按钮的 Caption 属性分别修改为旧密码、新密码、重复新密码；将 3 个文本框的 Name 属性分别修改为 txtOldPass、txtNewPass、txtReNewPass；将 3 个文本框控件的 passwordChar 属性均设置为*；将两个命令按钮的 caption 属性分别设置为修改和放弃。

❹ 响应"修改"按钮单击事件：
```
        oldpass = alltrim(thisform.txtOldPass.value)
        newpass = alltrim(thisform.txtNewPass.value)
        newrepass=alltrim(thisform.txtReNewPass.value)
        if oldpass=psw                    &&检查输入的旧密码是否与本次登录管理员密码相同
            if newpass = newrepass
              psw=newpass
              save to PS
              Messagebox("新密码已生效！")
              thisform.release
              else
               messagebox("输入的新密码与验证密码不一致！")
              endif
            else
            messagebox("输入的旧密码错误，您无权修改密码")
        endif
```
❺ 响应"放弃"按钮单击事件：
```
        thisform.release
```

13.5 系统的编译和发布

当完成 QQ 号码管理系统的编程工作后，下一步就是如何将该系统进行编译和发布。

13.5.1 设置主文件

用主图标（以黑体的文件表示）标记的文件是客户在启动 APP 或者 EXE 文件时被首先调用

的文件，可以是一个表单、菜单或程序，建议使用程序作为主文件。本例中的主程序是"main.prg"。为了将该程序设置为主程序，只需在该项目管理器中用鼠标右键单击该程序名，在弹出的菜单中选"设置主文件"，如图 13-16 所示。这样，系统程序运行时将首先执行该程序。

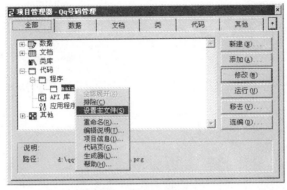

图 13-16　设置主文件

13.5.2　对应用程序进行连编

系统设计完成后，接下来的工作就是要对当前所设计的系统进行打包处理（即"连编"）。Visual FoxPro 可以将项目连编成以 .app 为扩展名的应用程序文件或者是一个以 .exe 为扩展名的可执行文件。

1．连编前的准备工作

❶ 先检查本系统的"项目管理器"是否已建成，如果读者在制作本程序过程中按照本章所讲解步骤进行，应该已建立项目文件"QQ 号码管理系统.pjx"，如果没有建立项目，则首先创建一个项目。

❷ 在"项目管理器"中按要求添加系统运行中需要的所有文件。

⊙ 在"数据"选项卡中，将系统所有"数据库"、"视图"、"查询"等内容添加到指定位置。

⊙ 在"文档"选项卡中，将本系统中所用"表单"等内容添加到指定位置。

⊙ 在"代码"选项卡中，添加运行整个系统所需的全部程序。

⊙ 在"其他"选项卡中，将系统中所用"菜单"、"文本文件"、"其他文件"等内容添加到指定位置，在"其他文件"中应含有图形文件，图标文件等内容。

本章所介绍的"QQ 号码管理系统"中应将 QQ.dbc 数据库文件、所有用到的表单文件、main.prg 程序文件、mainmenu 菜单及 nophoto.jpg、qq.ico、splash.jpg 文件包含进项目中。

2．连编应用程序

连编应用程序的具体方法是：在"项目管理器"中，单击"连编"按钮，弹出"连编选项"对话框，然后从中选择生成的文件类型。选择连编类型时，必须考虑到应用程序的最终大小及用户是否拥有 Visual FoxPro。选择好需要连编的文件类型，单击"确定"按钮，系统将自动连编应用程序。

如果选择如图 13-17 所示的"连编应用程序"选项，则生成一个后缀为.app 的程序，此程序是在 Visual FoxPro 环境直接运行的程序；而如果选择如图 13-18 所示的"连编可执行文件"选项，则生成一个后缀为.exe 的程序，此程序可以脱离 Visual FoxPro 环境运行，成为一个独立的系统。

在本章的实例中，选择"连编可执行文件"选项，单击"确定"按钮，在弹出的"另存为"对话框中输入可执行文件名"QQ 号码管理系统"，并选择好存放的位置，然后单击"保存"按钮，则本系统将连编为一个可执行的文件"QQ 号码管理系统.exe"。

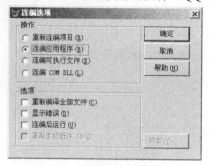
图 13-17　连编选项设置 1

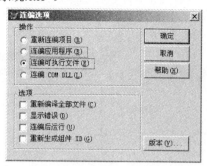
图 13-18　连编选项设置 2

13.5.3　发布应用程序

完成连编后，可用"安装向导"为应用程序创建安装程序和发布磁盘，"安装向导"会按指定格式来创建安装程序和磁盘。在发布一个应用程序时，需要将所有应用程序和支持文件复制到一个普通磁盘中，然后为用户提供安装应用程序的方法。正确地复制并安装文件是一项繁杂的工作，利用"项目管理器"和"安装向导"将自动按流程进行。具体操作可按下述方法完成。

1．创建发布树

在用"安装向导"创建磁盘之前，首先要创建一个目录结构，或称为"发布树"，其中包含要复制到用户硬盘上的所有发布文件（如连编好的可执行文件、数据文件，以及没有编译成可执行文件的其他文件）。

发布树几乎可为任何形式，但是，应用程序或可执行文件必须放在该树的根目录下。发布树的目录名是希望在用户机器上出现的名称。用户在 D 盘根目录下创建"QQ"目录，然后将 D 盘"QQ 号码管理系统"目录中的"DATA"子目录及"QQ 号码管理系统.exe"文件复制到此目录，即完成了发布树的创建。

在 D 盘根目录再创建一个名为"发布"的目录，用于存储"安装向导"最终产生的安装程序。

2．使用"安装向导"创建发布磁盘

❶ 执行"工具|向导|安装"命令，启动"安装向导"。如果"安装向导"提示要求创建 Distrib.src 目录或指定其位置，应确认要创建该目录的位置，或选择定位目录并指定该目录为"D:\QQ"。

❷ 在图 13-19 所示的"安装向导"的"步骤 1-定位文件"对话框中，指定发布树目录"D:\QQ"。

❸ 在图 13-20 所示的"步骤 2-指定组件"对话框中，选中"Visual FoxPro 运行时刻组件（V）"。

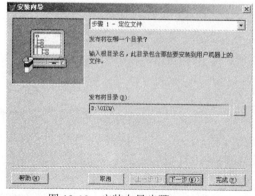
图 13-19　安装向导步骤 1

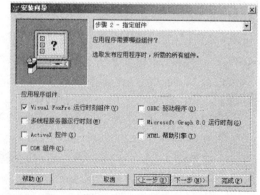
图 13-20　安装向导步骤 2

❹ 在图 13-21 所示的"步骤 3-磁盘映象"对话框中，指定"磁盘映象目录"为"D:\发布"，"磁盘映象"为"Web 安装(W) (已压缩的)"。

❺ 在如图 13-22 所示的"步骤 4-安装选项"对话框中，指定"执行程序"为"D:\QQ\QQ 号码管理系统.exe"，并根据需要填上"安装对话框标题"和"版权信息"。

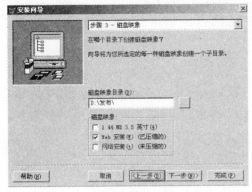
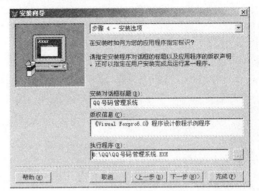

图 13-21 安装向导步骤 3　　　　　　　图 13-22 安装向导步骤 4

❻ 在接下来的 3 个对话框中，只需单击"下一步"按钮（即取默认值），最后单击"完成"按钮。待向导运行完成，将在"D:\发布"目录中产生"WEBSETUP"目录，"WEBSETUP"目录中的所有文件及目录即是安装应用程序需要的所有文件，用户通过运行"setup.exe"程序，根据向导即可安装完成"QQ 号码管理系统"。

13.6 最终运行结果的查看

为了保证系统的安全性，操作人员进入本系统前必须输入有效的密码，以防非法操作人员使用本系统。启动本系统时，首先弹出一个启动窗口，然后进入到系统登录窗口。系统登录窗口要求用户输入密码，若输入密码正确，则进入系统主界面，若密码不正确，系统提供 3 次机会。如果连续 3 次输入的密码均不正确，则自动退出系统；操作完成后，可以通过系统菜单退出系统。系统运行流程图如图 13-23 所示。

程序开发完成后，需要对程序进行最终运行测试。QQ 号码管理系统各模块的运行结果如图 13-24 至 13-27 所示。图 13-24 即为用户第 1 次输入密码错误时的画面。

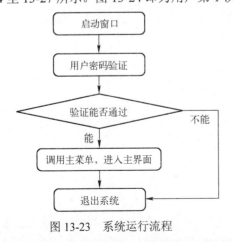

图 13-23 系统运行流程　　　　　　图 13-24 系统登录时密码错误的画面

通过"图像信息管理"功能可以为好友添加相片信息，如图 13-25 所示。

当需要同时查看好友文字资料信息和图像资料信息时，执行"图文信息共览"命令。图 13-26 是查看好友"浪子游云"信息时的界面。

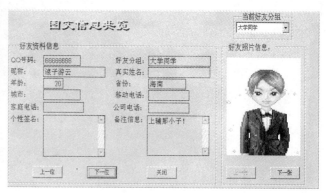

图 13-25　图像信息管理界面　　　　　　　　　图 13-26　"图文信息共览"界面

当需要放大或缩小显示好友相片信息时，可以执行"图像信息浏览"功能。图 13-27 是执行"图像信息浏览"功能时在应用程序主界面中的画面。

图 13-27　程序运行主界面及图像信息浏览时的界面

13.7　小结

本章通过一个具体应用实例，介绍了 Visual FoxPro 6.0 开发一个完整系统的实施过程。读者按照本章所介绍的过程，完全可以再现整个应用程序的开发。虽然本系统功能有限，但读者只要按照本章所介绍的方法稍加修改或改变本系统的使用方式，即可将本程序改写为更实用的系统。如果读者是一位摄影或旅游爱好者，只要在 photo 表中添加一个字符型字段，对图片加上文字说明，就可将本系统修改为一个照片珍藏系统。即使不做任何修改，本系统也能作为一个一般意义上的通信录管理系统。当然，本系统还有许多需要完善的地方，有兴趣的读者可以继续完善。

希望读者能够熟练掌握其中的设计思想和各种模块功能的实现技巧，然后举一反三，做到可以根据自己的实际情况和设计需求，设计出自己的管理信息系统。

参考文献

[1] 孙淑霞，丁照宇，肖阳春编著. Visual FoxPro 6.0 程序设计教程. 北京：电子工业出版社，2004.

[2] 史济民，汤观全编著. Visual FoxPro 及其应用系统开发. 北京：清华大学出版社，2000.

[3] 李雁翎编. Visual FoxPro 应用基础与面向对象程序设计教程（第二版）. 北京：高等教育出版社，1999.

[4] 刘瑞新，汪远征编著. Visual FoxPro 6.0 中文版教程. 北京：电子工业出版社，1999.

[5] 徐尔贵，富莹伦编著. Visual FoxPro 6.0 面向对象数据库教程. 北京：电子工业出版社，2005.

[6] 卢湘鸿主编. Visual FoxPro 6.0 程序设计基础. 北京：清华大学出版社，2002.

[7] Tommas M.Connolly Carolyn E.Begg 著. 数据库设计教程. 何玉洁，梁琦等译. 北京：机械工业出版社，2003.

反侵权盗版声明

电子工业出版社依法对本作品享有专有出版权。任何未经权利人书面许可，复制、销售或通过信息网络传播本作品的行为；歪曲、篡改、剽窃本作品的行为，均违反《中华人民共和国著作权法》，其行为人应承担相应的民事责任和行政责任，构成犯罪的，将被依法追究刑事责任。

为了维护市场秩序，保护权利人的合法权益，我社将依法查处和打击侵权盗版的单位和个人。欢迎社会各界人士积极举报侵权盗版行为，本社将奖励举报有功人员，并保证举报人的信息不被泄露。

举报电话：（010）88254396；（010）88258888

传　　真：（010）88254397

E-mail：　dbqq@phei.com.cn

通信地址：北京市万寿路 173 信箱

　　　　　电子工业出版社总编办公室

邮　　编：100036